H.-D. Wolff

Neurophysiologische Aspekte des Bewegungssystems

Springer

*Berlin
Heidelberg
New York
Barcelona
Budapest
Hong Kong
London
Mailand
Paris
Singapur
Santa Clara
Tokyo*

H.-D. Wolff

Neurophysiologische Aspekte des Bewegungssystems

Eine Einführung
in die neurophysiologische Theorie
der manuellen Medizin

3., vollständig überarbeitete Auflage

Mit 41 Abbildungen und 2 Tabellen

 Springer

Dr. med. HANNS-DIETER WOLFF
Gartenfeldstraße 6
54295 Trier

ISBN-13:978-3-540-51500-5   e-ISBN-13:978-3-642-74971-1
DOI: 10.1007/978-3-642-74971-1

Die Deutsche Bibliothek – CIP-Einheitsaufnahme
Wolff, Hanns-Dieter: Neuropsychologische Aspekte des Bewegungssystems: eine Einführung in die neuropsychologische Theorie der manuellen Medizin/H.D. Wolff. - 3., vollst. überarb. Aufl. - Berlin; Heidelberg; New York; Barcelona; Budapest; Hong Kong; London; Mailand; Paris; Singapur; Santa Clara; Tokio: Springer 1996
ISBN-13:978-3-540-51500-5

Dieses Werk ist urheberrechtlich geschützt. Die dadurch begründeten Rechte, insbesondere die der Übersetzung, des Nachdrucks, des Vortrags, der Entnahme von Abbildungen und Tabellen, der Funksendung, der Mikroverfilmung oder der Vervielfältigung auf anderen Wegen und der Speicherung in Datenverarbeitungsanlagen, bleiben, auch bei nur auszugsweiser Verwertung, vorbehalten. Eine Vervielfältigung dieses Werkes oder von Teilen dieses Werkes ist auch im Einzelfall nur in den Grenzen der gesetzlichen Bestimmungen des Urheberrechtsgesetzes der Bundesrepublik Deutschland vom 9. September 1965 in der jeweils geltenden Fassung zulässig. Sie ist grundsätzlich vergütungspflichtig. Zuwiderhandlungen unterliegen den Strafbestimmungen des Urheberrechtsgesetzes.

© Springer-Verlag Berlin Heidelberg 1983, 1996

Die Wiedergabe von Gebrauchsnamen, Handelsnamen, Warenbezeichnungen usw. in diesem Werk berechtigt auch ohne besondere Kennzeichnung nicht zu der Annahme, daß solche Namen im Sinn der Warenzeichen- und Markenschutzgesetzgebung als frei zu betrachten wären und daher von jedermann benutzt werden dürften.

Produkthaftung: Für Angaben über Dosierungsanweisungen und Applikationsformen kann vom Verlag keine Gewähr übernommen werden. Derartige Angaben müssen vom jeweiligen Anwender im Einzelfall anhand anderer Literaturstellen auf ihre Richtigkeit überprüft werden.

Einbandgestaltung: Springer-Verlag, Design & Production
SPIN: 10014475   19-5 4 3 2 1 0 – Gedruckt auf säurefreiem Papier

Vorwort zur 3. Auflage

Seit der Arbeit am Manuskript der 2. Auflage sind über 10 Jahre vergangen. Die Auflage ist seit 4–5 Jahren vergriffen. In diesen Jahren hat das Interesse an manueller Medizin nicht nur im deutschsprachigen Raum, sondern weltweit sprunghaft zugenommen.

Das spiegelt sich nicht nur in der Literatur, sondern am deutlichsten in der ständig steigenden Zahl der Teilnehmer an den Ausbildungskursen aller nationalen Schulen wider. Die Kurse sind überbelegt, die Wartezeiten oft unerträglich lang. Der konkrete Nutzen der manuellen Medizin für den niedergelassenen Kollegen (und für die Kostenträger) dürfte diesen Trend stimulieren.

Eine apparatelose und präzise Diagnostik und eine effiziente, nebenwirkungsarme Therapie erweisen sich in vielen Fällen dort als komplementäre Möglichkeit, wo häufig diagnostische Hilflosigkeit und therapeutische Polypragmasie vorherrschen. Für viele erfahrene Kollegen ist die Tätigkeit eines niedergelassenen Allgemeinarztes ohne manuelle Medizin schon nicht mehr denkbar.

Eine Basisausbildung in manueller Medizin ist inzwischen Bestandteil der Weiterbildung zum Arzt für Orthopädie geworden.

Die praktische und theoretische HNO-Medizin ist an Fragen der hochzervikalen Syndrome interessiert. Manche funktionellen Syndrome der inneren Medizin finden in vertebragenen Mechanismen ihre Erklärung. Oft sind interne Erkrankungen über viszerovertebrale Vermaschungen die Ursache für vertebrale Dysfunktionen. Die periphere Neurologie hat viele Berührungspunkte zu akuten und chronischen Funktionsstörungen am Bewegungssystem. Im Rahmen von „Schmerzkonferenzen" kommt dem Manualmediziner oft eine wichtige diagnostische Aufgabe zu. Die klinische Rehabilitation am Bewegungssystem bedient sich in zunehmendem Maße der manual-medizinischen Möglichkeiten.

Die Integration der manuellen Medizin in den Bereich der akademischen Forschung und Lehre weitet sich gleichmäßig und kontinuierlich aus. An ca. 10 deutschen Universitäten bestehen Lehraufträge für manuelle Medizin. In Wien wurde der 1. Lehrstuhl für konservative Orthopädie und manuelle Medizin eingerichtet (Tilscher 1989).

In der Schweiz erfolgte eine erste Habilitation mit manual-medizinischer Thematik im Bereich der Neurologie (Dvorák 1992). In allen europäischen Ländern verläuft die Entwicklung ähnlich. In den Ländern Osteuropas – v. a. in der GUS – beginnt ein geradezu stürmischer Nachholprozeß, seitdem die Hemmnisse im internationalen wissenschaftlichen Austausch beseitigt sind.

Parallel dazu verdichten und konkretisieren sich in der Bundesrepublik Deutschland Bemühungen, die auf eine gleichrangige Bewertung der konservativen Orthopädie neben der jetzt übermächtigen operativen klinischen Orthopädie drängen.

Als das Konzept der 1. Auflage dieses Buches entworfen wurde, war es nur eine vage Hoffnung, daß die Entwicklung so verlaufen würde. Jetzt, da diese Entwicklung offensichtlich ist, ist eine neue Auflage nicht nur gerechtfertigt, sondern notwendig.

Daran ändert auch die Tatsache nichts, daß inzwischen eine Reihe von ausgezeichneten deutschsprachigen Lehrbüchern der manuellen Medizin erschienen sind, denn keine der Neuerscheinungen deckt den Themenkreis ab, dem sich diese Schrift widmet.

Besonders wichtig ist der Hinweis, daß die vorliegende Arbeit keine Propädeutik der peripheren Neurologie ist. Sie beschäftigt sich also nicht mit den Krankheitsbildern, die durch pathologisch-anatomisch objektivierbare Beeinträchtigungen des Nervensystems durch Strukturen des Bewegungssystems entstehen. Dieser Teil der „Neuroorthopädie" bzw. der „Vertebroneurologie", der vornehmlich die radikulären und die Engpaßsyndrome umfaßt, ist in vielen Lehrbüchern dargestellt. Das dort vermittelte Wissen sollte jedem, der sich mit der Klinik des Bewegungssystems beschäftigt, diagnostisch und differentialdiagnostisch präsent sein.

Dieses Wissen läßt uns aber im Stich, wenn wir uns mit den Problemen der reinen Funktionsstörungen des Bewegungssystems auseinanderzusetzen haben. Wenn es um die Theorie, die Diagnostik und die Therapie der manuellen Medizin geht, dann geht es eben nicht um die pathomorphologische Rolle, die das Bewegungssystem für das Nervensystem spielt, sondern – so paradox es klingt – es geht um *die physiologische Rolle, die das Nervensystem bei der Funktionspathologie des Bewegungssystems spielt.*

Nur auf diesem ungewohnten, aber praktisch außerordentlich wichtigen Terrain bewegt sich diese Schrift. Hier bietet sie sich als Leitfaden an. Sie faßt die wichtigsten Grundfakten zusammen und stellt sie in größere funktionelle Zusammenhänge. Ihre theoretischen, diagnostischen und therapeutischen Konsequenzen schlagen unmittelbar bis zum praktischen ärztlichen Alltag durch.

Aufgrund der Erfahrungen mit den beiden ersten Auflagen wurde dem Hauptteil ein einführender Überblick vorangestellt. Er soll den Einstieg in die nicht gerade einfache Materie erleichtern und als erste Orientierungshilfe im Labyrinth der Fakten und Zusammenhänge dienen. Anhand dieser Erstinformation kann man sich dann den Stoff je nach Bedarf oder Interesse in den speziellen Abschnitten des Hauptteils erarbeiten. In einem letzten Schritt sollte man die jeweilige Fachliteratur zu Rate ziehen, um wirklich zum wissenschaftlichen Kern der Probleme vorzustoßen. Aus diesem Konzept ergibt sich zwangsläufig, daß einige Fakten und Sachverhalte mehrmals auftauchen, v. a. dann, wenn sie in verschiedenen funktionellen Zusammenhängen eine Rolle spielen.

Dem Leser, der etwas vorschnell fragt: „Was soll ich mit all dieser Theorie anfangen?" sei der – übersetzte – Satz von Kant in Erinnerung gerufen:

Erfahrung ohne Wissen ist blind,
Wissen ohne Erfahrung ist hilflos,
es gibt nichts Praktischeres als eine
von Erfahrung untermauerte Theorie!

Trier, im Februar 1996 H.-D. WOLFF

Vorwort zur 1. Auflage

Der ärztliche Tätigkeitsbereich Chirotherapie, der im internationalen Sprachgebrauch als manuelle Medizin bezeichnet wird, beschäftigt sich vornehmlich mit den reversiblen Funktionsstörungen von Gelenken. Dieses Leistungsdefizit wird als „Blockierung" bezeichnet.

Die Problematik der „Blockierung" läßt 2 grundsätzlich zu unterscheidende Aspekte erkennen:
1. einen mechanischen und
2. einen neurophysiologischen Aspekt.

Beide sind eng miteinander verknüpft und müssen gleichrangig beachtet werden. Das gilt für die theoretische Beschäftigung wie für das praktisch-klinische Handeln.

Die hier vorgelegte Zusammenstellung der wichtigsten Fakten und Zusammenhänge des neurophysiologischen Aspektes der „Blockierung" soll vor allem während der Ausbildung oder Weiterbildung in „Chirotherapie" eine Hilfe sein. Sie hat nicht den Ehrgeiz, in die wissenschaftliche Detaildiskussion einzugreifen. Sie soll dem, der neu mit der Materie konfrontiert wird, den Überblick vermitteln, der nur zu leicht verlorengeht, wenn sofort die ganze Fülle der Einzelheiten, die den Fachmann beschäftigen, ausgebreitet wird. Sie will vereinfacht und verkürzt die Fakten, Zusammenhänge, Probleme und offenen Fragen umreißen, die zu Beginn der Berührung mit der Handgriffmedizin zur Kenntnis genommen werden sollten. Die Darstellung läßt sicher subjektive Züge erkennen. Das läßt sich bei einer Materie, die theoretisch noch überall im Fluß ist, kaum vermeiden. Mit zunehmender Beschäftigung wird sich jeder selbst die Einsichten erobern müssen, die nicht mehr vom Subjektiven verstellt werden können.

Dem Überblickcharakter entsprechend beschränken sich auch die „Literaturhinweise" auf Veröffentlichungen, die dem Interessierten rasch den Weg zur gründlichen Beschäftigung mit der Materie im Ganzen und mit Einzelfragen eröffnen.

Die Schrift soll ferner anregen, das Problem der „funktionellen Störungen" und der „Schmerzentstehung" am Achsenorgan differenzierter zu sehen, als es heute gemeinhin geschieht. Die Vorstellung, daß vertebraler und/oder vertebragener Schmerz normalerweise durch die mechanische Kompression eines Spinalnervs bzw. seiner Wurzel im Foramen intervertebrale ausgelöst werde, trifft mit Sicherheit nur auf einen Teil der klinischen Fälle, und zwar nur auf den kleineren zu. Der weitaus größere Teil der Schmerzen und Störungen an der WS entsteht durch andere Pathomechanismen. Diese Feststellung hat erhebliche diagnostische und therapeutische Konsequenzen. So bedarf z. B. ein Wurzelkompressionssyndrom an der HWS eines völlig anderen Vorgehens wie ein Nacken-Kopf-Schmerz, der auf einer „Blockierung" beruht. Während im ersten Fall gezielte Handgriffe nur mit großer Vorsicht und strenger Indikation eingesetzt werden dürfen, stellt im Gegensatz dazu die „Blockierung" eine klassische Indikation für die Handgrifftherapie dar.

Diese Veröffentlichung möge auch mithelfen, daß Erfahrungen, Vorstellungen und Anregungen, die aus der Handgriffmedizin stammen, mehr als bisher in die allgemeine ärztliche Denkwelt einbezogen werden, denn die dort unter dem Zwang der Empirie entworfenen theoretischen Konzepte eröffnen neue Möglichkeiten, viele klinische Phänomene und praktische Probleme widerspruchsloser zu deuten und erfolgreich anzupacken, als es mit den bisher gängigen und z.T. falsch verallgemeinerten Vorstellungen möglich war.

Dieser Gewinn an Einsichtmöglichkeiten wird allerdings dadurch erkauft, daß nun in wesentlich komplizierteren Zusammenhängen gedacht werden muß. Ich habe mich bemüht, die Komplexität der in Frage kommenden neurophysiologischen Bedingungen aufzuzeigen. Ich möchte aber im gleichen Augenblick deutlich machen, daß aufgrund der im neuralen Bereich herrschenden Gesetzmäßigkeiten diese Komplexität auch für die Praxis nicht undurchschaubar bleiben muß. Vor allem möge deutlich werden, daß die oft verwirrende Variabilität der klinischen Erscheinungen bei gleicher Ursache geradezu die Norm sein muß, und die - didaktisch so bequeme - Uniformität der Symptomatik keineswegs die Regel sein kann.

Endlich mögen diese Zeilen einen Beitrag leisten bei dem - unausweichlichen - Bemühen um eine neue funktionelle Medizin am Bewegungsapparat, die sich ebenso von der Dominanz einer nur mechanischen und morphologischen Betrachtungsweise wie von einer vagen vitalistisch-ganzheitlichen Interpretation freimachen muß.

Trier, im Mai 1978   H.-D. WOLFF

Vorwort zur 2. Auflage

Das Konzept dieser propädeutischen Darstellung von Fakten aus der Neurophysiologie, die im Zusammenhang mit der manuellen Medizin eine Rolle spielen, hat sich generell bewährt. Daher wurde am Grundaufbau festgehalten. Der Inhalt aber wurde erheblich erweitert, der Text weiterhin neu formuliert. Neue Erkenntnisse mußten berücksichtigt und der Gefahr einer zu großen Vereinfachung vorgebeugt werden. So ist fast ein neues Buch entstanden. In der zunehmenden Differenzierung spiegelt sich die Entwicklung der manuellen Medizin.

Ich hoffe, daß darunter die Lesbarkeit nicht gelitten hat. Um das Abstraktionsvermögen des Lesers nicht über Gebühr zu strapazieren, wurde auch die Zahl der Abbildungen ergänzt und verbessert. Damit wurde den Anregungen einiger Rezensenten entsprochen. Diesen sei an dieser Stelle für Zustimmung und Kritik gleichermaßen gedankt. Ein besonderer Dank gilt Herrn Professor M. Zimmermann, Heidelberg. Wesentliche Anregungen und Verbesserungsvorschläge stammen von ihm. Die so dringend erforderliche Zusammenarbeit zwischen dem Wissenschaftler und dem Praktiker wurde von ihm beispielhaft realisiert.

Da mehrere Ausbildungsstätten für manuelle Medizin im deutschsprachigen Raum die „Neurophysiologischen Aspekte..." in die Standard-Bibliothek der Grundausbildung aufgenommen haben, hoffe ich, daß sich die Schrift vor allem dann bewährt, wenn es gilt, den im Unterricht vermittelten Stoff zu verfestigen und zu vertiefen. Gleichzeitig soll das Buch die Leser anregen, sich weiter mit dieser Materie zu beschäftigen und den raschen Fortgang der Entwicklung zu verfolgen.

Zweifellos kostet es den Nicht-Fachmann einige Mühe, sich in der Denkwelt der Neurophysiologie und der Informationstheorie zurechtzufinden, besonders dann, wenn das Physikum schon lange zurückliegt. Mit Sicherheit aber lohnt sich diese Mühe, denn ohne neurophysiologische Grundkenntnisse ist auch am Bewegungsapparat funktionelles Denken und Handeln nicht möglich. Es wäre daher auch von Nutzen, wenn die Fakten und Zusammenhänge, die hier zusammengetragen wurden, überall dort Interesse fänden, wo die Behandlung des Bewegungsapparates im Mittelpunkt steht.

Trier, Im August 1983   H.-D. Wolff

Inhaltsverzeichnis

Teil A:	Einleitung
A 1	Grundprobleme der manuellen Medizin............. 3
A 1.1	Die reversible Funktionsstörung eines Gelenks........ 3
A 1.2	Bisherige Erklärungsversuche 4
A 1.3	Versuch einer synthetischen Theorie der Diagnostik und Therapie in der manuellen Medizin 5

Teil B:	Einführender Überblick
B 1	Einleitung... 17
B 1.1	Nervensystem und Information..................... 17
B 1.2	„Der neue Fahrstuhl und seine Benutzer" 18
B 1.3	Die Entdeckung der „Information"................. 18
B 1.4	Das informationsverarbeitende dynamische System (IVDS)... 19
B 1.5	Der neue Funktionsbegriff und das Bewegungssystem 20
B 2	Das Nervensystem unter dem Blickwinkel von Informationstheorie, Kybernetik und Systemtheorie..................... 21
B 2.1	Informationstheorie 21
B 2.2	Kybernetik 22
B 2.3	Elementarkategorien der Systemtheorie (IVDS) 22
B 3	Pathologie der informationsverarbeitenden dynamischen Systeme 23
B 4	Das Bewegungssystem als informationsverarbeitendes dynamisches System 25
B 4.1	Störungen des Bewegungssystems 25
B 4.1.1	Funktionsstörungen des Bewegungssystems aus materiellen Strukturen........................ 25
B 4.1.2	Funktionsstörungen aus motorischen Strukturen..... 26

B 4.1.3	Funktionsstörungen aus steuernden Strukturen (Informationsverarbeitung)	26
B 5	**Bauteile des Nervensystems**	27
B 5.1	Nervenzelle (Neuron)	27
B 5.2	Synapse	27
B 5.3	Informationsweg der Nozizeption	28
B 5.3.1	Rezeptoren	28
B 5.3.2	Spinale Steuerungsebene (Rückenmark)	31
B 5.3.3	Zentrale Steuerungsebenen (Hirnstamm, Thalamus, Großhirn)	34
B 6	**Spinale Nozireaktion**	35
B 6.1	Muskulatur und spinale Nozireaktion	35
B 6.2	Sympathikus und spinale Nozireaktion	36
B 6.3	Sensorische Begleitphänomene bei der spinalen Nozireaktion: die algetischen Krankheitszeichen	37
B 6.4	Diagnostische und therapeutische Aspekte der algetischen Krankheitszeichen	39
B 7	**Schmerzentstehung im Bewegungssystem**	43
B 7.1	Rezeptorenschmerz und übertragener Schmerz („referred pain")	43
B 7.2	Neuralgischer bzw. radikulärer Schmerz (projizierter Schmerz)	43
B 7.3	Praktische Konsequenzen	45
B 7.4	Schmerz und Psyche	46
B 8	**Antinozizeption und antinozifensives System**	49
B 8.1	Antinozizeption	49
B 8.2	Nozifensives System	49
B 9	**Theoretische, diagnostische und therapeutische Schlußfolgerungen**	53
B 9.1	Theorie der primären vertebralen Dysfunktion	53
B 9.2	Theorie der sekundären vertebralen Dysfunktion	54
B 9.3	Diagnostik bei vertebralen Dysfunktionen	54
B 9.3.1	Das „Werkzeug" Hand	54
B 9.3.2	Wann soll bei einem klinischen Bild an eine vertebragene Mitverursachung gedacht werden?	59
B 9.3.3	Basisdiagnostik	59
B 9.4	Therapie vertebraler Dysfunktionen	61

B 10	**Klinischer Anhang**	65
B 10.1	Funktionsstörungen des kraniozervikalen Übergangs (Kopfgelenkbereich; das zervikoenzephale Syndrom) .	65
B 10.1.1	Wichtige Orientierungspunkte......................	65
B 10.1.2	Diagnostik, Therapie und Prognostik	66
B 10.2	Zervikogene Dysphonie und Dysphagie	69
B 10.3	Syndrom des lumbothorakalen Übergangs...........	69
B 10.4	Neuropathologie des Anulus fibrosus der lumbalen Bandscheiben........................	70
B 10.5	Der chronisch Schmerzkranke......................	70

Teil C: Hauptteil

C 1	**Grundbegriffe von Informationstheorie, Kybernetik und Systemtheorie**	75
C 1.1	Vorbemerkungen....................................	75
C 1.2	Informationstheorie	76
C 1.3	Kybernetik	78
C 1.3.1	Steuern	78
C 1.3.2	Regeln	79
C 1.3.3	Regelkreis	79
C 1.3.4	Zeitfaktor im Regelkreis	82
C 1.3.5	Verknüpfungen von Steuern und Regeln..............	83
C 1.4	Informationsverarbeitende dynamische Systeme (IVDS)..	84
C 1.4.1	Synthetische Begriffe am Bewegungssystem...........	85
C 1.4.2	Achsenorgan.......................................	86
C 1.4.3	Vertebron	86
C 1.4.4	Arthron...	86
C 1.5	Vernetzte neurale Verbände	87
C 1.5.1	Prinzip der Vernetzung	87
C 1.5.2	Neuronale Systeme	87
C 1.5.3	Ausblick..	89
C 2	**Bauteile des Nervensystems**	91
C 2.1	Nervenzelle (Neuron)...............................	91
C 2.1.1	Informationsaufnahme in der Nervenzelle	92
C 2.1.2	Informationstransport in der Nervenzelle	94
C 2.1.3	Axonaler Transport in der Nervenzelle	94
C 2.2	Synapse	96
C 2.2.1	Synaptischer Spalt..................................	97
C 2.2.2	Neurotransmitter...................................	97
C 2.2.3	Erregung und Hemmung	99
C 2.3	Bahnung und Speicherung	100
C 2.3.1	Bahnung	101

| C 2.3.2 | Speicherung (Gedächtnis) .... | 101 |

C 3	**Neurophysiologie am Achsenorgan**.................	103
C 3.1	Afferenz (Informationsaufnahme)..................	103
C 3.1.1	Propriozeptoren..................................	104
C 3.1.2	Nozizeptoren.....................................	105
C 3.1.3	Informationstransport über den Übertragungskanal .	107
C 3.2	Spinale Steuerungsebene: Informationsverarbeitung..	108
C 3.2.1	Vorbemerkungen.................................	109
C 3.2.2	Hinterhornkomplex und spinale Nozireaktion.......	109
C 3.2.3	Die algetischen Krankheitszeichen: hyperästhetische und hyperalgetische Zonen, übertragener Schmerz („referred pain")	114
C 3.2.4	Unterscheidung zwischen neuralgischem Schmerz und Rezeptorenschmerz.........................	122
C 3.2.5	Efferenz: Informationsweitergabe auf der spinalen Ebene...........................	125
C 3.2.5.1	Muskelfunktionssteuerung, γ-System und Nozireaktion................................	125
C 3.2.5.1.1	Kybernetische Aspekte der Steuerung der Muskelfunktion................................	127
C 3.2.5.1.2	Das γ-System.....................................	128
C 3.2.5.1.3	Stützmotorik – Zielmotorik	131
C 3.2.5.2	Seitenhorn, sympathische Efferenz und spinale Nozireaktion.........................	135
C 3.2.5.3	Wirbelsäule und innere Erkrankungen	138
C 3.3	Die langen spinalen Bahnen......................	141
C 3.4	Gefäßversorgung des Rückenmarks	142

C 4	Nozizeption und Gehirn	145
C 4.1	Nozizeption und die Steuerungsebenen des Gehirns .	145
C 4.2	Neuropsychologische Aspekte des Schmerzes........	146
C 4.3	Psychologische Schmerzdiagnostik	149
C 4.4	Psychologische Schmerztherapie	150
C 4.5	Psychopathologische Erscheinungen und psychiatrische Erkrankungen..................	151

C 5	**Über das antinozeptive System zum nozifensiven System**........................	153
C 5.1	Antinozizeptives System..........................	153
C 5.2	Physiologie der Antinozizeption...................	154
C 5.2.1	Periphere Ebene.................................	154
C 5.2.2	Spinale Ebene	155
C 5.2.3	Gehirnebenen....................................	156
C 5.2.4	Diagnostische und therapeutische Konsequenzen....	156
C 5.3	Von der Nozizeption zum nozifensiven System	157

C 6	Der chronisch schmerzkranke Patient oder die chronische Schmerzkrankheit	159
C 6.1	Vorbemerkungen	159
C 6.2	Definition	159
C 6.3	Die chronische Schmerzkrankheit und die Ebenen des nozifensiven Systems	160
C 6.4	Überforderung des antinozizeptiven Systems	162
C 6.5	Der „ideale" Schmerztherapeut	163
C 6.6	Kritische Anmerkungen	163

Teil D: Einige Beispiele von klinischen Bildern vorwiegend neurophysiologischer Pathogenese

D 1	Störungen des kraniozervikalen Übergangs (Kopfgelenkbereich)	167
D 1.1	Bisherige Erklärungsversuche der zervikoenzephalen Symptomatik	167
D 1.1.1	Historische Vorbemerkungen	167
D 1.1.2	Symptomenkonstellation	167
D 1.1.3	Die „vaskuläre Theorie" (A. vertebralis)	168
D 1.1.4	Die „Sympathikustheorie" (N. vertebralis)	169
D 1.1.5	Die „kombinierte Theorie" (A. und N. vertebralis)	169
D 1.1.6	Die „neurophysiologische Theorie" (pathogene Afferenzmuster aus dem „Rezeptorenfeld im Nacken")	170
D 1.2	Anatomische Besonderheiten des Kopfgelenkbereichs	170
D 1.2.1	Vorbemerkungen	170
D 1.2.2	Skelettäre Unterschiede zwischen der klassischen HWS und dem Kopfgelenkbereich	172
D 1.2.3	Struktur und Gelenkmechanik des Kopfgelenkbereichs	172
D 1.2.4	Muskulatur des Kopfgelenkbereichs	176
D 1.2.5	Neuroanatomie und Neurophysiologie des kraniozervikalen Übergangs	178
D 1.2.5.1	Vorbemerkungen	178
D 1.2.5.2	Neuroanatomie und Neurophysiologie	179
D 1.2.6	Klinische Aspekte	180
D 1.2.6.1	Zervikoenzephale Symptomatik	181
D 1.2.6.2	Subokzipitale Proprio- und Nozizeption und die spinalen Trigeminuskerne	182
D 1.2.6.3	Unklare Symptome	182
D 1.2.6.4	Psychische Symptome	182
D 1.2.7	Therapie	184

D 1.3   Standortbestimmungen zur Begutachtung
         von „Weichteilverletzungen der HWS" 184

D 2   Zervikogene Dysphonie und Dysphagie 189

D 3   Syndrom des lumbothorakalen Übergangs (Maigne). 191

D 4   Neurophysiologische Aspekte
         der lumbalen Bandscheibenläsion (Bogduk) 195
D 4.1   Therapie 196

Literatur 197

Sachverzeichnis 205

Abkürzungen und Definitionen (Glossar)

1 Abkürzungen

ARAS   Aufsteigendes retikuläres aktivierendes System
BWK   Brustwirbelkörper
BWS   Brustwirbelsäule
ISG   Iliosakralgelenk
IVDS   Informationsverarbeitendes dynamisches System
LWK   Lendenwirbelkörper
LWS   Lendenwirbelsäule
NS   Nervensystem
WS   Wirbelsäule
ZNS   Zentralnervensystem

Definitionen

Afferenz
Summe der sensiblen Nervenfasern bzw. ihrer Leistungen, die Informationen von der Peripherie zum Zentrum vermitteln. Entspricht im Regelkreis der Informationsstrecke vom Fühler zum Regelzentrum (lat. afferre, herantragen).

Analgesie
Verlust der Schmerzwahrnehmung (z. B. als Folge von Durchtrennung afferenter Fasern).

Pananalgesie
Angeborener Ausfall jeglicher Schmerzwahrnehmung.

antidrom
Angabe der Richtung in einer Nervenfaser, die der Richtung des physiologischen Signalstroms entgegengesetzt verläuft (griech: anti; entgegen; dromein: laufen).

antinozizeptives System
Summe der nervalen Hemmvorgänge, die einer Überflutung der spinalen und zentralen Zentren durch nozizeptive Afferenzen entgegenwirken.

Axon
Der Nervenfortsatz einer Nervenzelle, der die im Zellkörper entstandenen elektrischen Signale an nah- oder fernerliegende Partnerzellen

weitergibt. Jede Nervenzelle hat nur ein Axon, das sich an seinem Ende büschelförmig aufzweigt.

Dendriten
Die Nervenfortsätze einer Nervenzelle, die (wie Antennen) Signale von Partnerzellen aufnehmen (griech. dendron: Baum).

Dermatom
Hautabschnitt, der sensibel von einem spinalen Segment bzw. einer Spinalwurzel versorgt wird. Die rechtwinklig zur Wirbelsäule verlaufende Anordnung der bandartigen Dermatomareale repräsentiert die „metamere" Ordnung der Vertebraten (Wirbeltiere).

dynamisches System
Siehe System.

Efferenz
Summe der Nervenfasern bzw. ihre Leistungen, die Informationen vom Zentrum an die Effektoren in der Peripherie vermitteln, z. B. motorische Efferenz, vegetative Efferenz; entspricht im Regelkreis der Verbindung zwischen Regelzentrum und Stellglied.

Ganglion
Anhäufung von Nervenzellen, z. B. die Ganglienkette des sympathischen Teils des vegetativen Nervensystems.

Hirnstamm
Der phylogenetisch alte Teil des Gehirns, der oberhalb des Rückenmarks v. a. Steuerungszentren für elementare, vegetative Körperfunktionen beherbergt. Teilabschnitte: verlängertes Rückenmark (Medulla oblongata), Brücke (Pons) und Mittelhirn.

Mesenzephalon
Mittelhirn.

Hyperalgesie
Erhöhte Schmerzhaftigkeit auf *noxische Reize* (z. B. auf Druck, Quetschung u. ä. *mechanische Reizung*) des subkutanen Bindegewebes und des Periosts aufgrund einer Schwellensenkung der Nozizeptoren dieser Gewebeschichten (griech. hyper: vermehrt; algos: Schmerz).

Hyperästhesie
Gesteigerte Empfindlichkeit der Haut auf nichtnoxische Reize (z. B. mit einer Parästhesienadel).

Kognition (kognitiv)
Die komplexen Wahrnehmungs- und Erkenntnisleistungen des Großhirns.

kontralateral
Auf der gegenüberliegenden Seite befindlich oder verlaufend (lat. contra: gegen; latus: Seite).

Kortex
Die dunklen randständigen Zellansammlungen in den Gehirnwindungen (lat. kortex: Rinde).

Myelin (myelinisiert)
Aus Fettsäuren (Lipoproteinen) aufgebaute isolierende Hüllschicht der Nervenfasern.

Nozizeption (nozizeptiv)
Der Teil des sensiblen peripheren Nervensystems, der drohende oder eingetretene Beschädigungen von Geweben wahrnimmt und die entsprechende Information an spinale Zentren weitergibt.

Nozifension
Summe aller nerval gesteuerten Leistungen, die der Abwehr oder Beseitigung von äußeren und/oder inneren Noxen (= Schäden) dienen.

Nozireaktion
Summe der auf spinaler Ebene durch überschwellige Nozizeption ausgelösten Reaktionen.

Potential
Elektrische Spannung bei Leistungsänderungen im Körper einer Nervenzelle (gemessen in V).
a) Statisches Potential: ruhende elektrische Spannung;
b) Aktionspotential: sich fortpflanzende elektrische Spannung.

Propriozeption (propriozeptiv)
Der Teil des sensiblen, peripheren Nervensystems, der die Informationen aufnimmt, die der Kontrolle von physiologischen Funktionsabläufe im Körper (z. B. des Bewegungssystems) dienen, und der diese Informationen an die funktionssteuernden Zentren weitergibt (lat. proprium: Eigentum; receptio: Aufnahme).

Soma, somatisch
a) Zellkörper der Nervenzelle.
b) Der Körper bzw. das Körperliche eines Individuums im Gegensatz zur Psyche.
Somatisch: aus dem Körper stammend (griech. soma: Körper).

Systeme
Bevor wir uns im Text der Systemtheorie zuwenden, folgende allgemeine und sprachliche Klarstellung:
Der Begriff wird vielfältig und in verschiedener Weise benutzt.
1) Als physikalisch-chemische Klassifizierung:
   – das „periodische System" der chemischen Ordnung (Mendelejew 1869);
   – als Klassifizierungen der Arten, Gattungen und Familien usw. in Zoologie und Botanik (Linné 1707–1778).
2) Unter einem *statischen System* versteht man ein nichtmobiles, statischen Gesetzen gehorchendes, natürliches oder künstliches Gebilde, das aus verschiedenen Elementen zusammengefügt ist: z. B.

ein Gebäude, eine geologische Formation u. ä.
Im Gegensatz zu 2) handelt es sich bei einem
3) *dynamischen System* um einen Wirkzusammenhang, der sich aufgrund der in ihm herrschenden Kräfte und Energien verwandeln kann, z. B. meteorologische Vorgänge, Lawinen, Meeresströmungen u. ä. Diese Systeme gehorchen ausschließlich physikalischen und chemischen Gesetzmäßigkeiten.
Diese dynamischen Systeme sind u. a. Objekte der Chaostheorie (z. B. Klima).
4) Die *informationsverarbeitenden, dynamischen Systeme* unterscheiden sich wiederum vom „einfachen" dynamischen System dadurch, daß heterogene Elemente in einer sinnvollen Ordnung miteinander verknüpft sind und daß das Zusammenspiel der Einzelelemente durch die Verwendung von Informationen es ermöglicht, daß sich das System von seiner Umwelt (Nichtsystem) abschotten und zielgerichtete Leistungen vollbringen kann.
Bei einem biologischen System heißt das, daß es seine eigene Existenz gegen äußere und innere Veränderungen aufrechterhalten und sich fortpflanzen kann.

Thalamus
Eine der wichtigsten Umschaltstationen im Zentralnervensystem, die am kranialen Rand des Hirnstamms zwischen den Hirnhälften liegt. Der Thalamus schaltet die Informationen um, die vom sensiblen System auf die Hirnrinde übertragen werden und leitet umgekehrt die zentrifugalen Informationen vom Kortex an motorische Systeme in der Peripherie (und an andere Hirngebiete) weiter.

Viszera (viszeral)
Eingeweide der Bauch- und Brusthöhle (Einzahl: Viscus).

Zentralnervensystem (ZNS)
Die aufnehmenden, koordinierenden und steuernden Instanzen des Nervensystems in Rückenmark und Gehirn (im Gegensatz zum peripheren Nervensystem).

zentrifugal
Vom Zentrum zur Peripherie verlaufend.

zentripetal
Von der Peripherie zum Zentrum verlaufend.

Teil A

Einleitung

A1 Grundprobleme der manuellen Medizin

A 1.1
Die reversible Funktionsstörung eines Gelenks

Bei der theoretischen Beschäftigung mit der manuellen Medizin kann man von folgenden Fixpunkten ausgehen:

1. Das zentrale Objekt der Handgriffmedizin ist die *reversible Funktionsstörung eines Gelenks*.
   Im Vordergrund steht dabei die *reversible, hypomobile Funktionsstörung*. Diese Funktionsstörung betrifft vorrangig die Gelenke der Wirbelsäule.
   Im praktischen Alltag und in der Literatur wurden früher für diesen Sachverhalt Begriffe wie: „Blockierung", „Subluxation", „osteopathische Läsion" u. ä. benutzt.
   Sie haben nur noch historisches Interesse. Da sie z. T. von falschen theoretischen Vorstellungen ausgehen, sollten sie nicht mehr benutzt werden.
2. Die *hypomobile Dysfunktion* zeigt 2 pathologische Grundaspekte.
   a) Einen *gelenkmechanischen* Aspekt: Die aktive und v. a. die passive Beweglichkeit ist eingeschränkt. Dieser partielle Verlust an Mobilität geht durchweg mit einem Defizit an *Gelenkspiel („joint play")* einher.
   b) Einen *neurologischen* Aspekt: Wenn diese Beweglichkeitsminderung klinische Bedeutung hat, dann ist sie von *neurophysiologisch* gesteuerten Reaktionen begleitet.
3. Es finden sich dann in wechselnder Konstellation und Intensität:
   – Spontanschmerzen und/oder Schmerzen, die von Haltung und Bewegung abhängig sind;
   – Erniedrigungen der nozizeptiven Reizschwellen in allen Strukturen gleicher segmentaler Zuordnung;
   – Änderung des Tonus von segmental zugeordneten Muskeln;
   – Störungen des vegetativ gesteuerten Funktionsgleichgewichts in segmental zugeordneten Organen und Hautsegmenten;
   – in speziellen Fällen finden sich Störungen von zentralen Steuerungszentren.

Die folgenden Darstellungen beschäftigen sich v. a. mit diesen neurophysiologisch gesteuerten klinischen Aspekten der „vertebralen hypomobilen Dysfunktion".

Aus diesen empirischen Sachverhalten ergeben sich folgende Fragen:
a) Wie kann eine minimale Störung der Gelenkmechanik, für die kein pathologisch-anatomisches Substrat zu finden ist und die sich der statischen Röntgendarstellung entzieht, solche klinischen Folgen haben?
b) Wo liegt die Verknüpfung zwischen dem mechanischen und dem neurophysiologischen Aspekt dieser Funktionsstörung?
c) Wie greift die Handgrifftherapie in diesen Störkomplex ein?

Oder mit anderen Worten: Wie kann ein kurzer, gezielter Impuls oder eine wiederholte gezielte Mobilisationseinwirkung auf ein nur endgradig gestörtes Gelenk solche unerwarteten therapeutischen Wirkungen haben?

A 1.2
Bisherige Erklärungsversuche

Seitdem man sich theoretisch mit der Wirkung der Handgriffmedizin beschäftigt, hat man versucht, Antworten auf diese Fragen zu finden:

- Der „eingeklemmte Nerv"
  Das gängigste – weil plausibelste – Erklärungsmodell war das des „eingeklemmten Nervs". Diese Spekulationen wurden und werden v. a. von den Vorläufern der manuellen Medizin – z. B. Laienbehandlern, Chiropraktoren u. a. – favorisiert.
  Man stellte sich vor, daß der Spinalnerv im Foramen intervertebrale dadurch „eingeklemmt" sei, daß die Wirbel in einer „Endstellung fixiert" seien und daß dadurch das Kaliber des Foramen intervertebrale verengt sei, so daß es zu einer Kompression des Spinalnervs komme. Durch den Handgriff würde dann der Wirbel so „reponiert", daß er den Nerv wieder freigebe. Diese Hypothese wurde bereits durch das Schweizer Fakultätsgutachten 1936 (Schweizerische Ärzte-Gesellschaft 1989) eindeutig widerlegt.
  Objektiv vorhandene Kompressionen von Spinalnerven haben pathologischanatomische Ursachen, z. B. prolabiertes Bandscheibenmaterial, spinale Enge usw. Bei diesen klinischen Bildern sind die therapeutischen Handgrifftechniken (v. a. gezielte Techniken) nicht nur wirkungslos, sondern wegen der damit verbundenen Gefahren sogar kontraindiziert.

- Die „Meniskustheorie"
  Eine Arbeitsgruppe um den Chirurgen Zukschwerdt (Zukschwerdt et al. 1960) formulierte in den 50er Jahren die sog. „Meniskustheorie" zur Entstehung der „Blockierung" und zur Erklärung der oft schlagartigen Wirkung der gezielten Handgriffe.
  Man ging von der Erfahrung mit Meniskuseinklemmungen am Knie aus. Dabei kommt es bekanntlich zu plötzlichen, sehr schmerzhaften Bewegungshemmungen. Durch ein gezieltes Handgriffmanöver kann es schlagartig gelingen, Sperre und Schmerz zu beseitigen.
  Dieses Modell übertrug man auf die WS-Gelenke, da nachgewiesen werden

konnte (Emminger et al. 1968), daß auch dort randständige Gelenkeinschlüsse vorhanden sind. Es stellte sich aber bald heraus, daß die „meniskoiden" Strukturen nach Aufbau und Funktion nicht mit den Kniemenisken gleichgesetzt werden können und daß dieser theoretische Ansatz sich auch nicht mit der klinischen Realität zur Deckung bringen läßt.
Die neurophysiologische Seite der Meniskuseinklemmung wurde durch eine modifizierte „Wurzelkompressionstheorie" erklärt:
Die schon vorbestehende „relative Raumnot" im Foramen intervertebrale solle durch die „Verklemmung" des Wirbelgelenks in eine „absolute Raumnot" vergrößert werden. Damit werde eine latente Beengung des Spinalnervs so verstärkt, daß es zu Schmerzen und zu klinischer Symptomatik komme. Durch den Handgriff werde die Verklemmung beseitigt und der vorherige beschwerdefreie Zustand wieder hergestellt.

- **Degenerative Veränderungen**
Auch der Erklärungsversuch, daß „degenerative Veränderungen" der Wirbelsäule oder der Bewegungssegmente für die Beschwerden verantwortlich seien, kann für die zur Debatte stehende Klinik nicht in Frage kommen.
Gegen diesen Denkansatz spricht:
1. daß entsprechende klinische Bilder auch bei jungen Patienten vorkommen, bei denen keinerlei degenerative Zeichen vorhanden sind,
2. daß bei älteren bis alten Personen, bei denen praktisch zu 90–100 % degenerative Veränderungen z. B. an HWS und LWS nachweisbar sind, keineswegs in gleicher Größenordnung entsprechende klinische Erscheinungen vorliegen (Schön 1956; Tepe 1956),
3. daß die Schmerzsyndrome oft schlagartig auftreten, unabhängig von der Anwesenheit degenerativer Veränderungen und
4. daß die Leistungseinbußen und Beschwerden bei den hypomobilen Funktionsstörungen sich eindeutig und charakteristisch von denen unterscheiden, die auf „degenerativen", entzündlichen oder posttraumatischen Störungen oder Defekten beruhen.

A 1.3
Versuch einer synthetischen Theorie der Diagnostik und Therapie in der manuellen Medizin

Alle diese Erklärungsversuche gehen von dem theoretischen Konzept aus, daß Schmerz am Bewegungssystem dann entstehe, wenn neurale Leistungsbahnen durch pathomorphologische Fremdeinwirkungen irritiert, komprimiert oder gar unterbrochen werden.
Seit ca. 1960 wird ein weiteres Erklärungsmodell diskutiert, das sich an den neurophysiologischen Sachverhalten des Rezeptorenschmerzes (Kuhlendahl 1953; s. C 3.2.4) orientiert und das mit biokybernetischen Denkmodellen arbeitet (Eder u. Tilscher 1988; Lewit 1988; Wolff 1967, 1974, 1981 a, b u. v. a.). Dieser theoretische

Ansatz hat sich auch im ärztlichen Alltag bewährt. Er steckt einen Rahmen ab, der seither zunehmend durch Detailforschung ausgefüllt wird.

Die vorliegende Schrift folgt diesem Konzept.

Die folgenden 4 ausklappbaren Schemata (Abb. A1–A4, s. S. 7–13) die die wesentlichsten neurophysiologischen Sachverhalte im Zusammenhang darstellen, sollen einen ersten Überblick über die Gesamtproblematik geben. Diese „Schaltpläne" sollen zudem als visuelle Orientierungshilfe beim Studium der folgenden Kapitel dienen.

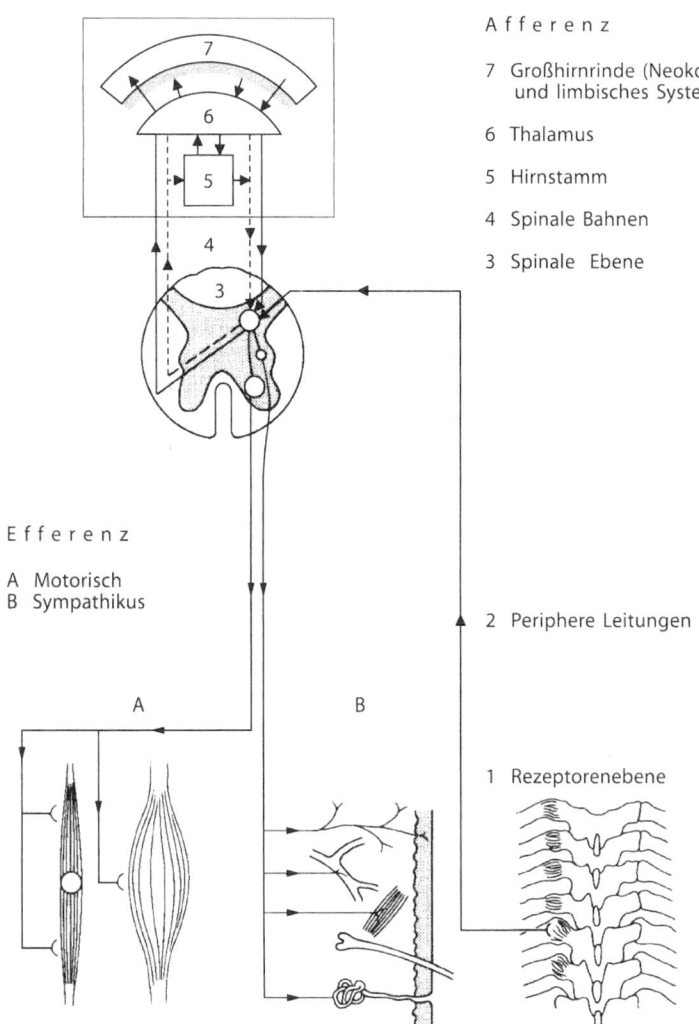

A 1. Synopsis der neurophysiologischen Theorie der vertebralen Dysfunktion

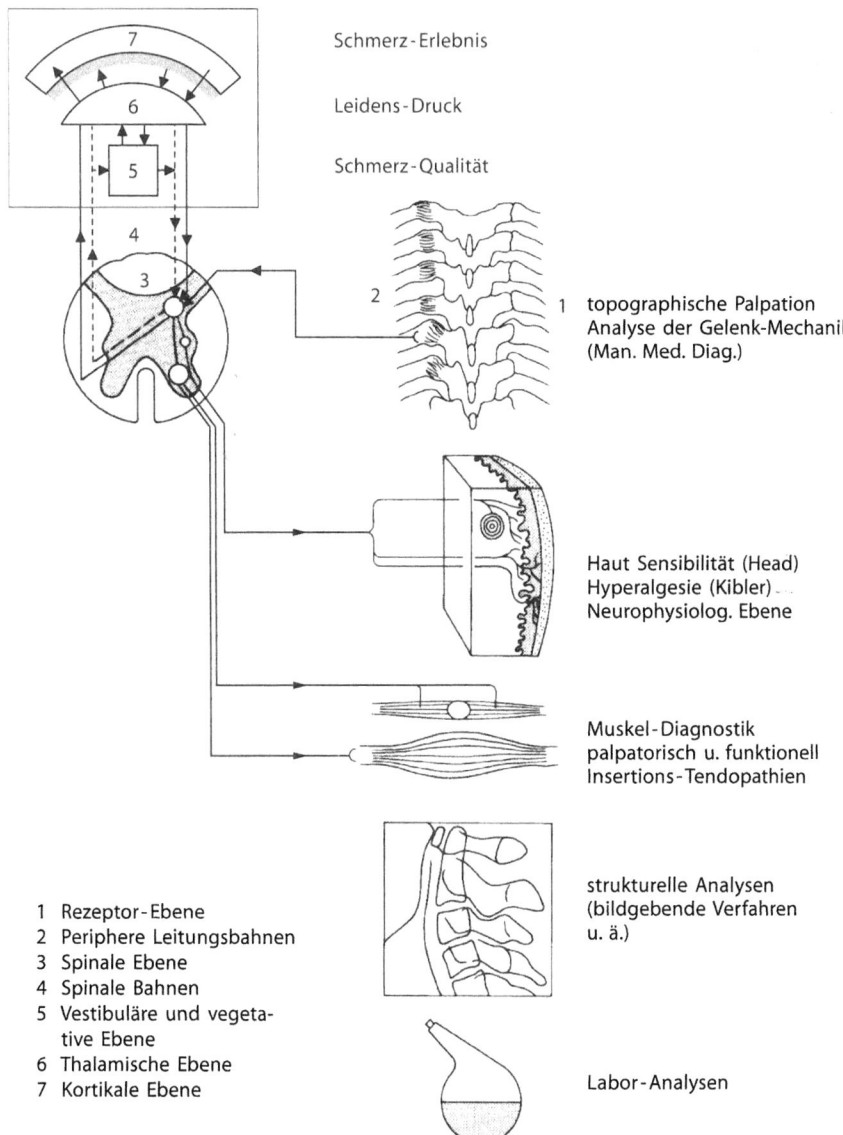

1 Rezeptor-Ebene
2 Periphere Leitungsbahnen
3 Spinale Ebene
4 Spinale Bahnen
5 Vestibuläre und vegetative Ebene
6 Thalamische Ebene
7 Kortikale Ebene

A 2. Synopsis der Diagnostik (Erläuterungen s. Text)

Ausklapp-Schemata A3

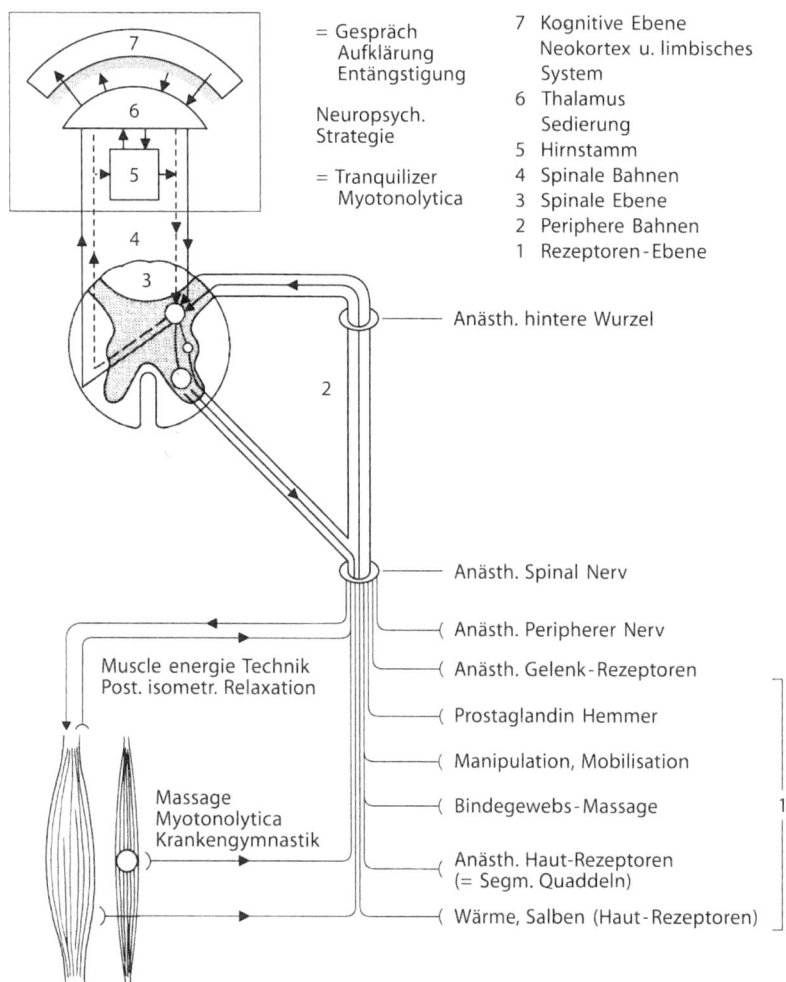

A 3. Synopsis der therapeutischen Möglichkeiten (Erläuterungen s. Text)

Ausklapp-Schemata A4

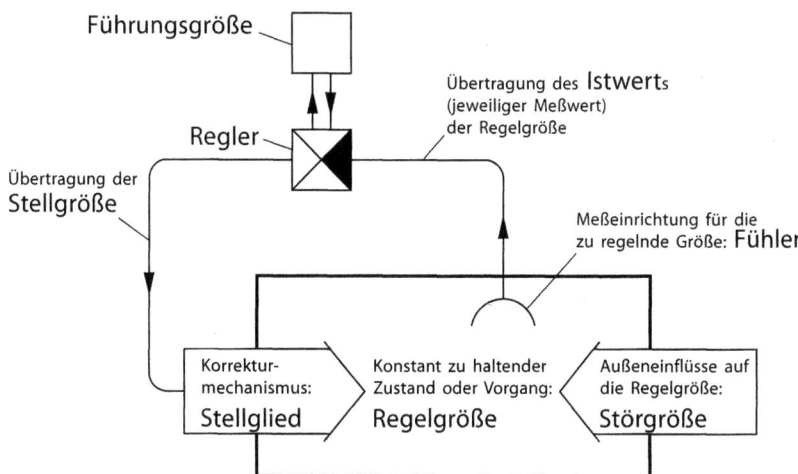

A 4. Allgemeines Wirkungsgefüge eines Regelmechanismus (Ausdrücke in *Großbuchstaben* sind die genormten Fachausdrücke der Regelungstechnik). (Nach Hassenstein 1970)

B
Einführender Überblick

B 1 Einleitung

Das Nervensystem ist ein komplexes, über den ganzen Körper verteiltes, höchst unanschauliches Organ – ein Organ, das sich in vielerlei Hinsicht von allen anderen Organen unterscheidet. Es leistet keine mechanische Arbeit, es produziert keine nach außen wirkenden chemischen Substanzen.

Seine Aufgaben sind Wahrnehmen, Lernen, Vergessen, Regeln und Steuern bis hin zum Fühlen, Denken und Handeln.

Sein Element ist das Phänomen *Information*.

B 1.1
Nervensystem und Information

Jeder Umgang mit Neurophysiologie setzt also voraus, daß wir uns über den Begriff *Information* (Nachricht, Daten) Klarheit verschaffen und daß wir wissen, welche Gesetzmäßigkeiten den Umgang mit diesem immateriellen „Rohstoff" Information bestimmen.

Erst Mitte dieses Jahrhunderts wurde die *„Information"* als Objekt der Wissenschaft entdeckt. Es war eine Entdeckung von kopernikanischem Ausmaß.

Sie hat unsere technisch-zivilisatorische und geistig-wissenschaftliche Welt gleichermaßen revolutioniert.

Weite Bereiche des „Lebendigen", die bisher keiner „naturwissenschaftlichen" Betrachtungsweise zugänglich waren, wurden aus der neuen Sicht verstehbarer. Es ist also logisch, das Nervensystem als „angewandte" Informationstheorie, Kybernetik und Systemtheorie zu interpretieren.

Folgt man diesem Ansatz, dann ergeben sich völlig neue Möglichkeiten, bis dahin „Unerklärliches" zu erklären. Es eröffnen sich Perspektiven, die einer primär morphologisch, pathologisch-anatomisch orientierten Interpretation des Nervensystems verschlossen bleiben. Vor allem dann, wenn es – wie bei der manuellen Medizin – um pathophysiologische, d. h. um funktionelle Probleme geht, bei denen die Neurophysiologie eine dominierende Rolle spielt, ist der neue Denkansatz unverzichtbar.

B 1.2
Der neue Fahrstuhl und seine Benutzer

Um auch denen, denen diese abstrakten Vorbemerkungen sicherlich nicht die Scheu vor der Neurophysiologie genommen haben, den Einstieg zu erleichtern, sei eine kleine Geschichte erzählt, die ebenso simpel wie wichtig ist.

Sie spielt vor ca. 100 Jahren, also 3 Generationen zurück, als das Wort Computer noch längst nicht existierte.

In einem neuen, ganz modernen Hotel wurden die Fahrstühle nicht mehr von einem Liftboy bedient. Das ging jetzt „automatisch".

Es ist Mittagszeit, und alles drängt in den Fahrstuhl.

Ein älterer Herr will unbedingt noch mitfahren. Die Fahrstuhltüren beginnen sich zu schließen. Der Mann beugt sich vor und versucht die Türflügel auseinanderzustemmen. Erbarmungslos wird er eingequetscht. Großes Geschrei, großes Durcheinander.

Da bückt sich ein kleiner Junge und hält die Hand zwischen die noch etwas geöffneten Türflügel. Augenblicklich beginnen die Türflügel sich wieder zu öffnen und ihr Opfer freizugeben.

Allgemeine Verblüffung und Dankbarkeit über dieses „Wunder": pfiffiges Grinsen des Wundertäters.

Heute weiß jeder, daß der Junge seine Hand in den Lichtstrahl gehalten hat, der über die Selenzelle die Aktivität der Motoren steuert, die die Türflügel öffnen und schließen.

Seinerzeit ging man selbstverständlich davon aus, daß eine Schiebetür auf Druck beliebig hin und her zu schieben sei. Die *alte* Tür gehorchte auf direkten Druck von außen. Die *neue* Tür aber gehorchte plötzlich nicht mehr. Sie tat, was sie wollte bzw. sollte. Sie war auch durch große Kraftanstrengung nicht anzuhalten. Nur dem kleinen Jungen gehorchte sie. Ihm gehorchte sie, ohne daß er sich anstrengen mußte. Eine leichte Handbewegung – allerdings an der richtigen Stelle – genügte. Sie gehorchte dem, der das in ihr verwirklichte System durchschaut hatte.

B 1.3
Die Entdeckung der „Information"

Was hat die Geschichte mit unserem Thema zu tun?

Der alte Herr stand vor einem seinerzeit neuartigen technischen System, daß aus sich heraus sinnvoll handeln und reagieren konnte. Besonders verblüffend war dabei, daß die Gesetze der Naturwissenschaft über die Beziehung zwischen Ursache und Wirkung außer Kraft gesetzt zu sein schienen. Hier konnten kleine Ursachen große Wirkungen und große Ursachen kleine Wirkungen haben. Die Disproportionalität zwischen Ursache und Wirkung war das kardinal Neue.

Dieses System funktionierte, weil in ihm sehr verschiedene Einzelelemente in einem geplanten Wirkzusammenhang miteinander verknüpft waren. Diese Funktionsordnung war die Voraussetzung dafür, daß die Leistung des Ganzen mehr war als die Summe der Leistung der Einzelteile.

Das aber konnte nicht alles sein. Auch eine Uhr ist ein funktionierendes, komplexes Ganzes. Sie kann aber nicht agieren oder reagieren.

Die Frage ist also, woher weiß die „kluge" Fahrstuhltür, wann sie auf- und zugehen soll?

Die Antwort lautet: Sie verfügt über eine *Einrichtung*, die sie darüber *informiert*, wann sie sich öffnen oder wann sie sich schließen soll. Im Fall des Fahrstuhls erfüllt eine Lichtschranke diese Aufgabe.

Des weiteren wird klar, daß die „Information" nur ein Partner – wenn auch ein unverzichtbarer Partner – im Systemganzen ist,

- wie das Türblatt mit seinen Zapfen, Angeln und Scharnieren und
- wie der Motor, der die Energie liefert, durch die die Tür bewegt wird.

B 1.4
Das informationsverarbeitende dynamische System (IVDS)

Selbst an diesem einfachsten Beispiel, bei dem die Information nur aus einer Ja- oder Nein-Auskunft besteht (ein Bit), wird deutlich, daß die technische Handhabung des Phänomens Information, d. h. die Vermittlung und Verarbeitung von Daten und Signalen, eine Konstante im Bauplan von lebendigen und/oder von „automatischen", technischen Systemen ist.

> Eine sinnvolle, zielgerichtete Ordnung heterogener Einzelelemente, die durch Informationen gesteuert wird, bezeichnet man als ein informationsverarbeitendes dynamisches System (IVDS).

Der grundsätzlichen Entdeckung der „Information" als Wissenschaftsobjekt folgte eine Flut weiterer Entdeckungen.

Die wichtigste betrifft den „*Regelkreis*" (s. C 1.3.3). Dieses Funktionsprinzip der rückgekoppelten, kreisförmigen Schaltung eines Informationsflusses wurde in der Biologie mehrfach entdeckt (Wagner 1925, 1954; W. R. Hess 1931, von Holst 1937 u v. a.).

In das allgemeine Bewußtsein fand es erst durch die wissenschaftlich-literarische Leistung von Wiener (1948) Eingang. Er gab der Lehre von den rückgekoppelten Regelungen und Steuerungen den Namen Kybernetik (Wiener 1948, 1963; s. C 1.3).

Durch das Wissen um die Rückkoppelung wurden die Probleme der Konstanterhaltung von Meßwerten in der Biologie (z. B. Körpertemperatur, konstante chemische Parameter u. v. a.) durchsichtig und modellierbar. Im Bauplan von biologischen informationsverarbeitenden dynamischen Systemen spielen Regelmechanismen, d. h. kybernetische Prinzipien, eine wesentliche Rolle (s. C 1).

B 1.5
Der neue Funktionsbegriff und das Bewegungssystem

Aus dieser Sicht ist auch das Bewegungssystem ein informationsverarbeitendes dynamisches System. Es ist also unerläßlich, sich auch bei diesem Teil des Gesamtorganismus, der anscheinend nur mechanische Arbeit leistet, mit angewandter Informationstheorie, Kybernetik und Systemtheorie, d. h. im Klartext: mit *Neurophysiologie* zu befassen.

> Daraus ergibt sich, daß die Funktion des Bewegungssystems nicht nur als mechanische Arbeit, sondern als die gemeinsame Leistung all seiner Systemteile, also auch der ihm zugeordneten Teile des Nervensystems, zu verstehen ist.

Diese Definition ist für manualmedizinisches Denken und Handeln von fundamentaler Bedeutung, denn sie besagt, daß auch im Bewegungssystem die beschriebene Disproportionalität zwischen Ursache und Wirkung existieren muß.

B 2 Das Nervensystem
unter dem Blickwinkel von Informationstheorie, Kybernetik und Systemtheorie

Nach dem Gesagten ist es zwingend, sich auch am Bewegungssystem mit der *Neuroanatomie und Neurophysiologie* zu beschäftigen und sich dabei der *Informationstheorie*, der *Kybernetik* und der *Systemtheorie* zu bedienen.

B 2.1
Informationstheorie
(s. C 1.2.)

Von Nachrichtentechnikern wurde ab Mitte dieses Jahrhunderts das Wesen des Phänomens *Information* erforscht. Am Anfang dieser Entwicklung stand die Frage: *Was* ist eigentlich eine *Information*, wie entsteht sie, wie wird sie übermittelt und was geschieht mit ihr?

Anfangs interessierte nur die Frage, wie Nachrichten z. B. beim Telefonieren oder Telegrafieren übermittelt werden. Dabei entdeckte man, daß dieser scheinbar banale Prozeß auf einer Abfolge von Wandlungsprozessen (Kodierungen) beruht (s. C 1.2).

Man fand ferner, daß das Phänomen „Information" über den Begriff Bit mathematisierbar ist. Dieser Grundbegriff ist sozusagen das „Atom" der Information. Ein Bit ist die kleinstmögliche Nachricht: d. h. die Ja-/Nein-Auskunft.

Die Entstehung, Weitergabe, Verarbeitung und Nutzung von Informationen gehorcht prinzipiell immer den gleichen Gesetzmäßigkeiten, die in der Informationstheorie formuliert sind, unabhängig davon, ob sie in einem lebenden Organismus, in soziologischen Gruppierungen oder in technischen Systemen wirksam sind.

Konsequenterweise beschäftigten sich Neurophysiologen schon frühzeitig mit der Informationstheorie. Sie bedienten sich ihrer Ergebnisse und übernahmen ihre Nomenklatur (Zimmermann 1987). Auch diese Propädeutik greift in vielen Details auf die Anregungen und Hilfen der Informationstheorie zurück.

Anzumerken ist, daß das neurale System nur *eine* Form von Informationstransport im Körper darstellt. Es dient den schnellen bis ultraschnellen Informationsübertragungen. Die humoralen, hormonellen und anderen informationsverarbeitenden Systeme bzw. die genetischen Kodes, die Informationen von Generation zu Generation weitergeben, arbeiten mit ganz anderen Medien in ganz anderen Zeitdimensionen.

B 2.2
Kybernetik

Die Aufnahme und Verwendung von Information spielt eine grundsätzliche Rolle bei jeder Form von *Steuerung* und *Regelung*, d. h. bei all den Vorgängen und Prozessen, die Inhalte der ebenfalls neuen wissenschaftlich-technischen Disziplin der „*Kybernetik*" sind (s. C 1.3).

Grundmodell der Regelung ist der *Regelkreis*. Diese Rückkopplungsschaltung („feedback control") ist in allen biologischen Prozessen, die die Einhaltung vorgegebener Werte erfordern, auf vielfache Weise realisiert.

B 2.3
Elementarkategorien der Systemtheorie (IVDS)

Vom „Vater" der Kybernetik, Norbert Wiener (1963), stammt der Satz,

> daß jedes agierende und reagierende System in Biologie oder Technik auf die Elementarkategorien *Materie, Energie, Steuerung und Zeit* zurückzuführen ist (C 1.4).
> Keine dieser Kategorien ist durch die anderen ersetzbar, keine ist verzichtbar.

Da das Bewegungssystem auch als informationsverarbeitendes, dynamisches System zu interpretieren ist, ergibt sich daraus folgende Zuordnung:

Die *Materie* umfaßt die passiven Strukturen wie Knochen, Knorpel, Kapseln und Bänder. Auch die Gelenkmechanik mit Synovialflüssigkeit usw. gehört hierher *(1. Kategorie).*

Die *Energie* ist repräsentiert in der Muskulatur
a) in Form ihrer energieliefernden Mikrostrukturen und
b) in Form ihrer makroskopischen Muskelindividuen mit Faszien und Sehnen
(2. Kategorie).

Die *Steuerung* meint die Summe der neurophysiologischen Verbundsysteme, die in ihnen transportierten und verarbeiteten Informationsströme und die auf deren Auswertung beruhenden Leistungen *(3. Kategorie).*

Die *Zeit* ist hier immer die für das System belangvolle Zeit – die Zeit vom Beginn der Funktionsfähigkeit bis zu deren Erlöschen, nicht die absolute grenzenlose Zeit. Erfahrungen der Vergangenheit werden für die Zukunft nutzbar gemacht *(4. Kategorie).*

> Aus dieser Sicht ergibt sich zwingend, daß es unzureichend ist, den Begriff „*Funktion am Bewegungssystem*" nur mit Gelenkmechanik und Muskelarbeit gleichzusetzen.
> „*Funktion*" umfaßt die intakte, gemeinsame und zielorientierte Leistung *aller Systemteile* in der Zeit.

B 3 Pathologie der informationsverarbeitenden dynamischen Systeme

Wenn es der „Natur" gelungen ist, durch den Kunstgriff der Benutzung der „Information" die Gesetzmäßigkeiten von Physik und Chemie, und von Ursache und Wirkung zu überspielen, dann hat das natürlich auch seinen Preis.
 Jede Ordnung ist von Unordnung bedroht.
 Jede komplexe Ordnung ist komplex bedroht.
 Am elementarsten äußert sich diese Bedrohung jedes „lebendigen" Systems in seiner Endlichkeit. Alles Lebendige entsteht irgendwann und fällt irgendwann wieder dem Nichtlebendigen anheim. Daraus ergibt sich, daß „informationsverarbeitende, dynamische Systeme" neben ihrer speziellen Physiologie auch ihre spezielle Pathologie haben müssen.
 Diese Pathologie spiegelt das Wesen ihrer Ordnung wider. Neben der Störung und evtl. Zerstörung der *materiellen* Existenz und/oder der Störung oder Zerstörung der *energieliefernden* Mechanismen steht die besondere Pathologie der Kategorie *„Information"*.
 Die Pathologie dieser Kategorie ist wiederum dadurch charakterisiert, daß die Gesetzmäßigkeit der Proportionalität von Ursache und Wirkung außer Kraft gesetzt zu sein scheint (s. C 1).
 Bei dieser „Pathologie" spielen folgende Sachverhalte eine grundsätzliche Rolle:

1. Falsche oder verfälschte Informationen können falsche Verrechnungsergebnisse und damit falsche Efferenzen zur Folge haben.
2. Im Gegensatz zur linearen Proportionalität von Ursache und Wirkung in der Physik spielen hier Schwellen und Schwingungsbreiten, d. h. stochastische Verhaltensweisen eine charakteristische Rolle.

Diese Schwellen sind nicht an die Gleichzeitigkeit von Ursache und Wirkung gebunden. Durch Summations- und Speicherungsvorgänge entstehen nichtlineare, gedämpfte oder aber auch ungedämpfte Schwingungen, wenn die Grenzen der physiologischen Schwingungsbreite überschritten wurden.
 Im medizinischen Klartext heißt das: wenn die Möglichkeiten der Kompensation erschöpft sind, beginnt die Pathologie.
 Besonders charakteristisch sind die Veränderungen der Schwingungsabläufe bei Störungen in Regelkreisen. Hier unterscheidet man zwischen den

- physiologischen gedämpften Schwingungen,
- den pathologisch-ungedämpften Schwingungen und

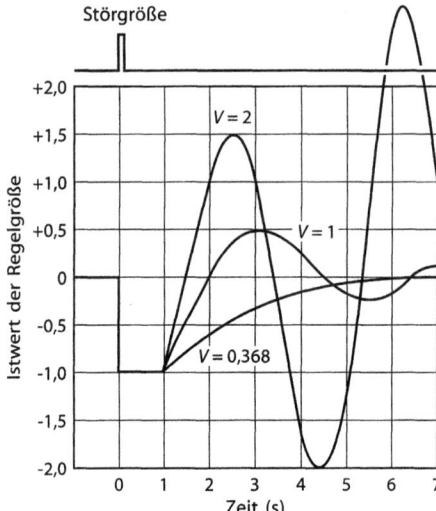

Abb. B 1. Zeitliches Verhalten eines Regelkreises mit einer im Regler liegenden Totzeit bei 3 verschiedenen Verstärkungen (V). Eine kurzdauernde Störung erzwingt zur Zeit t = 0 eine Regelabweichung von −1. Nach Ablauf der Totzeit beginnt die Tätigkeit des Stellglieds. Bei einer Verstärkung vom Betrag V = 1 kehrt die Regelgröße in Schwingungen abnehmender Schwingungsweite zum Sollwert (Regelgröße = 0) zurück. Die Verstärkung V = 2 läßt den Regelkreis instabil werden.

- den terminalen Folgen ungedämpfter Schwingungen: der „Regelkatastrophe" (s. Abb. B 1).

Weite Bereiche der funktionellen Pathologie in der Medizin (aber auch in der Soziologie, Ökonomie, Gesellschaft usw.) legen Zeugnis von dieser Pathophysiologie geregelter Systeme ab. Beispiele: Kreislaufkollaps, Nystagmus, situationsinadäquate Muskeltonuserhöhung, Spastik, Tremor u. ä. Dabei ist immer wieder überraschend, daß selbst bei bedrohlich erscheinenden Leistungsstörungen, ja selbst bei einem totalen Leistungszusammenbruch ein adäquater anatomischer Befund fehlen kann.

Umgekehrt kann trotz eindrucksvoller pathomorphologischer Befunde die Leistungsfähigkeit eines Organismus voll erhalten bleiben.

Am Bewegungssystem ist die hochzervikale enzephale Symptomatik bei Funktionsstörungen im Kopfgelenkbereich ein besonders eindrucksvolles Beispiel für diese „systemtheoretische" Diskrepanz zwischen geringfügiger kausaler Pathomorphologie und oft erheblicher therapieresistenter pathophysiologischer Klinik (s. D 1).

B 4 Das Bewegungssystem als informationsverarbeitendes dynamisches System

Betrachtet man das „Bewegungssystem" systemtheoretisch, dann fällt als erstes seine Gliederung in Rumpf, Wirbelsäule und Extremitäten auf.

Man bezeichnet diese Untergliederung als *Subsysteme*. Auch sie setzten sich ihrerseits wieder aus weiteren Subsystemen – z. B. den Händen, Füßen, Fingern usw. – zusammen. Das kleinste, nicht mehr teilbare Subsystem des Bewegungssystems ist das *„Arthron"* (Pap 1962, 1963; Wolff 1981a, b). Jedes Subsystem ist ein begrenzt autonomer Partner im Abhängigkeitsgeflecht des Systemganzen.

B 4.1
Störungen des Bewegungssystems

Bei der Funktionsstörung am Bewegungssystem, d. h. bei Störungen des Systemzusammenhangs, ist also zu fragen:

– Aus welcher der 4 Grundkategorien stammt die primäre Störung?
– Wie werden die übrigen Kategorien dann in die Störung einbezogen?

Diese Fragen müssen in jedem Einzelfall von der *Diagnostik* beantwortet werden. Die Antwort ist dann der Leitfaden für die *Therapie*.

B 4.1.1
Funktionsstörungen des Bewegungssystems aus materiellen Strukturen

Ist ein Teil der *materiellen* Strukturen *zerstört* (z. B. Fraktur, Entzündung, Metastase u. a.), dann ist durchweg die Funktion des „Systems" im ganzen stark beeinträchtigt, wenn nicht gar ganz aufgehoben. Dann haben wir Sachverhalte der Pathomorphologie, d. h. der *„zerstörten Struktur"* vor uns (Tilscher 1988).

Materielle Veränderungen (z. B. am Knochen) lösen aber nur dann Schmerzen aus, wenn von ihnen die entsprechenden zugehörigen Nozizeptoren (z. B. des Periosts) überschwellig gereizt werden. Die begleitende Klinik wird im wesentlichen durch die spinale Nozireaktion in Gang gesetzt. Sie kann durch humorale und zelluläre Systeme weiter ausgestaltet werden.

Bewirkt eine materielle Veränderung *keine* Nozizeptionsreizung, dann liegt ein Adaptations- und/oder Kompensationszustand ohne Schmerz und ohne klinische Symptome vor. Daher lösen z. T. erhebliche „materielle" Veränderungen wie z. B. die reparativen (nicht: „degenerativen") spondylotischen Randzacken und/oder die osteochondrotischen Veränderungen an der Wirbelsäule *keine Beschwerden* oder gar klinische Erscheinungen aus. Diese generell altersbedingten Anpassungsvorgänge tangieren keineswegs gesetzmäßig oder dauernd neurale Elemente. Es ist daher unlogisch, hier von „krankhaftem Verschleiß" zu sprechen und entsprechende röntgenologische Normabweichungen a priori mit *aktueller Pathologie* in Zusammenhang zu bringen (Schön 1956; Tepe 1956; Wolff 1986).

Umgekehrt können Störungen der passiven Gelenkmechanik selbst dann, wenn sie nur endgradig nachweisbar sind und wenn sie nur mit einem Defizit an Gelenkspiel einhergehen, Nozizeptoren im Weichteilmantel des Gelenks reizen und damit die Leistung des Systems stören.

B 4.1.2
Funktionsstörungen aus motorischen Strukturen

Störungen, die *primär* aus der *Muskulatur* stammen, sind relativ selten. Im klinischen Alltag der manuellen Medizin spielen „reflektorische" Muskeltonusänderungen („Myalgien","Myogelosen","Triggerpunkte") zwar eine häufige, aber meistens eine sekundäre Rolle. Auch die Störungen des muskulären Gleichgewichts (Abschwächung und/oder Verkürzungen, Muskelinsuffizienzen o. ä.) beruhen nicht auf Muskelerkrankungen. Sie stammen meistens aus chronischer Überbeanspruchung und/oder Fehlbelastung oder aus einer Störung der Muskelfunktionssteuerung, z. B. im Zusammenhang mit einer vertebralen Dysfunktion.

B 4.1.3
Funktionsstörungen aus steuernden Strukturen
(Informationsverarbeitung)

Die Rolle, die die 3. Kategorie „*Steuerung*" im Systemzusammenhang des Bewegungssystems, des Achsenorgans und des Arthrons spielt, ist das Kernthema dieses Buches.

Im Klartext der gewohnten Terminologie heißt dieses Thema:

Welche Bedeutung hat das in sich intakte Nervensystem für die Funktion und v. a. für die Funktionsstörungen am Achsenorgan?

Da jede Funktion in der Zeit abläuft, liefert der Faktor t (die mathematisierte Zeit) einen spezifischen Parameter zum Wesen von „Funktion" und „Leistung".

Der Faktor Zeit ist modulierbar nach Amplitudenhöhe und -breite, nach Rhythmen und Takten, nach Zeitabständen und Intervallen. Geregelte Systeme sind besonders empfindlich gegen Sollwertverstellung im Faktor t (Zeit). Schon geringe Änderungen im Verhalten des Faktors t können zur Reglerkatastrophe führen. Am Verhalten der „Reglerschwingungen" läßt sich die Qualität eines Reglers beurteilen (Abb. B 1).

B 5 Bauteile des Nervensystems

Das Nervensystem ist das mit Sicherheit komplizierteste und leistungsfähigste datenverarbeitende System.
Zum Verständnis seiner Leistungen ist es notwendig, daß man

1. sich einen Überblick über seine elementaren Bauteile verschafft und
2. sich mit seinen grundlegenden Schaltplänen und Funktionsprinzipien vertraut macht.

B 5.1
Nervenzelle (Neuron) (siehe auch C 2.1)

Das elementare Bauelement des Nervensystems ist die *Nervenzelle*. Sie besteht aus einem *Zellkörper* (Soma), der mit z. T. sehr langen Fortsätzen ausgerüstet ist. Als Antennen dienen die kurzen buschartigen *Dendriten*, als Sender das Axon (Abb. B 2).

Auch das Axon teilt sich an seinem Ende wie ein Wurzelgeflecht auf, um mit bis zu 10 000 Nachbarzellen zu kommunizieren.

Die Informationsweitergabe geschieht im Neuron durch gerichtete Aktionspontentiale und über Frequenzmodulation (s. C 2.1.2). In den Nervenfortsätzen, die primär dem *Informationstransport* dienen, finden auch *Stofftransporte* statt. Sie dienen dem Erhalt und der Reparatur der „Antennen" und der „Sender".

Neuerdings verdichten sich die experimentellen Beweise für die These, daß auch dieser langsame „axonale Transport" in die Informationsleistungen der Nervenzellen eingreift. Der Schmerzstoff Substanz P wird mit der axonalen Drift in die präsynaptischen Faserenden geschleust, wo er in die synaptischen Prozesse eingreifen kann (s. C 2.1.3).

B 5.2
Synapse (s. C 2.2)

Von eminenter funktioneller Bedeutung sind die Synapsen, über die der Kontakt zwischen 2 Nervenzellen läuft. Die Weitergabe erfolgt nicht über primitive „Bananenstecker", sondern über einen hochkomplexen, modulationsfähigen elektrochemisch vermittelten Transformationsprozeß. Dieser findet im *synaptischen* Spalt statt (s. C 2.2.1).

Das von der sendenden Zelle eintreffende Aktionspotential bewirkt, daß *Transmittersubstanzen* (Überträgerstoffe) in den synaptischen Spalt entleert werden. Ihr Eintreffen löst an „Rezeptoren" auf der gegenüberliegenden Seite des Spalts je nach Art der Transmittersubstanzen einen fördernden oder einen hemmenden elektrischen Impuls aus.

Weitere raffinierte technische Details zeigen, daß der Synapse ein besonders effizientes Konstruktionsprinzip zugrunde liegt. Kunstvolle Verschaltungsmuster von hemmenden und fördernden Synapsen ermöglichen im Rückenmark, im Gehirn und in den Sinnesorganen informationstheoretische und systemtheoretische Leistungen von unfaßbarer Komplexität (s. C 2.3).

Auf den Phänomenen *Bahnung* und *Speicherung* beruhen Leistungen wie Gedächtnis, Lernen und Vergessen, Erkennen, Denken und vorausschauendes Handeln. Die *Bahnung* bedient sich ebenfalls physikochemischer Prozesse, die – analog zu den Vorgängen an den Synapsen – Ionenkanäle in den Zellmembranen zwischen 2 gleichzeitig innervierten Nervenzellen leichter durchgängig werden lassen. Diese bewirken eine bevorzugte Informationsvermittlung zwischen den Partnern (s. C 2.2).

Die *Speicherung* bedient sich spezieller Zellen und Zellformationen (z. B. Formatio gelatinosa im Hinterhornkomplex; s. C 2.3).

B 5.3
Informationsweg der Nozizeption

B 5.3.1
Rezeptoren (s. C 3.1.1)

Jede Informationsaufnahme geschieht normalerweise durch viele Fühler (= Rezeptoren). Sie dienen entweder physiologischen Funktionen, oder sie wachen über die Intaktheit oder Beeinträchtigung der Strukturen und/oder der Funktionen des zu regelnden Objektes, in unserem Fall eines Gelenkes oder der Wirbelsäule und seiner „Weichteile" (s. C 3.1; Abb. B 4 und B 5).

Bei den biologischen Rezeptoren sind grundsätzlich 2 Gruppen zu unterscheiden:

1. Die *niederschwelligen Propriozeptoren* und
2. die *hochschwelligen Nozizeptoren*.

Abb. B 2. Nervenzellen sind gewöhnlich hochgradig verzweigte Gebilde. Unter den Verzweigungen unterscheidet man die Dendriten, mit denen eine Nervenzelle Signale von anderen Nervenzellen empfängt, und die Nervenfaser (das Axon), mit dem sie selbst Signale aussendet. Nervenfasern, die von anderen Nervenzellen kommen, enden in Synapsen auf den Dendriten, auf „Dornen", die von den Dendriten abzweigen oder auf dem Zellkörper. Die in den Synapsen übertragenen Signale können auf die Nervenzelle erregend oder hemmend wirken. Erregende Synapsen haben meist runde Vesikel und eine durchgängig verdickte postsynaptische Membran, während hemmende Synapsen gewöhnlich abgeflachte Vesikel und eine nur stellenweise verdickte postsynaptische Membran aufweisen. (Aus Iversen 1980)

Informationsweg der Nozizeption

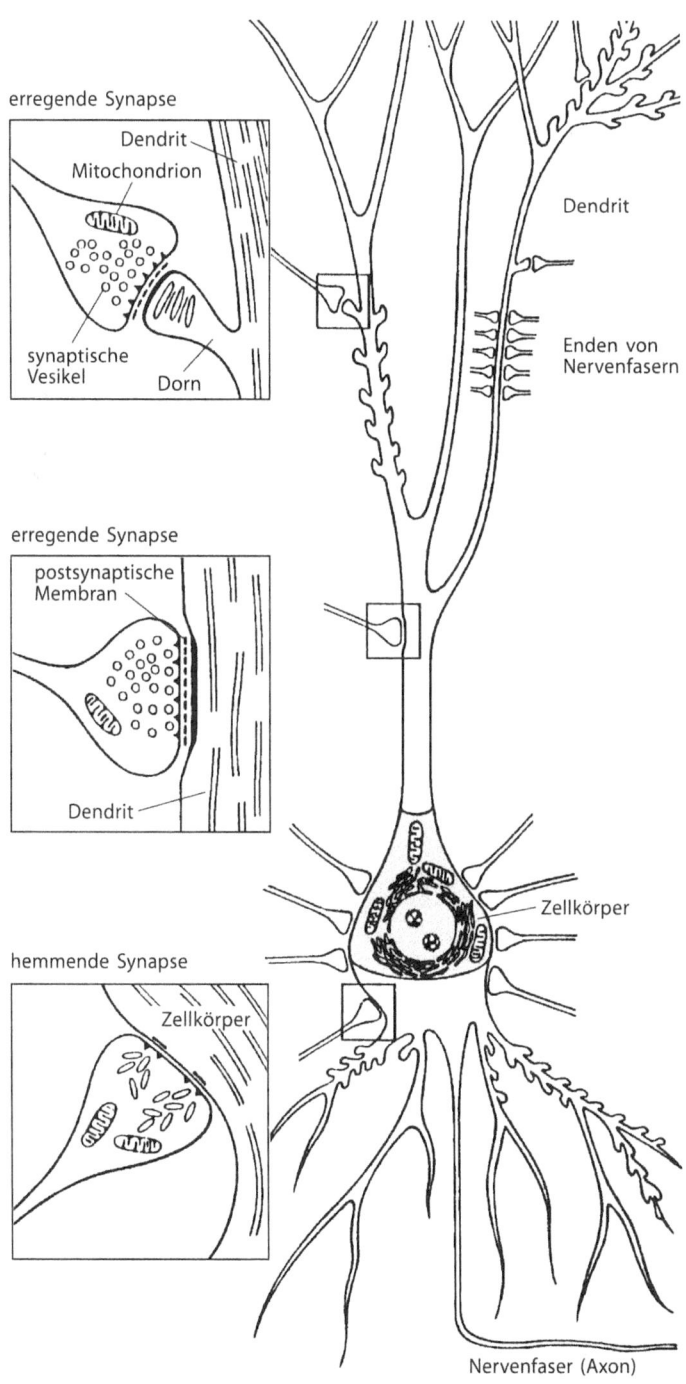

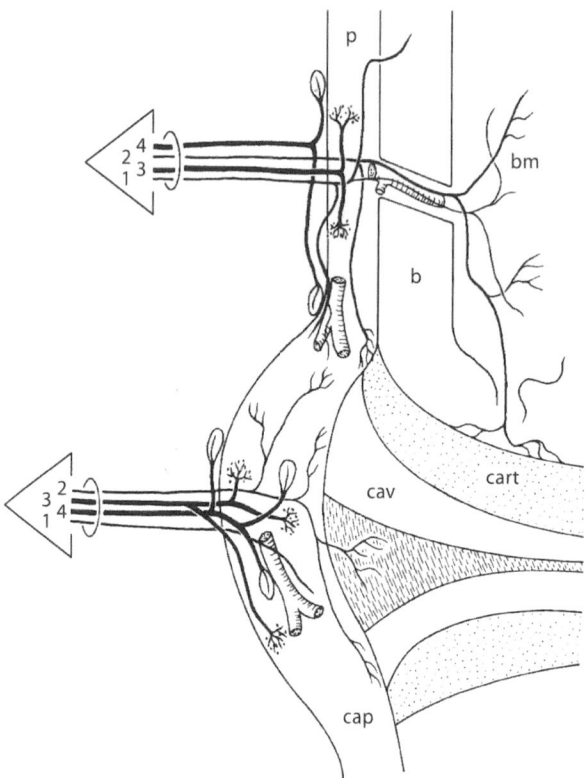

Abb. B 3. Schematische Darstellung einer Gelenkinnervation. *1* von freien, fadenförmigen Nervenendigungen (Typ IV), *2* von freien aufgezweigten Nervenendigungen (Typ I), *3* von büschelförmigen Rezeptoren (Typ II), *4* von eingekapselten Rezeptoren (Typ III), *cap* Gelenkkapsel, *cav* Gelenkspalt, *cart* Gelenkknorpel, *b* Knochen, *bm* Knochenmark, *p* Periost. (Nach Polacek 1966)

Die *Propriozeptoren* versorgen die Zentrale mit allen *physiologischen* Daten, die zur Gewährleistung der normalen Abläufe notwendig sind. Sie unterrichten z. B. über die Stellung der Gelenkpartner zueinander oder über deren Winkeländerungen.

Die *Nozizeptoren* sind *Schadensmelder* (Noxe = Schaden). Sie informieren über jedwede Gewebsschädigung. Jede „physiologische" Schmerzwahrnehmung hat ihre „Initialzündung" in der überschwellingen Reizung von Nozizeptorenpopulationen. Dieser Sachverhalt ist so selbstverständlich wie die Tatsache, daß keine Musikübertragung ohne ein Mikrophon denkbar ist (s. C 3.1).

Die beiden Gruppen der Rezeptoren sind morphologisch zu unterscheiden. Sie sind nach der Dicke ihrer Axonzylinder und deren Leitgeschwindigkeit gegeneinander abgrenzbar (Tabelle B 1). Es bestehen auch im weiteren Verlauf ihrer Informationsstafette Unterschiede, die sich aus ihren differenten Aufgaben ergeben.

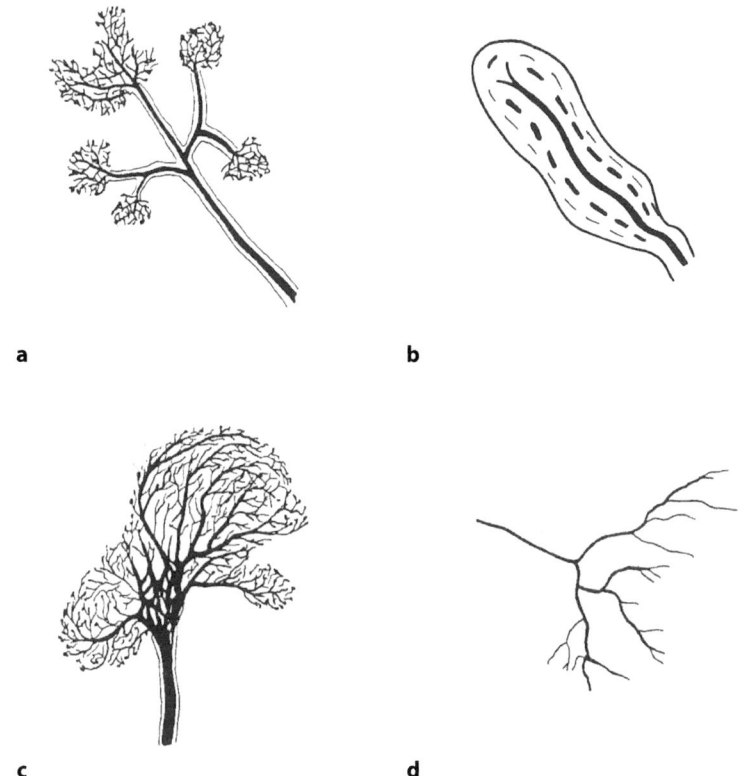

Abb. B 4 a–d. Systematische Darstellung der 4 Gelenkrezeptoren: **a** Typ I, **b** Typ II, **c** Typ III, **d** Typ IV. (Nach Polacek 1966; Wyke 1979; Brodal 1981)

Am Bewegungssystem findet sich eine Häufung von Rezeptoren in der unmittelbaren Umgebung eines Gelenks, z. T. in der Gelenkkapsel (Abb. B 3). Das ist besonders ausgeprägt an der Wirbelsäule. Dort summiert sich die Rezeptorenausstattung derartig, daß ca. 50 % der Rezeptoren eines Bewegungssegmentes im Weichteilmantel der Wirbelgelenke angesiedelt sind.

B 5.3.2
Spinale Steuerungsebene (Rückenmark) (Abb. B 5)

Folgen wir jetzt dem Weg, auf dem das Ergebnis der Aktivität der Rezeptoren zentralwärts weitergeleitet wird: Dies geschieht über *afferente Fasern*, die mit Ausnahme des N. trigeminus durch die hintere Wurzel in das Rückenmark eintreten. Hier beginnt bereits der unterschiedliche Weg der propriozeptiven und nozizeptiven Afferenzen. Die *propriozeptiven* Afferenzen aus der Muskulatur (besonders die Spindelafferenzen) schalten z. T. direkt zum motorischen Vorderhorn

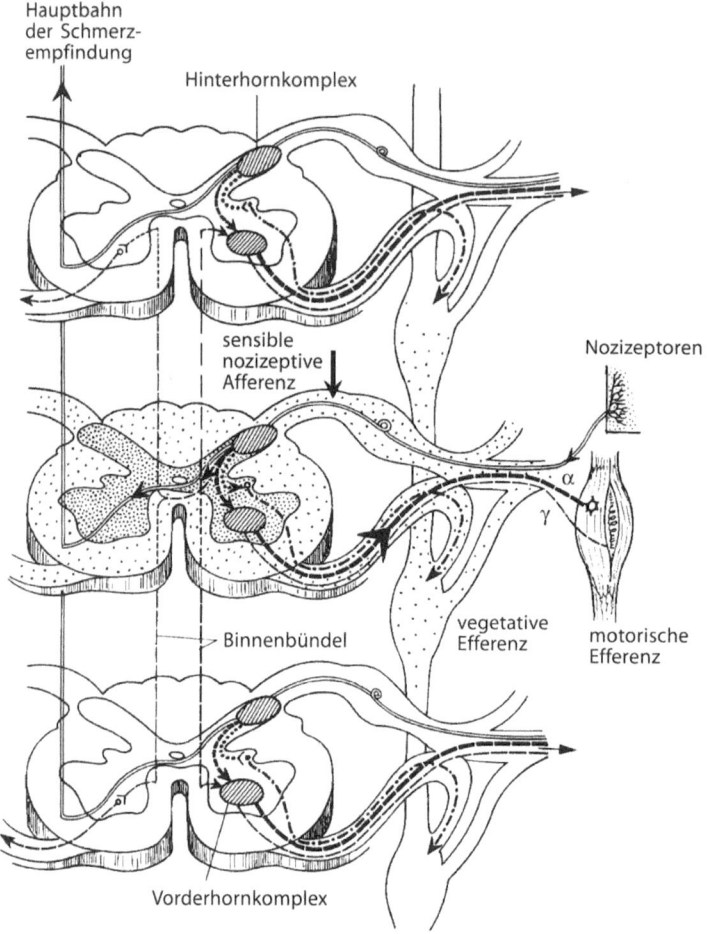

Abb. B 5. Der Hinterhornkomplex als Koordinationszentrum der Nozireaktion. (Nach Erbslöh 1967)

durch. Dort werden sie dem Regelkreis der Muskelfunktionssteuerungen aus den großen α-Motoneuronen und den kleinen γ-Motoneuronen zugeschaltet (s. C 3.2.5.3).

Bei den übrigen Propriozeptorenafferenzen teilt sich der Informationsstrom schon vor dem Rückenmark. Ein Teil steigt durch die Hinterstränge direkt zum Gehirn auf, der andere Teil wird in die spinale Koordination integriert.

Die *nozizeptiven* Afferenzen dagegen steuern ausschließlich den Hinterhornkomplex an. Sie kontaktieren die großen Hinterhornzellen (2. Neuron).

Diese Hinterhornzellen stehen im Mittelpunkt des vielfach vernetzten Neuronenverbundes des Hinterhornkomplexes. Dieser *Hinterhornkomplex* ist – von der

Abb. B 6. Schematische Darstellung der Leitungsbahnen für Schmerz (bzw. Temperatur und grobe Berührung) und differenzierte somästhetische Wahrnehmung. Man beachte die auf verschiedenen zerebralen Höhen auftretende Verzweigung der nozizeptiven Bahn. Nicht dargestellt wurden propriozeptive Leitungsbahnen. (Aus: Knecht et al. 1992)

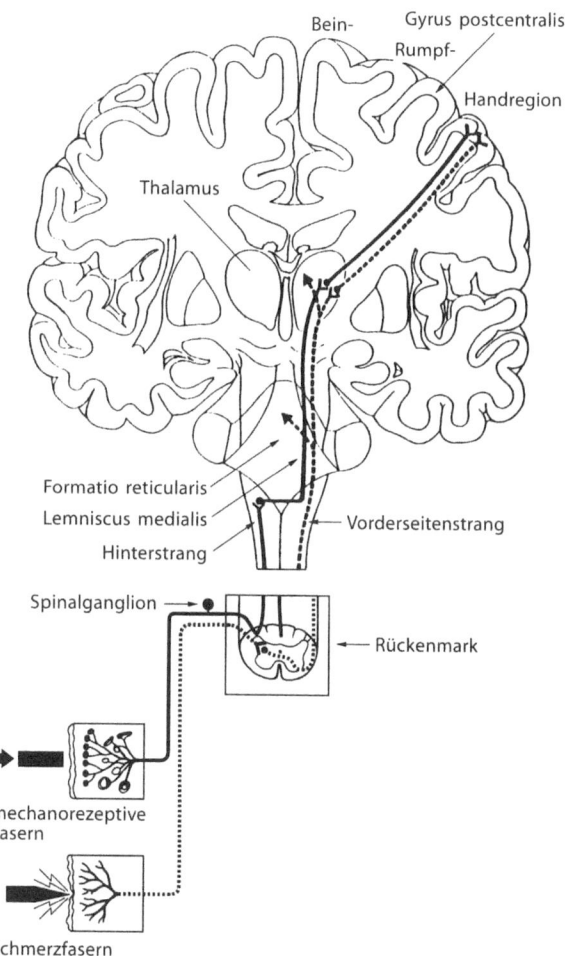

Peripherie her gesehen – das erste integrierende Zentrum. Das gilt v. a. für die nozizeptiven Afferenzen. Es hat die Aufgabe, die Überfülle der nozizeptiven Afferenzen zu sieben, zu reduzieren, zu werten und bei Bedarf in weitere Informationskanäle einzuspeisen (s. C 3.2.2).

Bei einem Übermaß von nozizeptiven Afferenzen wird von den Zellen des Hinterhornkomplexes die „*Nozireaktion*" ausgelöst. Dieser Begriff meint die Summe der Veränderungen und Leistungen, die auf spinaler Ebene zur Verhütung oder Beseitigung von Schäden in Gang gesetzt werden kann (s. C 3.2.2).

Salopp ausgedrückt:

> Im Hinterhornkomplex wird durch Alarmsignale ein erstes, komplexes, programmierbares regionales Krisenmanagement ausgelöst.

Das geschieht folgendermaßen: Das Verrechnungsergebnis, das bei vermehrten nozizeptiven Afferenzen im Hinterhornkomplex zustande kommt, wird als Steuerungsanweisung weitergegeben an:

- das *Vorderhorn* (Zentrum der efferenten, motorischen Neuronenzellen),
- das *Seitenhorn* (Kernsäule der sympathischen Efferenz),
- das *Zentrum* (verlängertes Rückenmark und Gehirn).

In den folgenden Abschnitten werden wir uns eingehender mit der spinalen Nozireaktion beschäftigen, da sie für die Diagnostik und Therapie der funktionellen Störungen am Bewegungssystem, besonders des Achsenorgans, von erheblicher Bedeutung ist.

Damit aber der Überblick über die größeren Zusammenhänge nicht verloren geht, vorher noch einige Anmerkungen zu den zentralen Steuerungsebenen, in die das nozizeptive Afferenzmaterial eingebracht wird.

B 5.3.3
Zentrale Steuerungsebenen (Hirnstamm, Thalamus, Großhirn)
(Abb. B 6, s. C 4.1)

Der nozizeptive Afferenzstrom, der durch den Tractus spinothalamicus und weitere Bahnen zum Gehirn geleitet wird (s. C 4.1), erreicht direkt oder indirekt folgende Stationen:

- Das *verlängerte Rückenmark* und den *Hirnstamm* (vegetative Zentren): Hier spielt v. a. das vestibuläre System, die Formatio reticularis, das ARAS (= aufsteigendes retikuläres aktivierendes System) usw., eine Rolle.
- Den *Thalamus*: In diesem wichtigen Schaltzentrum wird das nozizeptive Material mit den dortigen sensorischen, motorischen und visceromotorischen Zentren verknüpft. Als „Tor zum Bewußtsein" (Rohen 1975) verknüpft die Thalamusregion die somatische Afferenz mit dem Großhirn.
- Das *Großhirn* (Neokortex und limbisches System).
Während die Großhirnrinde v. a. die Wahrnehmung, Unterscheidung, Lokalisierung und Wertung sowie die aktive Beantwortung des „Schmerzes" vornimmt (kognitive Leistung), fügt das limbische System u. a. den Leidenscharakter hinzu (affektive und emotionale Komponente).

B 6 Spinale Nozireaktion

Da die neurophysiologischen Probleme der manuellen Medizin v. a. monosegmentalen Charakter haben, müssen wir uns spezieller mit der *spinalen Koordinations- und Steuerungsebene* beschäftigen.

Die Vielfalt der spinalen *Vermaschungen* bewirkt, daß die *Nozireaktion* kein starr festgelegtes Reaktionsmuster ist. Es handelt sich vielmehr um ein anpassungsfähiges und vielfältig modifizierbares, ja konditionierbares Geschehen von hoher Komplexität. Diesem funktionellen Reichtum wird die bisher gebräuchliche Nomenklatur, wie z. B. „Reflexsyndrome" (Sutter 1974), nicht annähernd gerecht, v. a. weil die antinozeptiven, hemmenden Komponenten nicht berücksichtigt werden. Der Begriff der „spinalen Nozireaktion" beschreibt die neurophysiologischen Leistungen auf dieser ersten und ältesten Koordinationsebene besser.

B 6.1
Muskulatur und spinale Nozireaktion
(s. C 3.2.5.1)

Daß die Muskulatur im Rahmen der Nozireaktion besonders dann eine Vorrangstellung einnimmt, wenn die Noxe aus dem Bewegungssystem selbst stammt, hat besonders Lewit (1987) immer wieder betont.

An folgende grundlegende Sachverhalte sei erinnert:

Auch die Muskelfunktion selbst steht unter dem Regime eines komplizierten Regelungs- und Steuerungssystems (s. C 3.2.5.1).

Ein Teil der Feinabstimmung wird durch das sog. γ-System gewährleistet. Dabei handelt es sich um eine Einrichtung, die die Fühlerempfindlichkeit der Muskelspindeln (ein Rezeptorsystem im Muskel) den jeweiligen regionalen und zentralen Gegebenheiten anpaßt (s. C 3.2.5.1).

Das γ-System besitzt eine relative Autonomie.

Wird seine Funktion gestört, so können die Folgen unproportional groß sein, da dann die Muskelfunktionssteuerung partiell oder im ganzen mit falschen Informationen arbeiten muß.

B 6.2
Sympathikus und spinale Nozireaktion
(s. C 3.2.5.2)

Bekanntlich besteht das vegetative Nervensystem aus 2 unterschiedlich strukturierten, antagonistischen Partnern: *Sympathikus* und *Parasympathikus*.

Die Unterschiede betreffen Neuroanatomie und Transmitterausstattung. Einheitlich dagegen ist, daß die Afferenz über ein Neuron, die Efferenz aber über 2 Neurone geleitet wird. Da die Schaltstelle zwischen beiden Neuronen der Efferenz in Ganglien liegt, bezeichnet man das zentrumnahe Neuron als präganglionäres Neuron und den peripheren Partner als postganglionäres Neuron.

Während die Zellen der präganglionären Neurone des Parasympathikus im Hirnstamm (u. a. als X. Hirnnerv = N. vagus) und im Sakralmark angesiedelt sind, finden sich die präganglionären Neurone des Sympathikus im thorakalen und oberen lumbalen Rückenmark. Sie sind dort im Seitenhorn (Nucl. intermedio-lateralis) von C 8–L 3 angesiedelt.

Aus dieser Topographie ergibt sich, daß nur die *sympathische Efferenz* von der spinalen Nozireaktion tangiert werden kann. Das Ergebnis dieses aus der Nachbarschaft stammenden „Rauschens" ist, daß das Funktionsgleichgewicht zwischen Parasympathikus und Sympathikus in der Organperipherie gestört wird.

Betroffen ist davon die Leistung folgender Effektoren, deren infrastrukturelle Tätigkeit die Organleistungen mitbestimmen:

- die glatte Muskulatur,
- die präkapillare, arterielle Durchblutungssteuerung und
- die Steuerung der exokrinen Drüsen (s. Abb. B 7).

Auch die Steuerung von zeitlichen Abläufen (z. B. Rhythmen des Herzens, der Atmung, des Tag/Nachtrhythmus u. ä.) können gestört werden.

Da die *vegetative Nozizeption aus inneren Organen,* wie alle Nozizeption, mit den Hinterhornneuronen vermascht ist, kann sie auch ihrerseits bei überschwelligem Input eine Nozireaktion auslösen. Deren Folgen können u. a. an der Muskulatur gleicher segmentaler Zuordnung als Tonusänderung in Erscheinung treten. Die vielschichtige pathophysiologische Problematik, die Gutzeit (1951) als „die Wirbelsäule als Krankheitsfaktor bei inneren Erkrankungen" thematisiert hat, stammt vorrangig aus dieser spinalen Partnerschaft von Nozizeption und sympathischer Efferenz.

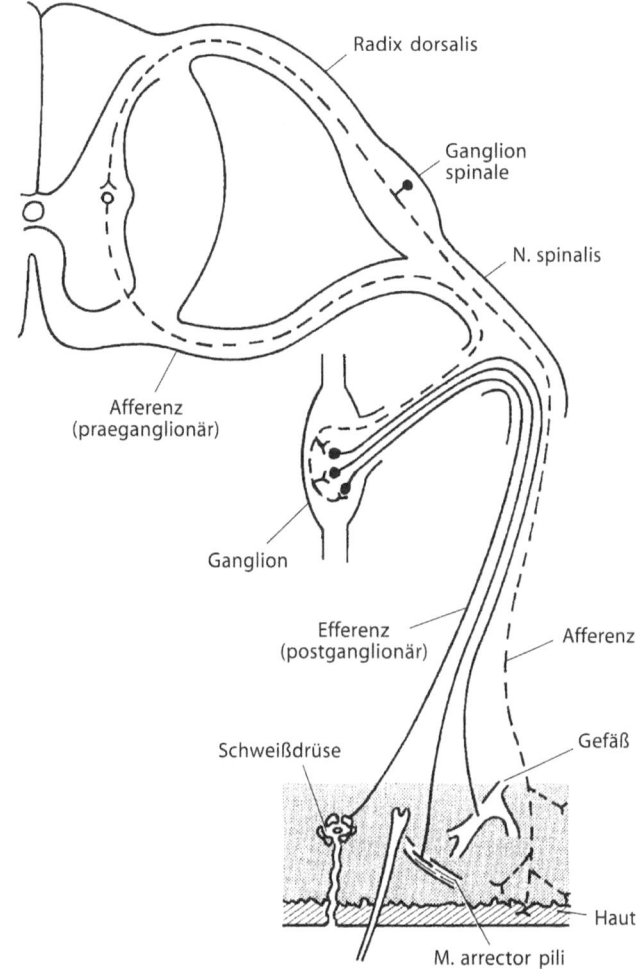

Abb. B 7. Die Effektoren der sympathischen Efferenz. (Nach Monnier 1963)

B 6.3
Sensorische Begleitphänomene bei der spinalen Nozireaktion: die algetische Krankheitszeichen
(s. C 3.2.3.1)

Es ist seit langem bekannt, daß nach *nozizeptiver Reizüberflutung* aus einem erkrankten Organ auch die Nozizeptoren der gesunden Organe und Gewebe, die der gleichen spinalsegmentalen Etage zugeordnet sind, in ihrer Reizschwelle erniedrigt sein können (Head 1889, 1920 u. v. a.).

Die Folge ist, daß dann die Nozizeptoren der Haut oder des subkutanen Gewebes schon auf normale physiologische Reize eine vermehrte Schmerzwahrnehmung und Schmerzreaktion auslösen (Abb. B 8).

Diese generelle *Schwellenniedrigung der Nozizeptoren* findet vornehmlich im Hinterhornkomplex statt. Sie hat eine Reihe von Phänomenen zur Folge, die sich zwanglos aus der phylogenetisch sehr alten *metameren* Ordnung erklären:

1. Immer steht am Anfang dieses segmentalen Phänomens eine nach Dichte und/oder Dauer erhebliche Steigerung der nozizeptiven Afferenzen z. B. aus einem funktionsgestörten Wirbelgelenk, aus einem erkrankten inneren Organ o. ä.
2. Als Folge dieser vermehrten Aktivität kommt es durch Bahnungsvorgänge im Hinterhornkomplex zu einer Senkung der Reizschwelle nicht nur des jeweiligen afferenten Neurons, sondern aller übrigen sensiblen Afferenzen, die dieser Hinterhornetage zugeschaltet sind.
3. Wichtig ist weiterhin, daß alle nozizeptiven Afferenzen, die über die spinale Ebene hinaus zum Gehirn weitergeleitet werden, auf gemeinsamen Bahnen verlaufen. Diese Bahnen bestehen aus Axonen der großen Hinterhornzellen. Diese zentripetalen Bahnen werden in frühen Reifungsphasen des Neugeborenen vornehmlich von Afferenzen aus der Haut benutzt. Das hat den „Lerneffekt" (Konditionierung) zur Folge, daß die wahrnehmende Großhirnrinde die Afferenzen aus diesen Bahnen primär auf die Haut bezieht. Das geschieht auch dann, wenn diese Informationen – für die Großhirnrinde ungewohnterweise – aus einem anderen Partner der gleichen spinalen Etage (z. B. aus einem inneren Organ) stammen. Die kognitive Instanz irrt sich also, weil ihr hinrei-

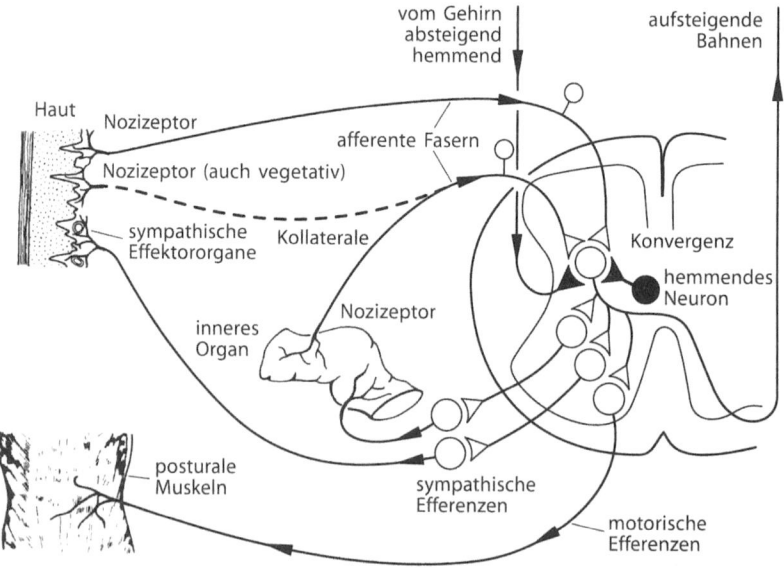

Abb. B 8. Kutane und vegetative Nozizeption. (Aus: Zimmermann 1986 b)

chende „Erfahrung" fehlt. Hier haben wir einen wesentlichen Teil des Entstehungs- und Schaltungsmusters des „übertragenen Schmerzes" („referred pain") vor uns (s. C 3.2.3).

Noch verwirrender wird die Angelegenheit dadurch, daß die Dermatome nicht genau über den Gewebeschichten bzw. Organen liegen, mit denen sie im Hinterhorn vermascht sind. Schuld daran sind phylogenetische Verschiebungs- und Wandlungsprozesse bei Vertebraten, die zu einer „Kaudaldrift" der oberflächlichen Körperschichten geführt haben. Relativ übersichtlich und konstant sind die Verhältnisse nur auf dem Rücken.

An den Extremitäten sind die „Verwerfungen" am größten. Auf diesen Sachverhalten beruhen die klinischen Phänomene die unter dem Begriff der „algetischen Krankheitszeichen" zusammengefaßt werden. Zu ihnen gehören die:

- *Head-Zone* = segmentale, kutane *Hyperästhesie*
- *hyperalgetische Kibler-Hautfalte:* schmerzhafte Konsistenzvermehrung des subkutanen Gewebes,
- *Myalgien* (vielleicht auch die Schmerzqualität der *Triggerpunkte*),
- *Bindegewebszonen nach Dicke und Teirich-Leube,*
- *Vogler-Periostschmerzpunkte.*

Die französische Schule der manuellen Medizin bezeichnet diesen Komplex als „cellulo-tendo-periosto-myalgisches Syndrom" (Maigne 1989).

Bei den aufgeführten Symptomen oder Phänomenen handelt es sich also nicht um eigenständige Syndrome, wie es die jeweilige Bindung an Autorennamen suggeriert, sondern um unterschiedliche Manifestierungen eines in sich kohärenten Ordnungsprinzips auf spinaler Ebene. Regeltechnisch kann man bei den algetischen Krankheitszeichen von einer „Sollwertverstellung" im spinalen Reglerzentrum sprechen.

B 6.4
Diagnostische und therapeutische Aspekte der algetischen Krankheitszeichen

Wenden wir uns nun den praktischen diagnostischen und therapeutischen Möglichkeiten zu, die sich durch die segmentale nozizeptive Schmerzschwellenerniedrigung ergeben.

Diagnostik
Diagnostisch liefert die segmentale Schmerzschwellenerniedrigung – neben dem *lokalen Schmerz* – besonders zuverlässige Hinweise zur *Höhen- und Seitenlokalisierung.* Das gilt v. a. wenn diese sich eindeutig an Dermatomgrenzen hält.

Sie kann ferner Auskünfte über die *Aktualität* eines Störkomplexes geben. Sehr schmerzhafte segmentale Hyperästhesien sprechen für ein akutes oder aktualisiertes Geschehen. Geringere Schmerzhaftigkeit spricht mehr für ein chronisches Bild. Hyperästhesien, die sich nicht an die Dermatomgrenzen halten, müssen unter neurologischen Gesichtspunkten analysiert werden.

Aus manualmedizinischer Sicht seien folgende praktische Hinweise angefügt: Da die „reversible Funktionsstörung" eines Wirbelgelenks, d. h. das zentrale Objekt der manuellen Medizin, durchweg nur *ein* Wirbelgelenk (u. ä.) betrifft, wird sie von *monosegmentalen* und *halbseitigen* Nozireaktionen begleitet. Neben der manualmedizinischen Palpations- und Funktionsdiagnostik des Wirbelgelenks (oder des peripheren Gelenks) gehört die Untersuchung der Haut mit der Parästhesienadel auf segmentale *Hyperästhesie (Head-Zone)* zu den *unverzichtbaren* neurophysiologischen Untersuchungsmethoden! Sie ist zudem ohne den geringsten technischen Aufwand zu handhaben und jederzeit verfügbar und überprüfbar (s. Abb. B 9; C 3.2.3).

Eine zuverlässige Untersuchung ist nur mit der „*Kaltenbach-Nadel*" gewährleistet. Sie garantiert durch die eingebaute Springfeder, daß der Berührungsdruck immer gleich bleibt. Wichtig ist ferner, daß man die zu untersuchende Region mindestens 3 bis 4 mal mit der Nadel durchlaufen muß. Aufgrund der Bahnungen in den Synapsen sind erst dann die Wahrnehmungen der sensiblen Unterschiede eindeutig und konstant.

Die schmerzhafte „*Kibler-Hautfalte*" (s. C 3.2.3): Die schmerzhafte Verdickung des subkutanen Gewebes wird durch Abheben und vorsichtiges Drücken (nicht Kneifen) der Hautfalte geprüft. Bei dieser Methode ist es von Vorteil, daß sie auch unabhängig von den Schmerzäußerungen des Patienten diagnostische Hinweise gibt, denn der Konsistenzunterschied zwischen dem gestörten Areal und dem normalen benachbarten Gewebe ist eindeutig. Die Schmerzangabe des Patienten ist natürlich eine willkommene Bestätigung des Befundes.

Bei den sog. „*Triggerpunkten*" nach Travell (1981) handelt es sich um umschriebene knotenartige Verdickungen im Muskel, deren Verteilung anscheinend in jedem Muskel einer speziellen Topographie folgt. Die Pathophysiologie und Histologie dieser empirisch gefundenen Veränderungen ist noch unklar. Es liegen aber hinreichende Argumente vor, die es erlauben, auch dieses Phänomen in das theoretische Konzept der „Nozireaktion" einzubeziehen.

Therapeutische Konsequenzen
Therapeutisch ist die Einwirkung auf die Hautrezeptoren einer *hyperästhetischen Zone* durch intrakutane Quaddelserien mit *Lokalanästhetika* ein ebenso einfacher wie ungefährlicher Behandlungsweg. Er ist oft erstaunlich wirksam. Voraussetzung ist allein, daß man sich genau an das jeweilige hyperästhetische Dermatom hält.

Vorschlag: Bei der Untersuchung mit der Parästhesienadel die Grenzen der hyperästhetischen und hyperalgetischen Zonen mit Fettstift markieren und sich beim „Quaddeln" daran halten. Pro Dermatom werden ca. 10 Quaddeln von ca. Fingernagelgröße eines niederprozentigen Lokalästhetikums (0,5 %) gesetzt.

Weitere segmental wirksame Maßnahmen:
- segmentgerechte feucht-warme Kompressen,
- Elektrotherapie,
- Ultraschall,
- Münzmassage,

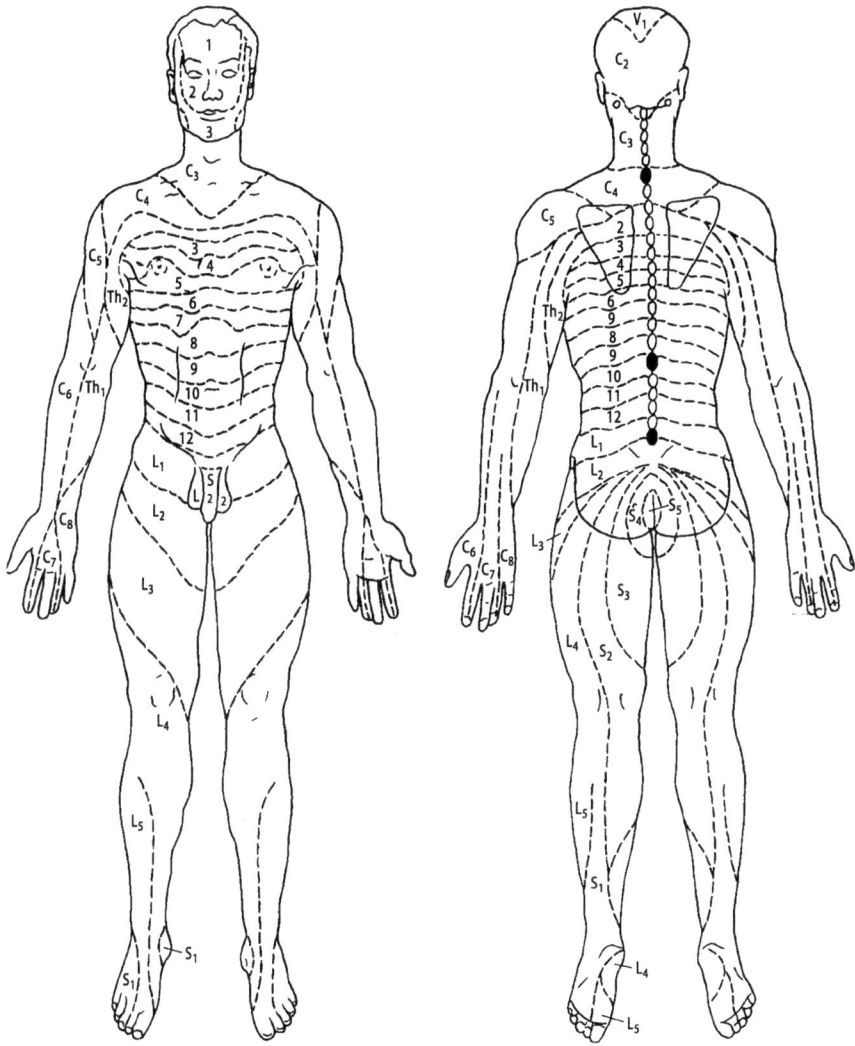

Abb. B 9. Die segmentale Ordnung der Dermatome. (Aus: Hansen u. Schliack 1962)

- Segmentmassage,
- Jontophorese (im Hautsegment).

Auch die *Bindegewebsmassage* kann segmentgerecht eingesetzt werden.
Im *Muskel* sollten die sog. „Triggerpunkte" aufgesucht, anästhesiert und ggf. punktuell massiert werden.

Die *Vogler-Periostmassage*, die ebenfalls aus punktuellen Friktionen besteht, kann durch Anästhesie mit Lokalanäthetika ergänzt werden (Abb. B 14, Therapiekreis).

B 7 Schmerzentstehung im Bewegungssystem

B 7.1
Rezepetorenschmerz und übertragener Schmerz („referred pain")
(s. C 3.2.3)

Es sei noch einmal wiederholt, daß normalerweise die Schmerzwahrnehmung durch adäquate Reizung von Nozizeptoren erfolgt. Man spricht somit von „Rezeptorenschmerz" (s. C 3.2.4, Abb. B 10).

Durch die begleitende, generelle Absenkung der nozizeptiven Schwelle im Hinterhornkomplex kommt es auch in intakten Strukturen und Geweben, die dem gleichen Segment zugeschaltet sind, zu einer *übertragenen* Erhöhung der Schmerzempfindlichkeit. Konsequenterweise spricht man in diesem Fall vom *„übertragenen Schmerz"* („referred pain").

Dieser Sekundärschmerz hält sich in seiner Ausbreitung an die segmentale (spinale, metamere) Ordnung.

Der *Rezeptorenschmerz* wird als dumpf, bohrend und schlecht lokalisierbar beschrieben. Seine Intensität kann von mäßiger Belästigung bis zur schweren Beeinträchtigung reichen.

In der Praxis hat sich für diesen pathophysiologischen Sachverhalt der wenig aussagefähige Terminus „pseudoradikulärer" Schmerz eingebürgert (Brügger 1962). Es gibt keine sachlichen Argumente mehr, sich weiter dieses nur medizinhistorisch interessanten Begriffes zu bedienen.

B 7.2
Neuralgischer bzw. radikulärer Schmerz (projizierter Schmerz)

Auf eine grundsätzlich andere Weise entsteht der „neuralgische" bzw. „radikuläre" Schmerz (s. C 3.2.4, Abb. B 10). Ihm liegt die Quetschung eines peripheren Nervs (Neuralgie), einer Spinalwurzel (Radikulärsyndrom) oder des Rückenmarks durch einen „Fremdkörper" zugrunde. Nicht die Rezeptoren, sondern die Nervenfasern, d. h. die Übertragungskanäle, sind mehr oder weniger stark in Mitleidenschaft gezogen.

In der Computerterminologie würde man sagen: einmal betrifft der Schaden die *Software* (Rezeptorenschmerz), das andere Mal betrifft er die *Hardware* (neuralgischer Schmerz).

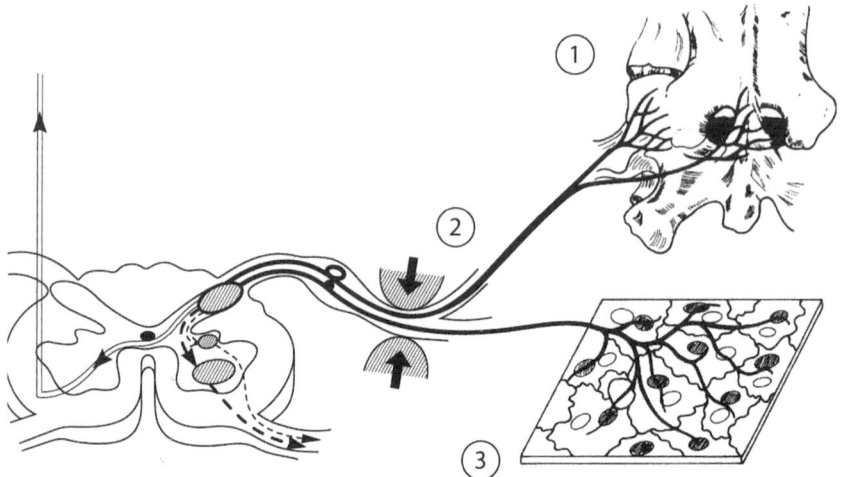

Abb. B 10. Schema der unterschiedlichen Schmerzentstehungsmechanismen. *1* Schmerzentstehung durch Tätigkeit der Rezeptoren in der Wirbelgelenkkapsel und an Ligamenten: Rezeptorenschmerz, *2* Schmerzentstehung durch Kompression des Nervs bzw. seiner Wurzel: neuralgischer bzw. radikulärer Schmerz, *3* Schmerzentstehung durch die Tätigkeit von Rezeptoren in der Haut oder in der „inneren Peripherie": Rezeptorenschmerz. (Nach Erbslöh 1972)

Die Nervenkompressionen gehen mit z. T. heftigen, scharfen „elektrischen" Schmerzen (wie wenn „der Zahnarzt an den Nerv kommt") einher. Sie können von *Parästhesien* und *Dysästhesien* (pelziges Einschlafgefühl und Kribbeln) und Hypästhesien begleitet sein.

Wird der Informationsstrom völlig unterbrochen, dann ist eine *Anästhesie* die Folge. Im gemischten Nerv kommt es dann durch den Ausfall der Efferenz zusätzlich zu motorischen Defekten.

Da sich diese Schmerzen und die Ausfälle an die Ausbreitungsbereiche der betroffenen Nerven bzw. der Spinalnervenwurzeln halten und da sie oft weit vom Kompressionsort entfernt wahrgenommen werden, bezeichnet man sie auch als *projizierte Schmerzen*. Die zervikalen oder lumbalen Bandscheibenvorfälle oder andere spinal raumfordernde Prozesse sind an der Wirbelsäule die häufigsten Ursachen für spinale oder radikuläre Schmerzsyndrome. Die bei Bandscheibenvorfällen häufigen lokalen Schmerzen und die *Hyperästhesien* in dem entsprechenden Dermatom sind z. T. auf eine gleichzeitig und parallel dazu ablaufende Reizung von lokalen Nozizeptoren zurückzuführen. Betroffen sind z. B. Nozizeptoren im äußeren Drittel des dorsalen Anteils des Anulus fibrosus der Bandscheibe. Auch das hintere Längsband und die Rückenmarkhäute sind mit Nozizeptoren bestückt. Dem „neuralgischen" Schmerz kann also auch ein „Rezeptorenschmerz" beigemischt sein. Diesen kann man – wie oben beschrieben – segmenttherapeutisch durchaus wirkungsvoll beeinflussen, während die radikuläre Schmerzkomponente kaum darauf anspricht. Diese spricht vielmehr auf Wurzelanästhesien oder spinale Anästhesien an. (S. C 3.2.4)

Tabelle 1. Wurzelirritationsschmerz: charakteristische Unterscheidungsmöglichkeiten bei Schmerzverursachung durch Wurzelkompression S1 und Iliosakralgelenkblockierung

Wurzelkompression S1 (radikulärer Schmerz)	Iliosakralgelenkblockierung (Rezeptorenschmerz)
a. Heftiger, bohrender, konstanter Schmerz („Zahnarztschmerz")	– Ziehender, dumpfer, auf- und abschwellender Schmerz.
b. Paraesthesien bis Anästhesien exakt im Dermatom S1	– Keine sensorischen Ausfälle. – Hyperästhesien, unscharf begrenzt am rückwärtigen Oberschenkel, besonders im Dermatom S2.
c. Sensorische Ausfälle möglich.	– Keine Parästhesien.
d. Motorische Ausfälle möglich. Daraus folgend Reflexausfall: Achillessehnenreflex.	– Keine motorischen Ausfälle. Keine Reflexausfälle.
e. Schmerzhafter Nervenverlauf, Nervendruckpunkte, Schmerzverstärkung durch Dehnung: Lasegue.	– Keine Druckempfindlichkeit eines Nervs, keine Dehnungsempfindlichkeit.
f. Druck auf den Wirbeldornfortsatz L5 verstärkt den lokalen und den Ausstrahlungsschmerz.	– Druck und Federung über das ISG (S1-Portion) verstärkt den lokalen Schmerz. – Keine Verstärkung der Ausstrahlung.
g. Rüttel- und Erschütterungsschmerz, Husten-, Preß- und Niesverstärkung.	– Keine Auslösung oder Verstärkung durch Rütteln oder Erschütterung.

Andere mögliche Schmerzmechanismen, die differentialdiagnostisch in Frage kommen, werden hier nicht diskutiert, da sie durchweg fachärztlicher neurologischer Behandlung bedürften.

B 7.3
Praktische Konsequenzen

Im alltäglichen ambulanten Klientel mit Schmerzen am Bewegungssystem, v. a. am Achsenorgan, *dominiert der Rezeptorenschmerz*.

Demgegenüber dominiert der *radikuläre* bzw. *neuralgische* Schmerz im vorselektierten Krankengut der stationär-operativen Medizin. Dadurch ergeben sich unterschiedliche Wahrnehmungs- und Erfahrungshorizonte.

Dementsprechend hat die Bandscheibenpathologie mit radikulären Schmerzen im Alltag des niedergelassenen Arztes keineswegs die Bedeutung, die ihr in der Literatur – die vorwiegend aus klinischen Quellen stammt – unterstellt wird.

Da im Bewegungssegment der Wirbelsäule ca. 50 % der Proprio- und Nozizeptoren auf den Weichteilmantel der Wirbelgelenke konzentriert sind, ist diese Struktur der wohl häufigste Ausgangspunkt für Rezeptorenschmerzen an der Wirbelsäule. Die *vertebrale „reversible Funktionsstörung"* der Wirbelgelenke ist wie-

derum eine häufige Ursache für vertebrale Rezeptorenschmerzen. Wie bereits herausgestellt, ist dieses klinische Bild die klassische Indikation für manuelle Medizin. Diese Aussage muß aber dahingehend ergänzt werden, daß es – selbstverständlich – noch eine Vielzahl von verwandten oder ähnlich aussehenden Bildern mit Rezeptorenschmerzen gibt, die bei der Untersuchung *differentialdiagnostisch* bedacht werden müssen. Hier nur wenige Beispiele:
- Die *Hypermobilität* stellt in diesem Zusammenhang besondere Anforderungen an die diagnostische Aufmerksamkeit und therapeutische Disziplin des Behandlers.
- *Virale Infekte der Gelenke* („Schnupfen des Gelenks") gehen mit Rezeptorenschmerzen und Bewegungsminderung einher.
Bei *Unfällen* muß immer an sog. „Mikrotraumen" mit Einrissen, Ödemen oder Hämatomen in den Wirbelgelenken und/oder ihrem Weichteilmantel gedacht werden (z. B. nach sog. „Schleuderverletzungen").
- Oft spielt eine *„aktivierte"* Arthrose z. B. in lumbalen Wirbelgelenken oder in Kostotransversalgelenken älterer Patienten eine therapieerschwerende Rolle.
- Bei diesen Störungen ist eine Handgrifftherapie – zumindestens in Form von gezielten Handgriffen – solange *kontraindiziert*, bis eine schmerzfreie „Verriegelung" möglich ist.

Eine exakte diagnostische Unterscheidung zwischen dem Rezeptorenschmerz und dem übertragenen Schmerz einerseits und dem neuralgischen, radikulären oder projizierten Schmerz andererseits ist unerläßlich. Hinter ihnen stehen sehr verschiedene Pathomechanismen, die unterschiedliche therapeutische Strategien erfordern.

Die vertebrale *Dysfunktion* geht mit *Rezeptorenschmerzen* einher.
Dagegen beruhen die *neuralgischen* Schmerzen auf *pathologisch-anatomischen* Störungen. Diese haben bis zum Beweis des Gegenteils als *Kontraindikation* für gezielte *Manualtherapie* zu gelten.

B 7.4
Schmerz und Psyche
(s. C 4)

Durch die Forschung an chronisch schmerzkranken Patienten, die durch die Gründung von Schmerzkliniken (Bonica 1953) nachhaltig stimuliert wurde, sind wesentliche neue Erkenntnisse zutage gefördert worden.

Diese haben u. a. neue Einsichten in die Diskussion eingebracht, die darum kreist, ob Therapieresistenz und Persönlichkeitsveränderungen bei diesen Patienten auf *psychosomatische* oder umgekehrt auf *somatopsychische* Weise zu erklären sind. Viele tradierte Meinungen, mögen sie aus einer „somatischen" Argumentation stammen oder auf psychosomatischen Denktraditionen beruhen, werden sich grundlegende Korrekturen gefallen lassen müssen.

Ein Weg zu einer begründbaren, gleichgewichtigen Argumentation auf der Basis einer wissenschaftlichen Neuropsychologie ist vorgezeichnet.

Das Negativetikett „psychisch überlagert" ist in seiner Anspruchslosigkeit obsolet.

Es bedarf in jedem Einzelfall einer gewissenhaften fachspezifischen Diagnostik, die klärt, ob ein autonomer psychischer Faktor im Spiel ist oder nicht. Bei vorher psychisch unauffälligen, chronisch Schmerzkranken ist a priori davon auszugehen, daß die langdauernde somatische Schmerzüberflutung für charakteristische psychische Veränderungen verantwortlich ist.

Da besonders im Klientel erfolgreicher Manualmediziner überproportional viele chronisch Schmerzkranke Hilfe suchen, weil ca. 50 % der chronisch Schmerzkranken unter Schmerzen leiden, die primär vom Bewegungssystem ausgehen, ist es unverzichtbar, daß auch bei Manualmedizinern diese Problematik bekannt ist und daß dann auch die neuropsychologischen Hilfsmöglichkeiten eingesetzt werden. (s. C 4.2.4 u. C 6)

B 8 Antinozizeption und nozifensives System

B 8.1
Antinozizeption
(s. C 5)

Seit ca. 20 Jahren arbeitet die moderne Schmerzforschung – intensiv und sehr erfolgreich – an der Entschlüsselung des sog. „antinozeptiven Systems", eines Systems, das auf vielfältige Weise der Aktivität des nozizeptiven Systems durch lokale und zentrale Hemmechanismen entgegenarbeitet.

Schon in den frühen 60er Jahren war von maßgeblichen Schmerzforschern – v. a. von Melzack u. Wall (1965) postuliert und z. T. bewiesen worden, daß neurale Hemmechanismen in die Verarbeitung der nozizeptiven Afferenzen eingreifen.

Inzwischen steht fest, daß praktisch auf jeder Verarbeitungs- und Umschaltebene der Nozizeption (peripher, spinal, Hirnstamm, Mittelhirn- und Großhirnrinde) ein hemmendes System dem nozizeptiven Reiz gegenübersteht.

Die Entdeckung der körpereigenen Morphine/Endorphine steht am Beginn einer Entwicklung, die schon jetzt zeigt, daß dieses Schmerzhemmsystem dem nozizeptiven System weder in Komplexität noch in neurophysiologischer Differenziertheit nachsteht. Damit schließt sich wieder ein „Kreis", und hinter der Fülle neuer wissenschaftlicher Einzeldaten zeichnen sich die synthetischen Umrisse eines in sich kohärenten, komplexen Systems, des *nozifensiven Systems*, ab.

B 8.2
Nozifensives System
(s. C 5.3)

Es ist nicht ausreichend, das Nervensystem einzuteilen in:
- ein peripheres (propriozeptives und motorisches) Nervensystem,
- ein zentrales Nervensystem und
- ein vegetatives Nervensystem.

Es muß vielmehr auch ein
- *nozifensives System*

als ein relativ autonomer Wirkzusammenhang abgegrenzt werden.
So wie z. B. dem Immunsystem in der humoralen Abwehr ein unverwechselbar eigener Stellenwert zukommt, so steht auch diesem neurophysiologischen Subsystem der Schadensabwehr eine eigene Identität zu (Melzack 1978).

Im Rahmen dieser antagonistischen Ordnung werden viele Fakten und Probleme, die in der Vereinzelung nicht oder nur unvollkommen gedeutet werden konnten, ihren definitiven Platz angewiesen bekommen. Zugleich werden sich aus der neuen Sicht neue Forschungsansätze ergeben und sich damit neue Möglichkeiten und Sicherheiten für das praktische ärztliche Handeln erschließen lassen.

Um dieses ungewohnte und weiträumig gefaßte Konzept leichter verständlich zu machen, sei als Modell ein gleichartiges System im Alltag einer Stadt skizziert.

Als Informationsmittel steht jedem Bürger das normale Telefon (hier: „das schwarze Telefon") zur Verfügung. Es ist Bestandteil des ungestörten, normalen Lebens (Propriozeption).

Gegen Feuer und andere Gefahren und Notstände ist ein spezieller Dienst eingerichtet: die Feuerwehr (Feuer = Noxe, Wehr = Fension, von defendere = abwehren). Dieser Dienst verfügt über ein eigenes Informationssystem, z. B. Feuermelder, eigene Telefone oder Funkanlagen usw. Diese sind *nicht öffentlich* zugänglich und stehen nur im Dienst der Schadensmeldung und/oder -bekämpfung („rotes Telefon").

Ferner stehen zur Verfügung: Informationsverstärker (z. .B. Sirenen) und Informationsdämpfer: (z. B. Kontrollen, Beurteilung und Beruhigung durch die Zentrale u. a.). Die Einsatzleitung setzt nach Einschätzung von Intensität und Qualität der Gefahr das Ausmaß des Krisenmanagements fest und überwacht den Einsatz.

Eine Panik am Unfallort entspräche einer ungedämpften Nozizeption und Überreaktion. Die Beruhigung durch die fachmännischen Helfer „entschmerzt" und ermöglicht (ungestörtes) effizientes Handeln (= Nozireaktion). Die Auswahl und Reduzierung der Informationsdichte und -weitergabe (Konvergenz) richtet sich nach der Größe der Gefahr (Beispiel: Gardinenbrand, Hausbrand, Brand eines Chemiewerkes). Jeweils werden gestaffelte Aktivitäten ausgelöst oder zusätzliche Hilfen angefordert (Divergenz).

Jeweils stehen Informationskanäle zur Verfügung, die nur „nozizeptiven" Aufgaben vorbehalten sind („rote Telefone"). Das schließt nicht aus, daß gelegentlich auch auf „schwarze" Telefone zurückgegriffen wird.

Aus der speziellen Aufgabenstellung der „roten Telefone" ergibt sich, daß „*Pathologien*" in diesem System (z. B. Fehlinformationen, Nichtinformationen usw.) gravierende Folgen haben können.

An diesem Modell wird deutlich, daß eine isolierte Beschäftigung nur mit einem Detail des Systems, z. B. nur mit dem Feuermelder, nur mit der Sirene usw., wenig sinnvoll ist. Entscheidend ist zu wissen, welche Aufgabe in welchem Zusammenhang dieses Detail zu erfüllen hat. So würde z. B. das Ausschalten oder gar die Demontage von Sirenen, nur weil sie die Ruhe stören, der Logik und der Funktionsfähigkeit des Systems diametral zuwiderlaufen.

Fassen wir zusammen:
1. Der *Nozizeptor* ist der neurale Fühler, der am Anfang des nozizeptiven Informationsstromes, d. h. der Nozizeption steht.
2. Die *Nozizeption* gewährleistet die Weitergabe – wenn auch in modifizierter Form – des Informationsrohmaterials, das aus den Nozizeptoren stammt. Über mehrere Stationen kann es bis zum Gehirn weitergereicht werden.
3. Die *Nozireaktion* meint v. a. die spinale Koordinationsleistung, die die regionale Schadensabwehr organisiert.
4. Die *Antinozizeption* ist die Summe aller zentralen, spinalen und peripheren Hemmechanismen, die antagonistisch der Nozizeption gegenüberstehen.
5. Der Begriff *nozifensives System* meint den zielorientierten, rückgekoppelten Verbund aller neuralen Strukturen und Leistungen, die in den Dienst der Schadensabwehr gestellt sind.

B 9 Theoretische, diagnostische und therapeutische Schlußfolgerungen

Zum Schluß seien die dargelegten Fakten und Zusammenhänge zu einem Konzept zusammengefaßt, das als Beitrag zu einer Theorie der manuellen Medizin dienen soll. Von diesem Konzept ist zu erwarten,

1. daß es weder mit der Realität am Patienten noch mit gesichertem Wissen kollidiert,
2. daß es als Orientierungshilfe im praktischen Alltag dienen kann,
3. daß es sich in der Ausbildung und Lehre in der manuellen Medizin bewährt und
4. daß es zu wissenschaftlicher und klinischer Forschung anregt, deren Ergebnisse dann die noch hypothetischen Entwürfe in verläßliches Wissen einmünden lassen.

B 9.1
Theorie der primären vertebralen Dysfunktion
(s. Klappbild A 1)

- Die funktionelle Störung der *Gelenkmechanik* mit partiellem Verlust von *„joint play"* (endgradige Bewegungsminderung und Einbuße an passiver Federungsmöglichkeit) wird von *Gelenkrezeptoren* (Propriozeptoren und Nozizeptoren) registriert.

  Die nozizeptive Information wird an den
- *Hinterhornkomplex* weitergeleitet. Dort wird sie in ein vermaschtes System hemmender und fördernder Aktionen eingegeben. Bei hinreichender Intensität und Dauer wirken die Folgen nozizeptiver Afferenzen weiter in Richtung auf
- das *motorische Verhalten*. Dort steht neben den α-Motoneuronen das γ-System in Gestalt der γ-Motoneuronen für Interaktionen aus dem Hinterhornkomplex offen. Die Folge ist eine Änderung des Grundtonus der segmental zugehörigen *Muskeln*, v. a. der tiefen autochthonen, monosegmental innervierten Muskulatur.

  Sie wird ferner weitergeleitet auf
- das *Seitenhorn*, d. h. die sympathische Kernsäule (von C 8–L 2/3), von wo die sympathische Efferenz die Vasomotorik, die glatte Muskulatur und die Funktion exokriner Drüsen beeinflussen kann.

Die Summe der spinalen Antworten auf eine überschwellige nozizeptive Afferenz wird als „Nozireaktion" bezeichnet.

Von der spinalen Ebene wird ein veränderter afferenter Informationsstrom an die zentralen Steuerungs-Ebenen weitergegeben. Dort wird er weiter verarbeitet. Das Ergebnis bestimmt die allgemeinen klinischen Reaktionen. Es prägt die subjektiven Wahrnehmungen und die Verhaltensmuster des Patienten.

B 9.2
Theorie der sekundären vertebralen Dysfunktion

Durch einen anhaltenden Einstrom nozizeptiver Afferenzen aus dem Körperinneren (z. B. bei Erkrankungen eines inneren Organs) kommt es ebenfalls zu einer Nozireaktion im Hinterhornkomplex. Die daraus folgende Beeinträchtigung der α- und γ-Motoneuronen im Vorderhorn führt u. a. zu einer situationsinadäquaten Veränderung des Grundtonus des muskulären Apparates des Bewegungssegments der gleichen Segmenthöhe. Dadurch wird die mechanische Leistungsfähigkeit des entsprechenden Wirbelgelenks beeinträchtigt.

Der damit einsetzende nozizeptive Afferenzstrom aus dem so gestörten Gelenk verstärkt das zugrundeliegende Störmuster. Er kann es seinerseits weiter unterhalten, auch wenn die *primäre* interne Störursache inzwischen beseitigt wurde. Die „sekundäre" Gelenkdysfunktion durch den „Organreflex" hat sich verselbständigt (Metz 1986).

B 9.3
Diagnostik bei vertebralen Dysfunktionen

B 9.3.1
Das „Werkzeug" Hand

Eine der wichtigsten Bereicherungen, die die manuelle Medizin in die *praktische Medizin* einbringt, ist die Wiederentdeckung des „Werkzeugs" Hand in die Diagnostik und Therapie am Bewegungssystem. Stand bei dieser Renaissance am Anfang die Hand als *therapeutisches* Werkzeug im Vordergrund, so dominiert mit zunehmender Erfahrung die Hand als *diagnostisches* Werkzeug.

Die beste Analyse des unvergleichlichen Werkzeuges Hand, die ich gefunden habe, stammt von dem schweizerischen Autor Sutter (1983). Sie wird daher hier wegen ihrer Dichte und Prägnanz im vollen Wortlaut übernommen:

Weichteilstörungen gehen in der Regel mit örtlichen veränderten physikalischen Eigenschaften einher. Diese Veränderungen sind jedoch unsichtbar, und ihre Visualisierung scheitert an der Problematik des Apparativen:

- Ausdehnung,
- Größenordnung,

- Umständlichkeit,
- Analyse reiner Eigenschaften mit der
- Notwendigkeit der Reintegration.

Diese Problematik fällt gänzlich weg bei Untersuchung durch

Palpation

= Untersuchung durch den Hautsinn (Berührung, Druck, Kälte, Wärme, Schmerz). Wahrnehmung der Summe der spürbaren Eigenschaften in Form *komplexer Empfindungen*.

Nachteile: Adäquate und exakte sprachliche Ausdrücke für die komplexen Empfindungen fehlen meist:

- Schwierigkeit der Qualifizierung,
- Schwierigkeit der Quantifizierung,
- Schwierigkeit der Kommunikation,
- Schwierigkeit der Dokumentation,
- Vorwurf der Unobjektivität,
- Verdrängung aus dem diagnostischen Register der Schulmedizin = Verzicht auf ein breites Spektrum klinischer Informationen.

Überwindung der Nachteile durch:
- exakte anatomische Kenntnisse,
- Fingerfertigkeit,
- Erfahrung.

Palpation ist ein zwischenmenschlicher Vorgang:
Empfindung des Untersuchers = objektive Palpation,
Empfindung des Patienten = subjektive Palpation.
Das sind keine Gegensätze, keine Wertungen, sondern wichtige und notwendige Ergänzungen, zwei verschiedene Zugänge zum Gleichen.

Palpationstechnik

A. Objektive Palpation
Eigene Hautrezeptoren in geeigneter Weise mit dem zu prüfenden Gewebe in Kontakt bringen:
- geleitet von anatomischer Kenntnis,
- überwacht von der auf die Hand ausgerichteten Aufmerksamkeit.

Den adäquaten Druck wählen bezüglich:
- Fläche,
- Kraft,
- Richtung,
- Variation

und auf optimale Sensibilität einregulieren (scharf einstellen).

Das heißt: Veränderungen komplexer physikalischer Gewebeeigenschaften in einer bestimmten Gewebeschicht müssen von den Hautrezeptoren möglichst gut perzipiert werden können.

Einstellen des Palpationsdruckes:
Der Fingerdruck bestimmt die palpatorisch zu erfassende Gewebeschicht. Der Grunddruck verbindet Finger und überliegende Schichten zu einer kompakten mechanischen Einheit. Finger und überliegende Schichten gleiten in möglichst festem Verbund auf der palpatorisch zu untersuchenden Schicht.

Die Verschieblichkeit der überliegenden Schichten unter Palpationsdruck bestimmt den Gewebebezirk, aus dem mit einer einzigen Fingerauflage Information beschafft werden kann. Der *Wechseldruck* (Modulation) prüft die zu untersuchende Schicht auf:
- Resistenz,
- Konsistenz,
- Spannung – gerichtet: – linear,
               – globulär,
             – ungerichtet: – Turgor.

Maximum an palpatorischer Information bei optimal variierter Deformation der eigenen Mechanorezeptoren, bedeutet:
- gegenseitige Abstimmung von Grund- und Wechseldruck,
- Palpation möglichst gegen feste Unterlage oder Gegenhalt.

Die eigenen *Rezeptoren:*
- geeignete Hautpartie wählen.
- Erschöpfbarkeit der Rezeptorenfunktion bei unverändertem Dauerreiz, deshalb:
– Bewegliches mit ruhendem Finger,
– Ruhendes mit beweglichem Finger palpieren,
– Bewegung mit adaptierter Amplitude, gleitend, kreisend,
– Richtungswechsel,
– Fingerwechsel.

Das Individuelle des Künstlers (z. B. Pianisten) liegt in seinem Anschlag, beim Fortissimo wie beim Piano.

Beurteilung der objektiven palpatorischen Wahrnehmung anhand:
- Kenntnis des Normalen (= Erfahrung),
- Vergleich mit anatomisch und funktionell gleichartigen Körperstellen.

Cave Seitenvergleich: Spondylogene Syndrome haben qualitative und häufig auch quantitative asymmetrische Weichteilveränderungen zur Folge. (Auch die Beurteilung durch Vergleich bedingt Erfahrung.)
Die meisten Weichteilstrukturen werden überhaupt erst durch die physikalische Veränderung palpatorisch differenzierbar.

Der Patient: Palpation ist ein zwischenmenschlicher Vorgang. Es gibt keine Palpation ohne persönliche Berührung des Patienten.
Berührung löst Gefühle aus:
- angenehme,
- unangenehme,

deshalb:
- Kontakt herstellen,
- Vertrauen schaffen,
- in die warme, trockene, großflächig aufgelegte und sicher geführte Hand nehmen,
- Anteil nehmen:

zuerst:
auf den als schmerzhaft angegebenen Bereich behutsam eingehen und die örtliche Schmerzquelle schonend, aber ganz exakt eruieren und anatomisch zuordnen;
nachher:
die wichtigsten diagnostischen Kontrollpunkte aufsuchen.

B. Subjektive Palpation
Empfindungen des Patienten:
- Berührung,
- Druck,
- Schmerz.

Differenzierung von Druckgefühl und Schmerz
Regel: Das Gesunde erträgt sehr viel Druck, das Kranke oft kaum Berührung.
Kenntnisnahme der normalen Druck-Schmerz-Grenze:
- Erfahrung,
- Vergleich mit anatomisch Vergleichbarem.

Cave: unreflektierter Seitenvergleich.

Gesundes Gewebe:
Druck löst Druckgefühl aus. Überdruck löst zusätzlich zum Druckgefühl auch Schmerz aus. Das Druckgefühl kann schließlich vom Schmerz übertönt werden.

Funktionell gestörtes Gewebe:
- entzündlich,
- nicht entzündlich.

Druck erzeugt Schmerz (Abb. B 11).
- Schmerz ist nicht eine gesteigerte Druckempfindung, sondern eine *neue* Empfindungsqualität.
- Druckgefühl und Schmerz sind nicht quantitative, sondern qualitative Unterschiede.
- Die Schmerzempfindlichkeit auf Druck ist bei bestimmten Veränderungen wie beispielsweise bei der Entzündung (jedoch *nicht nur* bei der Entzündung) erheblich gesteigert.

Spontane oder durch relativ leichten Druck auslösbare Schmerzhaftigkeit ist die Folge.
- Der Untersucher spürt den Druck und die bestehende Spannungsänderung des Gewebes, der Patient dagegen nur den Druck oder den Schmerz.

Sobald der Schmerz auftritt, verliert der Patient das Gefühl (Maß) für den zur Palpation aufgewendeten Druck. „Wenn Sie so grob drücken, muß es ja schmerzen"; deshalb:
- verbale Orientierung des Patienten,
- ergänzt durch Vergleichsdruck an anatomisch gleichartiger Stelle.

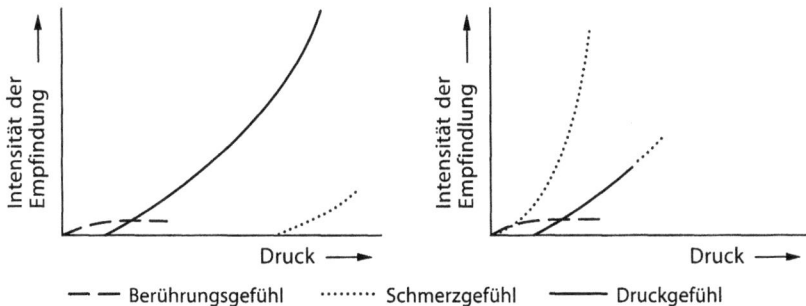

Abb. B 11. Gesundes Gewebe: normaler Druck = kein Schmerz. „Krankes" Gewebe: schon leichter Druck = Schmerz. (Aus Sutter 1983)

Cave: unreflektierter Seitenvergleich.
Den Patienten zum Partner machen durch das aktive Miterlebenlassen der palpatorischen Untersuchung. Eine Chance in der Gestaltung der Patienten-Arzt-Beziehung, die fast nur die gekonnte Palpation bietet und die für die spätere manuelle Behandlung entscheidend wichtig werden kann.

Den Patienten mit einfachen Worten auf dem Laufenden halten:
- „wir wollen vergleichen...",
- „jetzt interessiert mich...",
- „ich drücke da jetzt mit doppelter Kraft...".

Regel: Patientenangaben im Zusammenhang mit aktueller Palpation sind exakt, reproduzierbar, praktisch nie übertrieben. (Es gibt viel weniger Simulanten, als palpatorisch ungeübte Ärzte glauben).

Folgende Punkte beachten:
- Dem Patienten vorgängig den Unterschied von Druckgefühl und Schmerz ganz klar machen.
- Klare Fragestellung: z. B. „welchen Druck empfinden Sie als schmerzhafter, den Druck an Stelle 1 oder den *gleich starken* Druck an Stelle 2?"
- Der Patient soll Unterschiede angeben: ja – nein, mehr – weniger. Keine absoluten Wertungen wie: stark, schwach, oder: es ist auszuhalten.
- Der Patient soll bei seinen Antworten vom Palpationsdruck absehen. Das kann er am besten, wenn er über dessen Größenordnung grob orientiert ist (Vergleichsdruck an normal empfindlicher Stelle).
- Der Patient kann die Zunahme des Schmerzes besser registrieren als die Abnahme: deshalb vom Schmerzarmen zum Schmerzhaften palpieren.
- Nicht jeder wichtige objektive Palpationsbefund ist auch entsprechend schmerzhaft.
- Nicht alles, was sehr schmerzhaft ist, kann auch objektiv palpatorisch erfaßt werden.
- Der objektive Palpationsbefund ist oft schon positiv, bevor der Patient Schmerz angibt. Für die Bestätigung durch den Schmerz muß die Druckrichtung oft noch exakter auf die Stelle der Gewebeveränderung gerichtet sein.
- Viel Druck, wo wenig Veränderung erwartet wird, leichten Druck steigern, wo schmerzbereite Gewebeveränderungen vermutet werden.
- Ertastete Tiefe und wirkliche Tiefe:
je resistenter und konsistenter etwas ist, desto oberflächlicher wird es vermutet.

Wir müssen durch Erfahrung lernen, wo objektive und wo subjektive Palpation verläßlichere Resultate ergibt und wie sich die beiden ergänzen.
Der Patient ist der beste Partner für die Übung der differenzierten Weichteilpalpation und die Mehrung palpatorischer Erfahrung. Palpation ist mehr als Berühren und Betasten: *Palpation ist Befühlen, Befragen, Greifen, Ergreifen und Begreifen.*

Vom Palpationsbefund zur Diagnose

Der Tastbefund ist erst ausgearbeitet, wenn die Gestalt ermittelt ist, in der die eingetretene Veränderung vorliegt. Nur aus dieser Gestalt ist letztlich die Verweisung zu gewinnen, die wir nötig haben, um über den örtlichen Befund hinaus zu einer Diagnose, d. h. zum Erkennen des insgesamt vorhandenen Krankseins zu gelangen.
Zu diesem Erkennen ist freilich nicht nur die ausgearbeitete Gestalt der Veränderung erforderlich, sie ist in sich selbst niemals schon Diagnose. Zur Diagnose bedarf es viel mehr noch der Kenntnis all der Beziehungen und Bedingungen, in denen die so und so geartete und gestaltete Veränderung ausgehoben ist... sein kann... sein muß.

B 9.3.2
Wann soll bei einem klinischen Bild an eine vertebragene Mitverursachung gedacht werden?

- Wenn die jeweils fachspezifische Diagnostik keine oder zumindest keine plausiblen Befunde ergibt und wenn eine auf das Organ gerichtete Therapie erfolglos geblieben ist.
- Wenn die geklagten Beschwerden abhängig sind
  a. von Haltung und Bewegung,
  b. wenn sie halbseitig sind,
  c. wenn sie in der Intensität stark wechseln,
  d. wenn Hinweise vorliegen, daß die Beschwerden von exogenen Faktoren wie Witterung, Allgemeinbefinden, psychischer Belastung u. ä. anhängig sind und
  e. immer dann, wenn der Verdacht geäußert wird, daß es sich um „funktionelle" Beschwerden handele (womit dann meistens eine „psychosomatische" oder gar „neurotische" Ätiologie gemeint ist).

Eine halbseitige arterielle Durchblutungsstörung am Unterschenkel kann auf der „postischialgischen Dysbasie" nach Reischauer (1955) beruhen. Es handelt sich um eine Begleitsymptomatik beim Wurzelkompressionssyndrom L 5.

Bei den aufgezeigten klinischen Bildern ist es diagnostisch und therapeutisch ungemein nützlich, wenn eindeutige hyperalgetische und hyperästhetische Veränderungen in den zugehörigen Dermatomen (Head-Zonen) und im subkutanen Gewebe (Kibler-Falte) nachzuweisen sind. Diese Segmentdiagnostik ist die Voraussetzung für eine effektive Segmenttherapie.

B 9.3.3
Basisdiagnostik
(siehe Diagnostikpyramide, Abb. B 12 und Klappbild A 2).

Hier nur einige orientierende Hinweise: Der Untersuchungsverlauf und die Untersuchungstechnik sind Bestandteil der Ausbildung in manueller Medizin. Auf die dort empfohlenen Lehrbücher wird verwiesen. Der Thematik dieses Buches entsprechend stehen hier neurologische und psychologische Gesichtspunkte im Vordergrund:

Einstieg in die Diagnostik mit Erhebung
a. des Beschwerdebildes und
b. der allgemeinen und speziellen Anamnese.

Wenn eine unvoreingenommene Befragung Hinweise auf Funktionsstörungen am Achsenorgan ergibt, dann fragt man nach

- plötzlichem oder langsamem Beginn,
- nach Halbseitigkeit der Beschwerden,
- nach Beschwerdeabhängigkeit von Haltung und Bewegung,

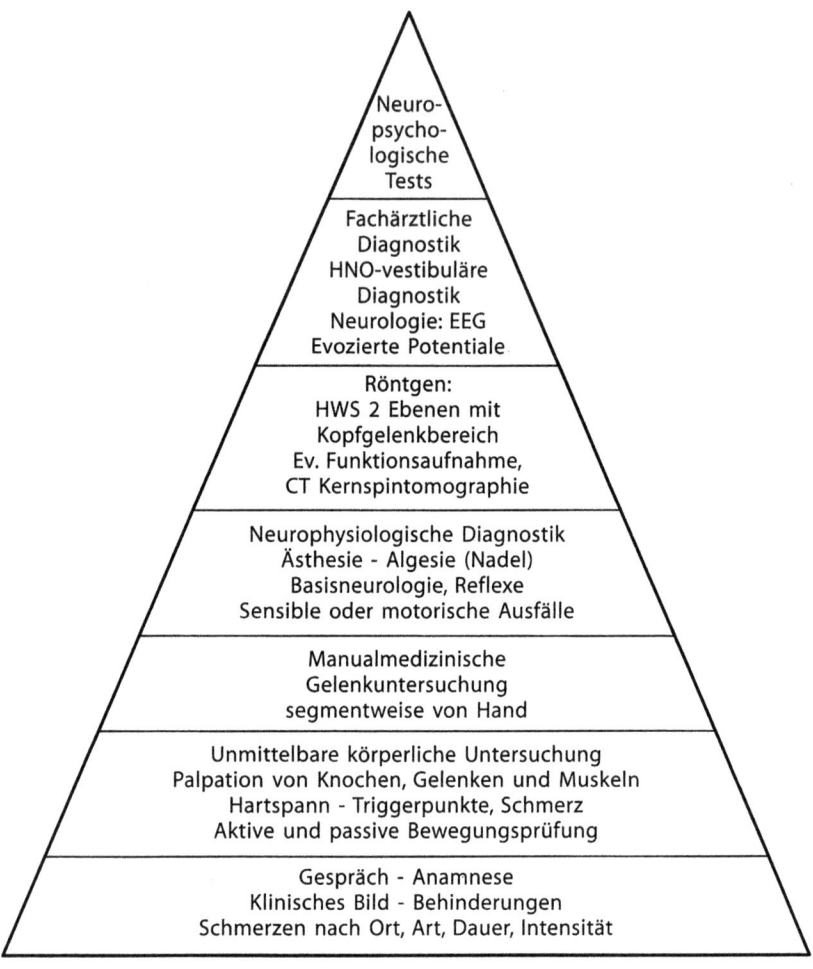

Abb. B 12. Die Diagnostikpyramide

- Modifizierbarkeit der Schmerzen durch exogene Faktoren wie Tageszeit, körperliche und psychische Belastung u. ä.,
- Unfällen (Cave Funktionsstörungen des Kopfgelenkbereichs),
- Schmerzqualität, -intensität und -konstanz,
- Unterscheidung zwischen Rezeptorenschmerz und neuralgischem Schmerz,
- Hyperästhesien, Parästhesien, Hypästhesien und Anästhesien,
- Gleichgewichtsstörungen, Hörstörungen, Tinnitus, Globusgefühl,
- Konzentrationsstörungen,
- Chronifizierung,
- Änderung der psychischen Befindlichkeit und des psychosozialen Verhaltens.

Untersuchungsgang

I. Orientierende Allgemeinuntersuchung,
II. Orientierende Untersuchung von Körperstatik und Dynamik; nicht vergessen: auf *Rüttel- und Erschütterungsschmerz* prüfen!
III. Spezielle Untersuchung, abschnitts- und etagenweise.
   - Palpation der knöchernen Elemente, der Muskulatur, der Haut und des Bindegewebes.
   - Manualmedizinische, segmentweise passive Funktionspalpation auf endgradige Bewegungsdefizite.
IV. Neurophysiologische Untersuchung auf Hyperästhesie, (Parästhesienadel), Hyperalgesie (Kibler-Hautfalte) auf Rezeptorenschmerz („referred pain") und differentialdiagnostisch auf radikulären, projizieren Schmerz, auf Hypästhesie und motorische Ausfälle.
V. Bei hochzervikaler Symptomatik Untersuchung auf Störung der Koordination und Gleichgewichtssteuerung.
VI. Indikationsstellung für:
   - Röntgenaufnahmen als Basisinformation darüber, daß keine strukturellen Veränderungen vorliegen.
   - Spezielle bildgebende Verfahren, wie Computertomogramm, Magnetresonanztomogramm, Szintigramm; Funktionsaufnahmen nach Arlen od. Dvorak sind dann indiziert, wenn Hinweise auf pathologisch-anatomische Prozesse vorliegen: z. B. Bandscheibenvorfall mit Wurzelkontakt, Traumafolgen, Anomalien u. ä.
   - Jeweils rechtzeitig fachärztliche Hilfe in Anspruch nehmen z. B. von orthopädischer, von HNO-, von internistischer, von neurologischer, ophtalmologischer und ggf. kieferorthopädischer Seite.
VII. Dokumentation
Sofort Befund in Dokumentationsschema eintragen (Abb. B 13). Geschriebene Dokumentation ist im Alltag zu zeitraubend und bei Kontrolle zuwenig anschaulich

B 9.4
Therapie vertebraler Dysfunktionen
(siehe Therapiekreis, Abb. B 14 und Klappbild A 3)

Hier wird vorausgesetzt, daß der Leser Grundkenntnisse der manualmedizinischen therapeutischen Techniken besitzt.

1. Manualmedizinische Behandlungstechniken:
   - gezielte Manipulationen,
   - Mobilisationen,
   - „muscle energy technique" (MET); postisometrische Relaxationen (PIR) u. ä.
   - Weichteiltechniken
   - einfache Traktionen von Hand.

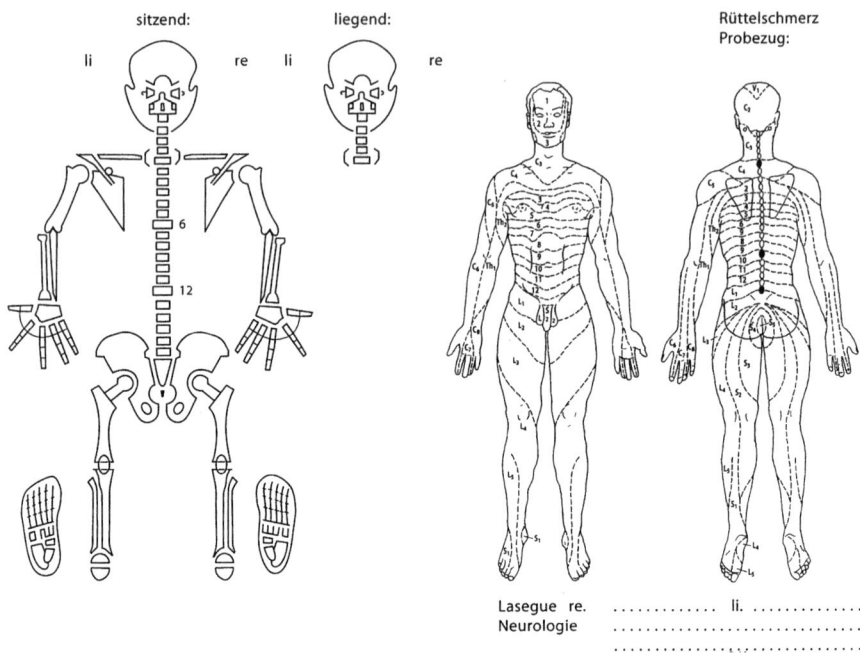

Abb. B 13. Dokumentationsschema (ergänzen durch ein eigenes Zeichenrepertoire, farbige Kugelschreiber u. ä.)

2. ergänzende Verfahren:
   - Ruhigstellung, Bettruhe, Wattekragen, Nackenrolle,
   - physikalische Medizin, Wärme oder Kälte, Elektrotherapie,
   - Segmentmassagen, Münzmassagen, Friktionsmassagen,
   - passive und aktive krankengymnastische Übungsbehandlung.
   - Orthesen, Bandagen u. a.
3. Neurophysiologische Methoden:
   - Ausschaltung durch Lokalanästhetika:
     • der Gelenkrezeptoren direkt und am Weichteilmantel des Gelenks,
     • der kutanen Rezeptoren durch segmentgerechte intrakutane Quaddelserien,
     • von Myotendinosen und Triggerpunkten,
   - Unterbrechung der afferenten Axone zwischen Rezeptor und Rückenmark,
   - bei hinreicher Kenntnis und Erfahrung Akupunktur.
4. Medikamentös:
   - Versuch der Schwellenanhebung der Nozizeptoren durch Hemmung der Prostaglandinsynthese: Acetylsalicylsäure, nicht-steroidale „Antirheumatika" u. ä.
   - Versuch der Sedierung auf supraspinaler Ebene: Tranquilizer, ggf. Neuroleptika, Antidepressiva,
   - Dämpfung der sympathischen Efferenz.

Therapie vertebraler Dysfunktionen

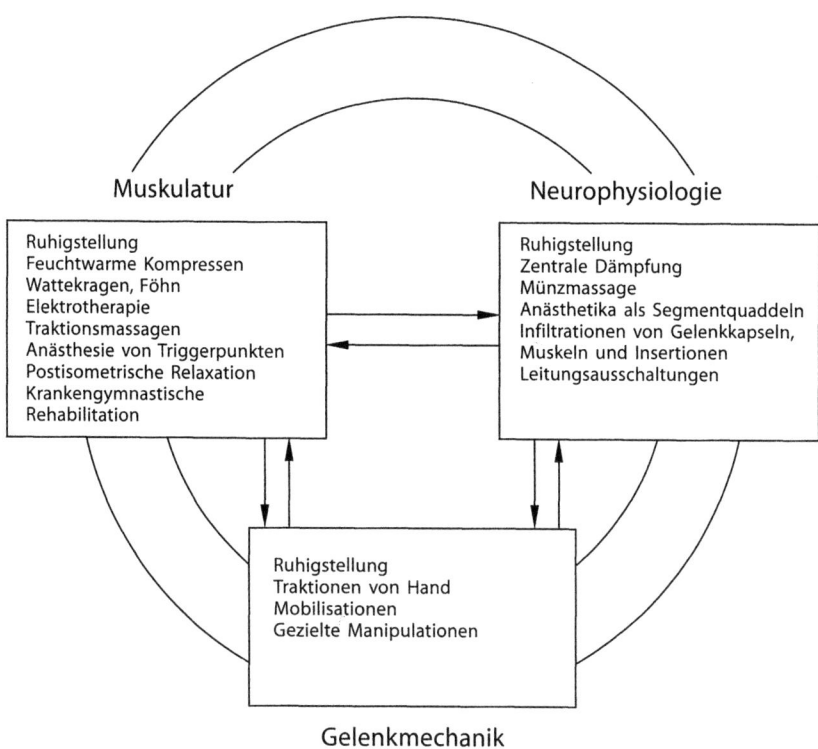

Abb. B 14. Therapiekreis: Angriffspunkte der Therapie

5. Neuropsychologische Methoden:
   – Entängstigung und Schmerzbewältigungstherapie wie:
   • Ablenkungstherapien,
   • Verdrängungstherapien,
   • Entspannungstherapien.
   • kombinierte Verfahren.

B 10 Klinischer Anhang

Im folgenden wird auf einige klinische Bilder hingewiesen:
- die in den letzten Jahren in der Literatur größere Beachtung gefunden haben oder überhaupt erst neu beschrieben sind,
- die besonders häufig im Blickfeld der manuellen Medizin auftauchen und
- in denen die Neurophysiologie eine vorrangige Rolle spielt.

B 10.1
Funktionsstörungen des kraniozervikalen Übergangs
(Kopfgelenkbereich; das zervikoenzephale Syndrom)
(s. D 1)

Hier sei auf die komplexen Folgen und Funktionsstörungen des Kopfgelenkbereiches hingewiesen.

Die meistens posttraumatische Klinik dieses Gelenkaggregates spielt nicht nur im manualmedizinischen Alltag, sondern auch in der Begutachtung der „Weichteilverletzungen der HWS" eine besondere Rolle.

Gerade am kraniozervikalen Übergang läßt sich zeigen, welche negativen Folgen es nach sich zieht, wenn bei der Analyse eines Syndroms der neurophysiologische Aspekt nur unvollkommen oder überhaupt nicht beachtet wird (s. D 1.2.5.2).

B 10.1.1
Wichtige Orientierungspunkte

- Unter dem Kopfgelenkbereich versteht man den obersten Teil der HWS, d. h. die Atlantookzipitalebene, die Atlantoaxialebene und das Bewegungssegment C 2/3,
- Der Kopfgelenkbereich ist nach Morphologie, Gelenkmechanik, Muskelanatomie und -dynamik und neurophysiologischer Ausstattung grundsätzlich und tiefgreifend von der übrigen („klassischen") HWS zu unterscheiden.
- Der an sich belastbare, mehretagige Gelenkverbund ist v. a. für ultraschnelle, energiereiche Gewalteinwirkungen störanfällig, die mit rotierenden und/oder seitneigenden Impulsen den Kopf gegen den Hals überreißen.

- Die posttraumatische Störung der Kopfgelenkfunktion geht mit speziellen Ausfallmustern der aktiven und passiven Bewegung einher. Diese sind von charakteristischen Tonusänderungen der tiefen Nackenmuskulatur begleitet.
- Vorwiegend aus dem „Rezeptorenfeld im Nacken" gehen im Störungsfall Symptome aus wie:
  - Nackenkopfschmerzen, die bis hinter die Augen oder die Ohren ausstrahlen,
  - Gleichgewichtsstörungen mit Benommenheit und Unsicherheit,
  - Übelkeit, Brechreiz, selten aber Erbrechen,
  - Hörstörungen und/oder Ohrenrauschen (Tinnitus),
  - Sehstörungen mit Unscharfsehen und Grauschleiersehen,
- Hinzu kommen sog. „psychische" Symptome:
  - Störungen des Tiefschlafs mit „Schlafentzugssympatomatik",
  - Erniedrigung der Schwelle für Reizempfindlichkeit gegenüber optischen und akustischen Reizen,
  - Aufmerksamkeits- u. Konzentrationsstörungen, Merkfähigkeitsdefizite,
  - emotionale und affektive Verstimmungen mit depressiver Färbung,
  - Minderung der psychischen Resistenz,
  - kognitive Defizite,
  - Verlust an Lebenszugewandtheit und Lebensfreude.

Die Entstehung dieses Störkomplexes kann z. T. folgendermaßen gedeutet werden: Der Kopfgelenkbereich ist ungewöhnlich dicht mit neuralen Fühlerelementen (besonders Muskelspindeln) ausgestattet. Die Afferenzen aus diesem „Rezeptorenfeld im Nacken" sind eng – z. T. monosynaptisch – mit den Vestibulariskernen verknüpft (Abb. B 15; Hülse 1983; Neuhuber u. Bankoul 1992, 1994; Zenker 1988).

Physiologischerweise dienen diese Afferenzen als Informationsbeitrag bei der Steuerung von Haltung und Bewegung. Wird das Afferenzmuster z. B. durch Funktionsstörungen der Gelenkmechanik oder der Muskulatur des Kopfgelenkbereiches pathologisch verändert, dann kann die efferente Leistung dieser Zentren z. T. maßgeblich gestört sein.

B 10.1.2
Diagnostik, Therapie und Prognostik

Diagnostik
Nur eine detaillierte Palpations- und Funktionsuntersuchung von Hand, die
- jedes Gelenk des Kopfgelenkbereiches einzeln untersucht,
- die den Zustand der tiefen autochthonen Nackenmuskulatur genau überprüft und
- eine neurophysiologische Diagnostik (Hyperalgesie, Hyperästhesie, Gleichgewichtsproben, ggf. Otoneurologie, evozierte Potentiale u. ä.)

beinhaltet, kann eine realitätsnahe Analyse ermöglichen.
Wie die meisten funktionellen Syndrome entziehen sich auch diese klinischen Bilder weitgehend der Darstellbarkeit durch bildgebende Verfahren, besonders wenn diese statisch gehandhabt werden.

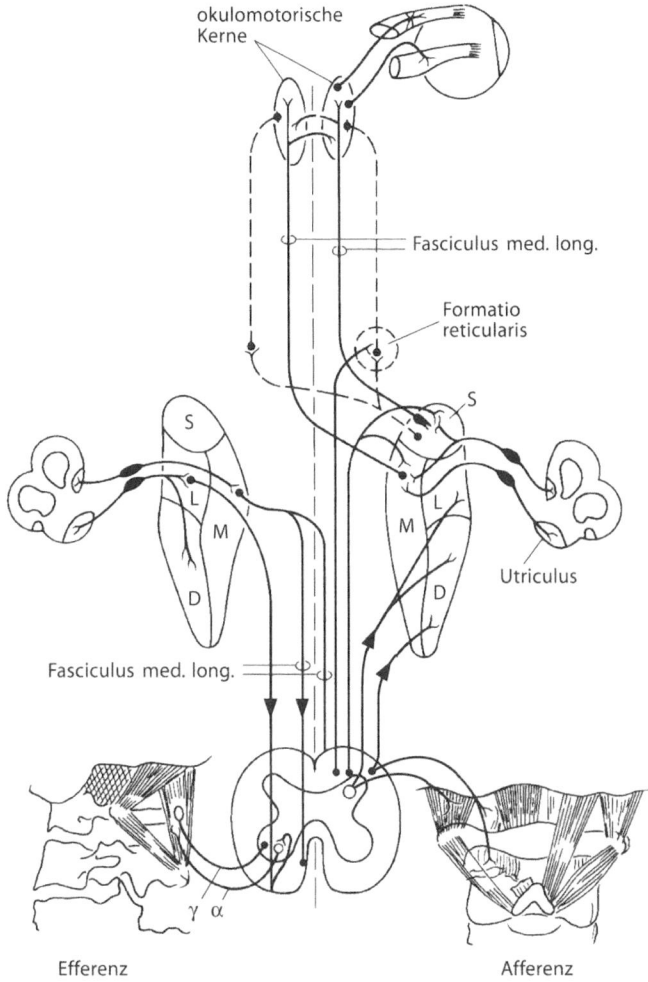

Abb. B 15. Schema der Verknüpfungen des „Rezeptorenfeldes im Nacken" mit dem Vestibulariskernbereich und weiteren Steuerungszentren. S = Nucleus vestib. supestus, M = Nucleus vestib. medialis, D = Nucleus vestib. inferius, L = Nucleus vestib. laterale

Therapie

Kein schematisches Vorgehen, kein ungezielter Aktionismus!
Individuelles Eingehen auf:
- Höhe und Seite,
- Aktualität oder Chronizität,
- Qualität und Intensität der Schmerzen und das
- jeweilige Befinden des Patienten

sind fundamentale Voraussetzung nicht nur für den Erfolg, sondern – noch wichtiger – dafür, daß man den Zustand wenigstens nicht verschlimmert.

Besonders anfangs generelle Ruhigstellung, nächtlicher Wattekragen, Zervikalstütze.

Wenn sie vertragen werden: feucht-warme (nicht heiße!) Kompressen, keine Massagen!

Anfangs keine Übungsbehandlung, nur vorsichtige, schmerzlose Traktionen, Münzmassagen.

Einsatz von Lokalanästhetika
a. als lokale intrakutane Quaddelserien (ca. 10 ml),
b. Infiltrationen besonders schmerzhafter Muskelpunkte der Mm. semispinalis capitis, sternocleidomastoideus, levator scapulae und der tiefen autochthonen Nackenmuskulatur am Okziput,
c. Infiltration des schmerzhaften Weichteilmantels des Wirbelgelenks C 2/3 oder benachbarter Gelenke.

Nur wenn unumgänglich: Sedierung mit niedrig dosiertem Diazepam o. ä.

Im Fall der Chronifizierung ist das Verständnis für den Patienten das wichtigste Therapeutikum. Wenn kein begründeter Zweifel an der Aufrichtigkeit des Patienten besteht und wenn die Befunde mit den geklagten Beschwerden übereinstimmen, soll man ihn deutlich wissen lassen, daß man ihm glaubt! Dann „vertraut" er seinerseits dem Behandler oft überraschende Details der Symptomatik an. Solche Aussagen sind oft wichtige Hinweise für die theoretische Analyse und für das praktische Vorgehen auf diesem nach wie vor schwierigen und unsicheren diagnostischen und therapeutischen Terrain.

Prognostik
Die Folgen von Kfz-Unfällen mit Funktionsstörungen des Kopfgelenkbereiches beschäftigen unproportional häufig die Gerichte. Vor allem dann, wenn keine durch bildgebende Verfahren dokumentierten Befunde vorliegen, klafft zwischen den subjektiven Beschwerden und Klagen des Patienten einerseits und dem Ergebnis einer unzureichenden Untersuchung andererseits ein solch gravierender Unterschied, daß der Verunfallte vor Gericht sein Recht sucht *(Reizwort: die sog. „Schleuderverletzung der HWS")*.

Es ist davon auszugehen, daß ca. 90 % der Verkehrsteilnehmer, die in Heckaufprallunfälle verwickelt waren, keine massiven und v. a. keine länger dauernden oder gar therapieresistenten Beeinträchtigungen davontragen. Es handelt sich dabei durchweg um die Patienten, bei denen nur die „klassische HWS" – nicht aber der Kopfgelenkbereich – in Mitleidenschaft gezogen ist.

Aus vielerlei Gründen ist es unzulässig, Rückschlüsse aus dem Zustand der „klassischen" HWS (z. B. bei sog. „degenerativen" Veränderungen) auf den Zustand des Kopfgelenkbereiches zu ziehen. Die beiden HWS-Abschnitte sind in Anatomie, Physiologie und Pathophysiologie so verschieden, daß jeder als eigenständiges System angesehen werden muß.

Eine Prognostik oder gar Begutachtung, die diese Sachverhalte nicht einbezieht und sich lediglich auf bildgebende Verfahren stützt, wird vorhersehbar durch die klinische Wirklichkeit widerlegt. Die noch weithin gängige Begutachtungspraxis, die von der Sonderstellung des kraniozervikalen Übergangs in Physiologie und

Pathophysiologie keine Notiz nimmt, ist nicht mehr mit dem aktuellen Wissensstand zu vereinbaren.

B 10.2
Zervikogene Dysphonie und Dysphagie
(S. D 2)

Analog zur Klinik des zervikalen Globusgefühls (Seifert 1988) hat Hülse (1991) erstmals die zervikale Dysphonie beschrieben.

Im Rahmen einer vertebralen Dysfunktion C 2/3 kann es zu Steuerungsstörungen der ventralen Halsmuskulatur, die für die Motorik des stimmbildenden Systems verantwortlich ist, kommen. Es resultiert eine „Phonationsstörung" mit „heiserer, rauher und unreiner" Stimme. Die Singstimme kann bis zu einer Oktave tiefer liegen. Manualmedizin ist die Therapie der Wahl. Nachbehandlung durch Logopädie.

B 10.3
Syndrom des lumbothorakalen Übergangs
(S. D 3)

Maigne (1979,1986) hat wiederholt darauf aufmerksam gemacht, daß der lumbothorakale Übergang (D 12/L 1) weit häufiger als allgemein angenommen der Ausgangspunkt von Schmerzen und Beschwerden im Becken-, Leisten- und Oberschenkelbereich ist, ohne daß der Patient über Schmerzen am Entstehungsort klagt.

Die Ursache liegt darin, daß sich die 3 ventralen Äste des 1. lumbalen Spinalnervs weit von der Wirbelsäule entfernen. Bei der phylogenetischen „Kaudaldrift" gelangen sie

- in die Leiste (N. ilioinguinalis),
- halbseitig in den Genitalbereich (N. genitofemoralis) und
- in den Bereich von Hüfte und Oberschenkelaußenseite (N. iliohypogastricus).

Da es sich bei diesem Störkomplex um einen neuralgischen Schmerz zu handeln scheint, der beim Durchtritt der Nerven durch den M. erector trunci bzw. Fascia lumbodorsalis entsteht, ist die Infiltration mit Lokalanästhesie auf Höhe des Querfortsatzes von L 1 die Therapie der Wahl. Manualmedizin ist nur dann indiziert, wenn eine „sekundäre" vertebrale Dysfunktion nachweisbar ist.

B 10.4
Neuropathologie des Anulus fibrosus der lumbalen Bandscheiben
(s. C 4)

Der australische Pathologe Bogduk (1992) hat klargestellt, daß zwar nicht der ganze Anulus fibrosus der LWS-Bandscheiben, wohl aber seine äußersten Lamellen mit Nozizeptoren ausgestattet sind. Erst dann, wenn prolabierendes Nucleuspulposus-Material bei Rißbildung an diese äußeren Lamellen anstößt, entstehen tiefe bohrende lokale Rezeptorenschmerzen. Diese haben selbstverständlich keinen radikulären Charakter.

In Analogie zur Bandläsion eines peripheren Gelenks rät der Autor, dieses Vorstadium eines Bandscheibenprolapses wie den Einriß eines peripheren Bandes zu betrachten und zu therapieren. Man muß mit einer Schonungsbedürftigkeit von ca. 4 Wochen rechnen.

B 10.5
Der chronisch Schmerzkranke
(s. C 6)

Vor allem durch die Aktivitäten der Pain-Kliniken (Bonica u. Black 1974; Bonica u. Lindblom 1983) und der dadurch stimulierten neurophysiologischen, neuropsycholgischen und klinischen Forschung kann mit zunehmender Verläßlichkeit das klinische Bild des „chronisch Schmerzkranken" definiert, diagnostiziert und therapiert werden. Es kann als bewiesen gelten, daß eine chronische nozizeptive Reizüberflutung definierbare somatische, somatopsychische bis psychosoziale Veränderungen bewirken kann. Eine Schmerzdauer von ca. 1 Jahr wurde als Richtwert postuliert. Handwerker (1991) spricht vom Beginn der „chronischen Schmerzkrankheit", wenn der Patient die Hoffnung auf die Befreiung von seinen Schmerzen verloren hat

Die ständige Überforderung des antinoziceptiven Systems scheint früher oder später zu dessen Insuffizienz und damit zur Dekompensation im nozifensorischen System zu führen.

Die Nozizeption scheint sich zu verselbständigen und damit selbst zum Krankheitsfaktor zu werden.

Da dadurch die psychische Resistenz destabilisiert wird, kommt es zu Persönlichkeitsveränderungen, die u. a. einhergehen mit

- depressiven Verstimmungen,
- Verlust an zwischenmenschlichen Kontakten und
- einem breiten Spektrum weiterer Verlustsyndrome.

Da chronische Schmerzen zu bis 50 % (Geissner u. Jungnitsch 1992) aus Strukturen des Bewegungssystems stammen, kann sich der Manualmediziner der Verantwortung diesen Patienten gegenüber nicht entziehen. Diese Verantwortung besteht v. a. in einer exakten Diagnostik bei den oft seit Monaten oder Jahren rein symptomatisch und undifferenziert behandelten Patienten. Meist handelt es sich dabei um multimorbide Patienten. Hinzu kommen Patienten mit Polyarthritis, Arthrosen und anderen primär somatischen Erkrankungen, stoffwechselbedingten oder immunologischen Erkrankungen (z. B. Polymyalgia rheumatika). Die gezielte, befundorientierte manualmedizinische und krankengymnastische Therapie kann das konventionelle Therapiespektrum erweitern und differenzieren. Die Kombination mit Lokalanästhetika und lokaler Reiztherapie (z. B. Plenosol) erschließt weitere effiziente Hilfsmöglichkeien.

Wenn diese *somatische* Medizin mit einfachen, *neuropsychologischen Schmerzbewältigungsstrategien* ergänzt wird, dann kann der unheilvolle und vereinsamende therapeutische Defätismus („da ist ja doch nichts mehr zu machen") überwunden werden.

Teil C

Hauptteil

C 1 Grundbegriffe von Informationstheorie, Kybernetik und Systemtheorie

C 1.1
Vorbemerkungen

Für das Verständnis der Funktion des Nervensystems ist die Anwendung von Denkkategorien der

- Informationstheorie, der
- Kybernetik und der
- Systemtheorie

von gar nicht abzusehendem Nutzen.

Immer, wenn es um funktionelle Zusammenhänge in Physiologie und Pathophysiologie des Nervensystems geht, können von diesen fachübergreifenden Theorien und Lehrgebäuden Einsichten und Anregungen erwartet werden, die kaum von einer Detailbetrachtung – schon gar nicht allein von einer morphologischen Betrachtung – zu erwarten sind. Ihre synthetische Kraft liegt darin, daß sie Modelle für funktionelle Ordnungen anbieten und Einblicke in deren Gesetzmäßigkeiten ermöglichen. Dementsprechend gehen viele moderne Darstellungen des Nervensystems und seiner Leistungen von informationstheoretischen und systemtheoretischen Konzepten aus (Wagner 1924, Hess W.R. 1931, V. Holst 1937, Ranke 1960, Wiener 1948, Zimmermann 1987).

Die folgenden Ausführungen orientieren sich an diesen neuen „Denkwerkzeugen" (Vester 1991). Ein unbestreitbarer Gewinn liegt darin, daß es so besser gelingt, die oft verwirrende Fülle von Einzelfakten und Daten zu ordnen und komplexe Zusammenhänge durchsichtig zu machen. Hier können Schaltpläne aufgezeigt werden, die es ermöglichen, sich rascher in der scheinbar grenzenlosen Vielfalt neurophysiologischer Fakten, Strukturen und Vermaschungen zurechtzufinden.

Erst aus dieser Perspektive wird in ganzem Umfang deutlich, welche Bedeutung der neurophysiologische Aspekt auch in der Physiologie und Klinik des Bewegungssystems hat. Das so gewonnene Mehr an Wissen und Verständnis läßt sich unmittelbar auf das konkrete Handeln am Patienten übertragen. Diagnostik und Therapie werden zielgerichteter, ökonomischer und damit effizienter.

Da der Umgang mit Grundbegriffen der Informationstheorie, der Kybernetik und der Systemtheorie (hier: Theorie informationsverarbeitender dynamischer Systeme) nur langsam Allgemeingut wird und u. a. für die ältere Generation ungewohnt ist, seinen vorweg einige Grundbegriffe dieser neuen Wissenschaften rekapituliert.

C 1.2
Informationstheorie

Erst in der Mitte unseres Jahrhunderts wurde das Phänomen *Information (Nachricht)* als eigenständiger wissenschaftlicher Problembereich entdeckt.

Es war ein Nachrichtentechniker, der die entscheidenden Anstöße und Vorarbeiten lieferte: der junge Amerikaner Claude Shannon (u. Weaver 1949). Je tiefer man in diese Materie eindrang, desto deutlicher wurde, daß man damit Sachverhalte in den Griff bekam, deren Tragweite über den nachrichtentechnischen Bereich weit hinausging.

Überall dort, wo in technischen Realisierungen, in biologischen Organismen, in Gruppen oder Gesellschaften Informationen eine Rolle spielen, gewannen die Erkenntnisse der Informationstheorie sowohl theoretisch als auch praktisch eine nie vorhergesehene Bedeutung. Diese Erkenntnisse und ihre Anwendungen haben einschneidende Wandlungen in vielen Lebensbereichen zur Folge gehabt. Sie sind letztlich die Ursache der 2. technischen Revolution, deren Nutznießer wir alle sind. Sie haben auch der Neurophysiologie neue funktionelle Betrachtungsweisen erschlossen.

Ausgangspunkt der Informationstheorie
Den Nachrichtentechniker interessiert nicht der Sinn oder der Inhalt von Information oder Nachrichten, sondern nur das Problem, wie möglichst viele Nachrichten über einen „Kanal" transportiert werden können und wie die Informationen vom Sender möglichst vollständig und unverfälscht den Empfänger erreichen. Ferner interessiert ihn, auf welche Weise „Signale", „Nachrichten", d. h. Informationen ausgetauscht werden können.

Nehmen wir zur Verdeutlichung den durchaus nicht seltenen Fall, daß zwei verliebte junge Leute sich ihrer gegenseitigen Zuneigung versichern wollen. Die Informationstheorie fragt dann nicht nach den Emotionen auf beiden Seiten, nicht „nach Lust oder Frust", sondern danach, wie die entsprechenden Informationen ausgetauscht und verstanden werden, z. B.:
- durch Worte im unmittelbaren Gespräch,
- durch Telefonate,
- durch Briefe,
- „nonverbal" durch Gesten und „Körpersprache" oder durch
- „Zeichen" wie Blumen, Geschenke oder durch Handlungen.

Weiter interessiert, wie und in welcher Abfolge von technischen Schritten die Information transportiert wird.

Die „Wandlungsabfolge", die jedem funktionierenden Informationstransport zugrunde liegt, sieht folgendermaßen aus:
Die Information wird von einer *Informationsquelle* in einen *Sender* eingegeben. Dort wird die Information in spezifischer Weise verwandelt: *„kodiert"*. In dieser

Informationstheorie 77

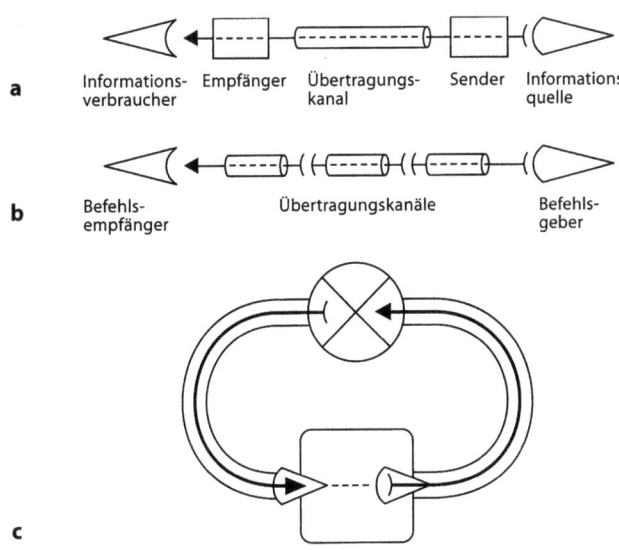

Abb. C 1a. Informationsübertragung in einer einfachen Informationskette, **b** Informationsübertragung in einer einfachen, offenen Steuerungskette, **c** Informationsübertragung in der geschlossenen, rückgekoppelten Kette des Regelkreises

verwandelten Form wird sie über einen *Übertragungskanal* weitergeleitet. An dessen Ende wird die Nachricht vom *Empfänger* wieder entschlüsselt: „dekodiert", und dann an den *Informationsverbraucher* übermittelt (Abb. C 1).

Benutzt in unserem Beispiel der junge Mann das Telefon, dann ist er die *Informationsquelle*. Das Mikrofon im Telefonhörer ist der *Sender*, der die Sprache in elektrische Impulse *verwandelt (kodiert)*.

Die Telefonleitung bis zur Partnerin ist der *Übertragungskanal*, der im Lautsprecher des Hörers endet. Dort werden die elektrischen Impulse wieder in menschliche Sprache zurückverwandelt *(dekodiert)* und so von der Informationsadressatin aufgenommen. Zwei Grundbegriffe der Informationstheorie sind in unserem Zusammenhang von besonderer Bedeutung:

1. Der *Transport* von Informationen geschieht immer mit Hilfe von *Kodierung*. Nicht die tatsächlichen Mitteilungsanlässe werden weitergereicht, sondern an ihrer Stelle *Zeichen und Signale*, die dem Sender und Empfänger gemeinsam bekannt sein müssen.
   Beispiel: Beim Telefon wird die Stimme in elektrische Impulse bzw. elektromagnetische Wellen verwandelt. Beim Schreiben werden Gedanken in Worte und diese wieder in Buchstaben (Zeichen) kodiert. Im Zentralnervensystem werden elektrische Impulsfolgen auf den Nervenfortsätzen zur Nachrichtenvermittlung verwendet.
2. Die kleinste Informationseinheit nennt man ein „bit (Abkürzung von eng. binary digit" = 2wertiges Zeichen). Sie entspricht einer Ja/Nein-Auskunft, der kürzestmöglichen Information. Über diesen Begriff des „bit" ist das immate-

rielle Phänomen „Information" quantifizierbar – also ein Objekt der Mathematik.
3. Ein allgemeiner Erkenntnisbeitrag der Informationstheorie liegt darin, daß sie klargestellt hat, daß neben den Elementarkategorien *Materie und Energie* die Kategorie „*Information*" ein eigenständiges (nicht austauschbares) Prinzip in der Existenz agierender und reagierender Systeme ist.

Wiener (1948), der geistige Vater der Kybernetik, hat diese Erkenntnis in dem klassischen Satz zusammengefaßt: „Information ist Information, nicht Materie und nicht Energie. Ein Materialismus, welcher diesem nicht gerecht wird, ist heutzutage indiskutabel" (Übersetzung Steinbuch 1965).

C 1.3
Kybernetik

Unter Kybernetik versteht man die Lehre von den Steuerungs- und Regelungsvorgängen. Bei diesen Vorgängen spielen durchweg Informationen (Nachrichten, Signale, Codes u. ä.) und damit weite Bereiche der Informationstheorie eine fundamentale Rolle. Die englische Sprache gebraucht für das Steuern den Begriff „control". Die Regelung wird „feedback control" genannt.

Das epochemachende Buch von Wiener (1948) trägt dementsprechend den Titel „Cybernetics or Control in the animal and in the machine".

C 1.3.1
Steuern

Die Deutsche Industrienorm (DIN 19226) definiert das Steuern, die Steuerung wie folgt: „Das Steuern – die Steuerung – ist der Vorgang in einem System bei dem eine oder mehrere Größen als Eingangsgrößen andere Größen als Ausgangsgrößen aufgrund der dem System eigentümlichen Gesetzmäßigkeiten beeinflussen. Kennzeichnend für das Steuern ist der offene Wirkungsablauf über das einzelne Übertragungsglied oder die Steuerkette".

Die Steuerung kann rein mechanisch erfolgen. Beispiel: Steuerung der Fahrtrichtung eines Fahrrades durch direkte mechanische Einwirkung auf das Vorderrad.

Es können aber auch Informationsübertragungen am Steuerungsprozeß beteiligt sein. Beispiele: Die Steuerung der Bewegung einer Gymnastikgruppe geschieht durch Kommandos und Vormachen. Die Steuerung des Verkehrs geschieht durch optische Signale (Ampelsystem) usw.

Die Übertragung einer Warnung oder eines Befehls erfolgt dabei nach den gleichen Gesetzmäßigkeiten wie die Übertragung einer Nachricht gemäß der Informationstheorie (s. C 1.2), d. h. sie erfolgt – wie auf einer Einbahnstraße – nur in einer Richtung (Klappbild A 4 und Abb. C1 a und b).

C 1.3.2
Regeln

Die Deutsche Industrienorm (DIN 19226) definiert das Regeln – die Regelung – wie folgt:

„Das Regeln – die Regelung – ist ein Vorgang, bei dem eine Größe, die zu regelnde Größe *(Regelgröße)*, fortlaufend erfaßt, mit einer anderen Größe, der *Führungsgröße*, verglichen und abhängig vom Ergebnis dieses Vergleichs im Sinne einer Angleichung an die Führungsgröße beeinflußt wird. Der sich dabei ergebende Wirkungsablauf findet in einem *geschlossenen Kreis*, dem Regelkreis, statt. Die Regelung hat die Aufgabe, *trotz störender Einflüsse den Wert der Regelgröße an den durch die Führungsgröße vorgegebenen Wert anzugleichen*, auch wenn dieser Angleich im Rahmen gegebener Möglichkeiten unvollkommen geschieht.

Zu einer technischen Regelung werden Geräte benutzt, in denen sich im einzelnen ebenso wie in zusammengefaßten Gruppen Vorgänge des Steuerns abspielen. Auch der Mensch kann als Glied eines Regelkreises mitwirken.

„Regelvorgänge treten auch in lebenden Wesen und deren Gemeinschaften auf." (s. Klappbild A 4)

C 1.3.3
Regelkreis

Geht man mit Problemen der Kybernetik und der Biokybernetik um, dann muß die interdisziplinär gebräuchliche Terminologie bekannt sein, die in den Definitionen der DIN 19226 festgelegt ist. Die verbindlichen Ausdrücke seinen daher im Zusammenhang mit dem Blockschaltbild des Regelkreises von Hassenstein (1970) noch einmal wiederholt (s. Klappbild A 4).

Regelgröße und Regelstrecke

Jeder Regelkreis in Biologie oder Technik ist entstanden oder konstruiert worden, um einen definierbaren Wert, z. B. eine chemische oder physikalische Größe, die Regelgröße, gegen Veränderungen von außen konstant zu halten.

Nehmen wir als Beispiel den Kühlschrank: hier ist die Temperatur im Kühlfach die Regelgröße. In der Muskulatur ist die Länge des Muskels eine Regelgröße. Als Regelstrecke wird der Teil des Systems bezeichnet, der die Regelgröße beherbergt, d. h. in unseren Beispielen das Kühlfach bzw. die Muskelfaser.

Fühler

Der Fühler (in der Biologie der *Rezeptor*) ist das Element, das die Regelgröße an der Regelstrecke mißt.

Im Beispiel des Kühlschranks ist es das Thermometer, das im Kühlfach die jeweilige Temperatur mißt. Im Regelkreis der Muskelfunktion befindet sich der Fühler in der Muskelspindel. Mit dem Fühler beginnen also die informationstheoretischen Aspekte des Regelkreises. Der Fühler registriert den Wert, der für das System von Bedeutung ist, und gibt ihn als Information in kodierter Form weiter.

Istwert

Der *Istwert* ist der Wert auf der Regelstrecke, der vom Fühler gemessen wird. Im Beispiel des Kühlschranks ist es die Temperatur, die jeweils im Kühlschrank herrscht. Steht die Tür lange offen, dann ist die Temperatur z. B. 10° C und nicht – wie es sein soll – 3° C.

Sollwert = Führungsgröße

Der Sollwert ist der Wert, der nach dem Willen des „Erfinders" oder des Benutzers auf der Regelstrecke gegen alle äußeren Einflüsse aufrechterhalten werden soll. Der Sollwert ist identisch mit dem Wert, der als Führungsgröße in den Regler eingegeben wurde.

Störgröße

Als Störgröße werden die von außen kommenden Veränderungen bezeichnet, die störend in den zu regelnden Zustand eingreifen und die bewirken, daß der Istwert vom Sollwert abweicht. Im Beispiel des Kühlschrankes: das Eindringen von warmer Luft in den Kühlschrank, wenn die Tür zu lange offensteht. Im Beispiel des Muskels: die plötzliche Dehnung durch den Schlag des Reflexhammers auf die Sehne.

Übertragungskanal = Informationsvermittlung des Meßwertes

Hat der Fühler den Istwert registriert, dann wird diese Information als *Meßwert* weitergeben. Er wird – im Sinn der Informationstheorie – in einen Kode übersetzt und so weitergereicht. Dieser Nachrichtentransport geschieht immer über eine räumliche Distanz und immer mit einer zeitlichen Verzögerung. Theoretisch ist es dabei ohne Belang, ob diese Werte für Raum und Zeit sehr klein oder sehr groß sind.

Im Kühlschrank dient diesem Zweck die elektrische Leitung vom Thermometer zum Regler. Im Nervensystem besorgen diese Aufgabe die Axone des afferenten Nervs. Auf den Axonen werden die Informationen in Form von elektrischen Impulsfolgen weitergeleitet. Bei diesem Nachrichtentransport sollen möglichst wenig Informationen verlorengehen und möglichst wenig Störungen einfließen. Ein großer Teil der peripheren Neurologie beschäftigt sich bekanntlich mit den pathologisch-anatomischen und pathophysiologischen Prozessen, bei denen die neuralen „Nachrichten" auf diesem Abschnitt des Informationsflusses entweder durch Degeneration, Kompression oder Verletzung verfälscht (Parästhesien) oder abgeschwächt werden oder ganz verloren gehen (Hypoästhesien bis Anästhesien). Der klinische Sachverhalt einer Neuralgie beruht auf diesem Störmechanismus.

Regler – Regelzentrum

Der Regler ist das Systemelement, das in der Lage ist, die Informationen über den Istwert zu „verstehen" (zu dekodieren) und sie mit dem eingegebenen *Sollwert* (Führungsgröße) zu vergleichen. Stimmen *Istwert* und *Sollwert* nicht überein, dann liegt eine *Regelabweichung* vor. Diese Regelabweichung löst einen Verrechnungsprozeß aus, an dessen Ende ein neues Signal steht, das über einen weiteren Übertragungskanal in Richtung *Regelstrecke* efferent an das *Stellglied* weitergereicht wird.

Im Kühlschrank versieht der Thermostat die Aufgabe des Reglers. Im Regelkreis der Muskelfunktionssteuerung liegt ein Regler im motorischen Vorderhorn.

Bei den vielen anderen spinalen Verknüpfungen ist der Rahmen einfacher Regelungen gesprengt. An ihre Stelle treten vielfältig vermaschte Verrechnungs- und Entscheidungsprozesse.

Stellgröße

Die Stellgröße ist der Wert, der aus dem Regler in kodierter Form als *Steuerungsanweisung* an das dann folgende Stellglied weitergeleitet wird.

Stellglied

Dieses Systemelement ist in der Lage, auf Befehl des Reglers die Regelgröße auf der Regelstrecke so zu beeinflussen, daß sie sich möglichst optimal dem Sollwert annähert. Im Kühlschrank erfüllt die Kältemaschine diese Aufgabe. Sie produziert solange Kälte (pumpt Wärme ab), bis der Istwert und der Sollwert ($3°$ C) übereinstimmen.

Im Muskelfunktionskreis ist es der Arbeitsmuskel, der sich kontrahiert, wenn z. B. eine Gelenkstellung bei wechselnder Belastung gleichgehalten werden soll.

Rückkopplung

Die Rückkopplung beruht darauf, daß die vom Stellglied bewirkte Änderung der Regelgröße vom Fühler laufend registriert und als neue Information an das Regelzentrum weitergereicht wird. Hier schließt sich die Abfolge von Stationen zum Kreis, eben zur *geschlossenen Wirkungskette des Regelkreises* (Feedbackschaltung).

Halteregler

Der oben skizzierte Regelkreis ist das Grundmodell und die einfachste Form einer Rückkopplung. Man nennt ihn *Halteregler*, denn ein bestimmter Wert soll auf Dauer *konstant gehalten* werden, z. B. die Kühlschranktemperatur, die Länge oder Spannung eines Muskels, die Körpertemperatur, die Drehzahl eines Motors, eine Ionenkonzentration in der Zelle usw.

Folgeregler

Oft ist es ökonomischer oder zweckmäßiger, den Sollwert nicht auf Dauer festzusetzen, sondern ihn so verstellbar einzurichten, daß er verschiedenen Situation folgt. Zu diesem Zweck gibt es Einrichtungen, die, je nach Bedarf, die *Führungsgröße* in bestimmten Grenzen ändert. Mit anderen Worten: der *Sollwert kann variiert werden.* Beispiel: Soll die Temperatur im Kühlfach geändert werden, dann wird mit *Hand* eine neue Temperatur am Thermostat eingestellt.

Die Umstellung kann man auch durch einen Zeitgeber oder ein Zeitgeberprogramm automatisch besorgen lassen. Viele biologische Rhythmen weisen die Charakteristika von Folgereglern auf, z. B. der Tag-Nacht-Rhythmus, Änderungen der Basaltemperatur der Frau durch hormonale Steuerung usw.

Meßwertverstellung

Eine spezielle Form von Beeinflussung der Regelgröße spielt in der Muskelfunktionssteuerung eine Rolle. In der Muskelspindel, die an der Regelung der Länge des Muskels als Fühler (Rezeptor) beteiligt ist, wird durch eine spezielle Muskelformation (Fusimotoren) die Empfindlichkeit des anulospiralen Rezeptors je nach äußerem oder innerem Bedarf herauf- oder herabgesetzt.

Das hat zur Folge, daß die gleiche physikalische Belastung einmal nur einen geringen, ein anderes Mal einen normalen und ein weiteres Mal einen starken afferenten Informationsstrom hervorruft (s. C3.2.5.1).

> Das Grundprinzip des Regelkreises ist die vom Wirkungsziel bestimmte, geschlossene Wirkungskette von heterogenen Elementen. In ihr spielt ein gerichteter Fluß von systemkonformen Informationen eine zentrale Rolle.

C 1.3.4
Zeitfaktor im Regelkreis
(Abb. B 1)

Bei den Regelungsprozessen handelt es sich um Abläufe, die logischerweise immer auch eine zeitliche Dimension aufweisen. Bei den Regelkreisen ist das zeitliche Verhalten so charakteristisch, daß man oft schon aus der zeitlichen Abfolge von Veränderungen der Leistung eines sonst unbekannten Systems erkennen kann, ob oder wieviel Regelung in ihm steckt. Besonders typisch ist das *Einschwingen* auf den Sollwert. Das geschieht entweder beim Einwirken einer Störgröße oder bei einer Sollwertverstellung: nach einer kurzen *Latenz* (Totzeit) kommt es zu Anpassungsverläufen, die schwingend auf den Sollwert der Regelgröße hinführen. Bei einem leistungsfähigen Regler geschieht das rasch, mit wenigen, gedämpften Schwingungen. Bei einem *überlasteten Regler* können die Schwingungen überschießend sein und erst mit Verzögerung den Sollwert erreichen. Bei einem *instabilen Regler* können sich die Schwingungen so *aufschaukeln*, daß das Einschwingen auf den Sollwert (in der Biologie: die *Norm*) nicht gelingt und immer stärkere Schwingungen entstehen, die das ganze System gefährden oder gar zerstören können („*Reglerkatastrophe*"). Allgemein bekannte Beispiele in der Medizin für einen instabil gewordenen Regler sind der Klonus, der Nystagmus und der Tremor. Auch die Zeitkomponente im Verhalten eines Reglers ist mathematisch faßbar (Abb. B 1).

C 1.3.5
Verknüpfungen von Steuern und Regeln

Analysiert man die Abfolgen der Stationen im Regelkreis und ihre Verknüpfungen, dann erkennt man, daß hier mindestens 3 Steuerungsvorgänge im Sinne der oben angeführten Definitionen (DIN 19226) vorliegen:
1. auf den Weg vom Fühler zum Regler,
2. vom Regler zum Stellglied,
3. vom Stellglied zum Fühler.

Jeweils bewirkt die vorgeschaltete Instanz Änderungen im Verhalten der nächsten Instanz.

In den meisten technischen und biologischen Systemen werden diese Steuerungsvorgänge durch Informationsübertragungen bewirkt. In der vorelektronischen Technik gibt es Beispiele dafür, daß die Steuerung auch rein mechanisch (ohne informationstheoretischen Aspekt) geschehen kann. Beispiel: der Fliehkraftregler der Dampfmaschine von James Watt.

Umgekehrt gibt es auch Steuerungsvorgänge, in die Regelmechanismen eingebaut sind. Beispiel: Während ein Segelboot noch dadurch gelenkt wird, daß der Steuermann das Steuerruder direkt mit der Hand bewegt, ist eine solche mechanische Steuerung auf einem größeren Schiff undenkbar. Hier bedient man sich eines Folgereglers (Servoprinzip). Soll hier die Fahrtrichtung geändert werden, dann dreht der Rudergänger ein leicht zu bewegendes Steuerrad um so viele Grade von der Nullstellung weg, wie er die Fahrtrichtung geändert haben will. Die so entstandene Distanz oder Winkelstellung zwischen der Nullstellung und der neuen Einstellung wird von einem Fühler registriert und als kodierte Information an ein Regelzentrum weitergegeben. Dieses mißt und verrechnet die Diskrepanz zwischen dem Nullwert und dem jetzt eintreffenden Wert. Das Ergebnis geht als Stellgröße an die Rudermaschine (Stellglied), die jetzt solange auf die Stellung des Ruderblatts einwirkt, bis die angeordnete neue Stellung erreicht ist. In dieser Stellung bleibt das Ruder, bis ein neuer „Befehl" kommt. Diese technische Einrichtung an sich ist eine offene Steuerungskette. Erst wenn man den Steuermann mit in die Betrachtung einbezieht, haben wir einen geschlossenen Regelkreis vor uns, denn der Steuermann leistet die Arbeit der Rückkopplung, wenn er beobachtet, wie seine Kommandos wirken (d. h. wie sie die Fahrtrichtung des Schiffes verändern), und wenn er erneut reagiert, wenn er z. B. wieder geradeaus fahren will.

Diese Form der Erleichterung von Steuerungsvorgängen durch das Servoprinzip wird in der Technik vielfältig angewandt, z. B. bei Flugzeuglandungen und Steuerungsautomaten an Maschinen. Beispiele aus der Biologie: das Greifen der Hand nach einem Gegenstand, die Augenbewegung u. v. a.

Die abstrakten Begriffe *Information, Regelung* und *Steuerung* werden in der realen Anwendung in Biologie und Technik vielfältig miteinander kombiniert, verknüpft und vermascht gefunden bzw. angewandt.

C 1.4
Informationsverarbeitende dynamische Systeme (IVDS)

Im Gegensatz zum statischen System (z. B. Gebäude) und dem einfachen, nur von physikalischen und chemischen Kräften bewegten Systemen (z. B. Lawine, Gewitter, Gezeiten, Tektonik der Geologie usw.) versteht man unter einem *informationsverarbeitenden dynamischen System* einen in sich geschlossenen Funktionszusammenhang, der durch die ihm innewohnenden Kräfte aus sich heraus Veränderungen nach innen oder außen autonom bewirken kann.

In diesem Sinne ist schon die technische oder biologische Realisierung eines einfachen Halteglers ein informationsverarbeitendes (gesteuertes) dynamisches System. Ein Einzeller, der über mehrere unterschiedliche Halteregler verfügen muß, um zu überleben, ist schon ein kompliziertes gesteuertes dynamisches System. Ein wesentliches Merkmal aller biologischen Systeme ist, daß sie von ihrer Umwelt zwar getrennt sind, sich aber ständig mit ihr auseinandersetzen.

Im Sinn der *Systemtheorie* sind nicht nur technische oder biologische Einheiten „dynamische Systeme", sondern auch soziale Gruppen, Institutionen, Unternehmen usw.
Ein *System* im Zusammenhang unseres Themas ist
- das Arthron,
- das Vertebron,
- das Achsenorgan,
- das gesamte Bewegungssystem usw.,

und zwar ein System, das jeweils als Subsystem wiederum in einen größeren Systemverbund einbezogen ist oder die Zusammenfassung mehrerer Subsysteme darstellt.

Es wurde schon darauf hingewiesen, daß Nachrichtentechniker erst vor wenigen Jahrzehnten das Phänomen *Information* als eine neue Elementarkategorie neben den altbekannten Kategorien *Materie Energie und Zeit* entdeckt haben (s. C 1.2). Überträgt man diese Erkenntnis auf das gesteuerte dynamische System, dann ist es zwingend, daß ein funktionsfähiges dynamisches System nur in der Einheit von *Materie, Energie, Steuerung (Kybernetik) und Zeit* (denk)möglich ist (Wiener 1948).

– Keine dieser Grundkategorien ist durch eine der anderen ersetzbar,
– keine ist entbehrlich.
– Kein dynamisches System ist zu verstehen, wenn man nur einen der 4 Aspekte analysiert oder einen nicht mitberücksichtigt.

Daraus ergibt es sich weiter, daß die *Funktion* und die *Leistungsfähigkeit* eines gesteuerten dynamischen Systems immer nur das Resultat des *Zusammenspiels des ganzen Wirkungsverbundes* sein kann.

Die analytische Betrachtung einzelner Teile kann nur partielle oder gar falsche Ergebnisse zur Folge haben. Daher kann der komplexe systemtheoretische Denkansatz in Biologie und Medizin viele Probleme, die aus Einzeldaten allein nicht zu klären sind, durchsichtiger machen. Kybernetik und Systemtheorie liefern zudem Schaltpläne und Modelle, die auf viele biologische Sachverhalte angewandt werden können. Deduktiv können sie als heuristische Anregung für konkrete Forschungen nützlich sein.

In diesem synthetischen Denken liegen also wertvolle theoretische und praktische Anregungen bereit, die z. B. am Bewegungssystem noch keineswegs hinreichend genutzt werden.

Um Mißverständnisse vorzubeugen, sei klargestellt, daß selbstverständlich nicht alles Funktionieren – in der Biologie – auf diese 4 Grundkategorien allein zu reduzieren ist. Eine ähnlich elementare, d. h. nicht austauschbare Rolle spielen die Kategorien
- Transport und
- Stoffwechsel.

Auch sie haben als infrastrukturelle Prinzipien eine synthetische, d. h. in der Wissenschaftspraxis eine fächerübergreifende konvergierende Kraft. Da sie aber die Thematik dieser Schrift nicht wesentlich tangieren, wird auf sie nicht weiter eingegangen.

C 1.4.1
Synthetische Begriffe am Bewegungssystem

Der Versuch, auch am Bewegungssystem ein vorwiegend mechanistisches, analytisch orientiertes Denken zu überwinden und zu synthetischen Begriffen vorzustoßen, manifestiert sich in den bereits erwähnten Bezeichnungen
- „Bewegungssystem",
- „Achsenorgan",
- „Vertebron" und
- „Arthron".

Betrachten wir das Bewegungssystem und seine Teile als „gesteuerte dynamische Systeme", dann ergeben sich folgende Definitionen:
1. Die *Materie* ist repräsentiert in Knochen, Knorpeln, Gelenkkapseln, Bändern und weiteren passiven Strukturen. Hierher gehören die Probleme von Statik, Mechanik und Kinetik, also auch das Gelenkspiel.
2. Die *Energie* ist repräsentiert in der Muskulatur mit Sehnen und Insertionen. Hierher gehören die Probleme der Energiegewinnung und deren Anwendung, d. h. der Dynamik, der Lehre von den bewegenden Kräften.
3. Die *Steuerung* ist repräsentiert in jenen Teilen des peripheren, zentralen und vegetativen Nervensystems, die im Dienste des Bewegungssystems stehen.

So geläufig der Begriff „Bewegungssystem" ist, so wenig wurde bis jetzt von der synthetischen Potenz dieses Begriffs Gebrauch gemacht. Da Bewegung sich theoretisch im Rahmen der physikalischen Bereiche Mechanik und Dynamik abspielt, dominiert im praktischen medizinischen Umgang mit dem „Bewegungsapparat" die Vorstellung, daß hier die mechanischen Gesetzmäßigkeiten vorherrschend seien.

Man übersieht dabei, daß aktive Bewegung a priori mehr sein muß als nur Mechanik und Dynamik.

Die Frage, *worin dieses Mehr* besteht, ist die eigentliche Schlüsselfrage. Es ist unbestritten, daß hier das systemtheoretische Denken verläßliche Antworten ermöglicht.

C 1.4.2
Achsenorgan

Der Begriff des „Achsenorgans" stammt von Kuhlendahl (1953), der als Neurochirurg erkannte, daß man der ganzen klinischen Wirklichkeit an der Wirbelsäule nicht beikommen kann, solange man lediglich den Skelettanteil Wirbelsäule im Auge hat. Konsequenterweise ergänzte er den Skelettteil WS und seine zugeordnete Muskulatur um die zugehörigen neuralen Strukturen.

Das hatte wiederum zur Folge, daß er nach einem übergeordneten Begriff suchte, der den passiv-statischen Ausdruck „Säule" ersetzen konnte, und er entschied sich für den Begriff „Achsenorgan" (Kuhlendahl 1953).

C 1.4.3
Vertebron

Aus der gleichen Perspektive führte Gutzeit (1956) den Begriff des „Vertebrons" ein. Er erweiterte den anatomischen Begriff *„Bewegungssegment"* von Junghanns (1957) ebenfalls um die Komplexe *Muskulatur* und *Nervensystem*. So beschreibt dieser Begriff die funktionelle Grundeinheit, aus der das Achsenorgan aufgebaut ist.

C 1.4.4
Arthron

Von dem ungarischen Orthopäden Pap (1962/63, persönliche Mitteilungen) stammt der Begriff des Arthrons (Wolff 1981a, b). Klinische Studien und Erfahrungen hatten Pap erkennen lassen, daß der anatomische Begriff „Gelenk" als einer knöchernen Partnerschaft nicht ausreicht, um theoretisch mit den Problemen des klinischen Alltags fertig zu werden, soweit sie diese kleinste, unteilbare Funktionseinheit des Bewegungssystems betreffen. Unabhängig von den vorgenannten Autoren unternahm er es, an die Stelle von anatomischen Einzelheiten ein synthetisches Wirkgefüge zu setzen, indem er ebenfalls knöcherne Strukturen, Muskulaturen und nervale Steuerung zu einem einheitlichen Ganzen zusammenfügte.

> Funktionelles, synthetisches Denken macht es notwendig, auch am Bewegungssystem neben dem materiell-mechanischen und dem energetischen den neurophysiologischen Aspekt gleichrangig in Theorie, Diagnostik und Therapie zu berücksichtigen.

C 1.5
Vernetzte Neurale Verbände

C 1.5.1
Prinzip der Vernetzung

In den frühen technischen, datenverarbeitenden Systemen sind *Einzelelemente hintereinander*, d. h. linear geschaltet (Abb. C 1b). Wie bei einer Stafette werden Informationen von einem zum nächsten Partner weitergegeben. Eine Variante haben wir bekanntlich im Regelkreis vor uns. Im Zirkelschluß läuft die Information vom Anfang zum Ende und dann wieder von Ende zum Anfang in einer *geschlossenen Abfolge*. Demgegenüber sind die „höheren", „geistigen" Leistungen nur dann möglich, wenn eine totale *räumliche und zeitliche Verknüpfung* aller relevanten Elemente miteinander gewährleistet ist. Diese umfassende Vernetzung aller mit allen läßt sich nur noch in der *Kugelgestalt* veranschaulichen, d. h. mit dem dreidimensionalen Körper, der seit dem Altertum als die vollkommenste denkbare Gestalt gilt.

C 1.5.2
Neuronale Systeme

Das Wesen und die „Technik" der neuronalen, nichtlinearen „Vermaschung" läßt sich recht anschaulich auf der – im Vergleich zum Gehirn einfachen – spinalen Koordinationsebene im Hinterhornkomplex demonstrieren.

Die großen Hinterhornneuronenzellen werden je von 8 000–10 000 Neuronen angesteuert, um ihrerseits wieder mit gleichvielen benachbarten und fernen Zellen und Zellverbänden zu kommunizieren.

Die Phylogenese zeigt, daß dieses Prinzip der totalen Vernetzung schon sehr früh verwirklicht worden ist. Selbst „einfache" Vernetzungen von weniger als 100 Neuronenzellen ermöglichen z. B. der Meeresschnecke (Apolysia) schon Lern- und Reaktionsleistungen, die z. B. durch Computer der herkömmlichen Art kaum oder nur sehr viel langsamer und aufwendiger erbracht werden können (Kandel 1980).

Das Prinzip der totalen Verknüpfung vergrößert, differenziert und beschleunigt den Umgang mit Informationen in logarithmischen Größenordnungen.

Das Prinzip bleibt aber zeitlich eindimensional, wenn ihm die Fähigkeiten der *Speicherung* und *Bahnung* fehlen. Es würde nur im Hier und Jetzt agieren. Es fehlte ihm die Einbindung in die Zeitdimension. Die Vergangenheit hinterließe keine Spuren, die Zukunft könnte nicht „bedacht" werden. Für „intelligente" Leistungen sind aber gerade die Fähigkeiten des *Lernens* und der *Vorausschau* unverzichtbare Voraussetzungen.

Hier ist die Hebb-Regel (1949) von grundlegender Bedeutung (Palm 1988). Sie besagt, daß dann, wenn 2 Neuronen mehrmals gleichzeitig aktiviert werden, zwischen ihnen eine raschere und leichtere Reizübertragung entsteht. Diese „Bahnung" kann wieder verloren gehen. Sie kann bei ständiger Benutzung dauerhaft bleiben.

So entstehen „*bedingte, konditionierte Verknüpfungen*", die die Voraussetzungen für Gedächtnis und für *erworbenes* Verhalten sind. Die Bezeichnung leitet sich von den „bedingten Reflexen" von Pawlow ab, die hier ihre neurophysiologische Erklärung finden.

Die Bedeutung der umfassenden Verknüpfungen liegt aber nicht nur in der gegenseitigen *Förderung*, sondern ebenso in der Einwirkung *hemmender* Aktivitäten. Im Gehirn steht z. B. ca. 30 % der synaptischen Tätigkeiten im Dienste von Hemmungen. Aus diesem Antagonismus von situationsgerechten Aktivierungen und Hemmungen ergeben sich unerschöpfliche Schalt- und Kontrollmöglichkeiten. Auf diese Weise können schon relativ kleine Neuronenverbände Aufgaben erfüllen, wie sie in der Technik von vorgefertigten Schalt- und Steuerungselementen (Chips) erledigt werden. Neben – genetisch vorgefertigten – „Schaltmodulen" spielen hier *erworbene* Verknüpfungsmuster eine dominierende Rolle. Diese können dann ihrerseits wiederum mit anderen vernetzten Verbänden verknüpft sein (Vester 1991).

Was hat dieser kurze Blick in eine zwar faszinierende aber scheinbar ferne Begriffswelt mit der Thematik dieses Buches zu tun?

Hier eröffnen sich Einsichten in die komplexen Funktionen der Neurophysiologie, die die anfangs skizzierten Gesetzmäßigkeiten von Steuerung und Regelung weit überschreiten, ja sie um eine neue Dimension erweitern. Diese neue Dimension beginnt – wie bereits angemerkt – nicht erst im Gehirn. Sie manifestiert sich bereits im Rückenmarksgrau.

Der Hinterhornkomplex ist phylogenetisch bei Vertebraten eine sehr frühe komplexe vermaschte Verrechnungs- und Koordinationsinstanz, die bis jetzt nichts von ihrer urtümlichen Bedeutung verloren hat. Erst im Laufe der Evolution haben sich immer neue übergreifende Steuerungsinstanzen entwickelt, die neue Lebensstrategien ermöglichten, die aber partnerschaftlich mit den alten „Schichten" kollaborieren.

Man kann also die für die manuelle Medizin bedeutungsvollen spinalsegmentalen Prozesse und Verläufe in Physiologie und Pathophysiologie nur dann voll verstehen, wenn das Wissen und das Wesen vernetzter Systeme zur Verfügung steht. Das gilt nicht nur für den wissenschaftlichen, experimentellen Umgang mit dieser Materie, das gilt auch dann, wenn man sich im Alltag bemüht, die variantenreichen klinischen Bilder, bei denen der vertebrale Faktor eine Rolle spielt, zu deuten. Das gilt gleichermaßen für das diagnostische und therapeutische Vorgehen, das effektiver und sicherer wird, wenn es von diesen neurophysiologischen Gesichtspunkten geleitet wird.

> Man kann die Klinik von funktionellen Störungen am Bewegungssystem nur wirklich verstehen, wenn man auch die infrastrukturellen Prinzipien der neuralen Ordnungen aus
> – *zirkulären* rückgekoppelten Kreisschaltungen (Kybernetik) und aus
> – *drei- bzw. vierdimensionalen* räumlichen und zeitlichen Vernetzungen zur Kenntnis nimmt.

C 1.5.3
Ausblick

Ein anatomisch dominiertes Denken hat im 19. Jahrhundert rein vom Methodischen her ein primär *statisches* Bild des Körpers – also auch des Nervensystems – entstehen lassen. Die Nervenleitungen erscheinen als fest verlegte Leitungen und Kabel in einem Gebäude, die mit dem Einbau ihre Lage und ihre Verbindungen nicht mehr ändern. Je mehr neue Methoden Lebend-Beobachtungen von Nervenzellen ermöglichen, desto mehr eröffnet sich der Blick auf eine primär *plastische* Wirklichkeit. Auch noch nach Abschluß der embryonalen und postnatalen Entwicklung behalten Neuronenzellen die Fähigkeit, mit ihren Fortsätzen neue Verbindungen zu suchen und einzugeben. Die Fiktion einer starren, definitiven Ordnung wird abgelöst durch das Bild eines plastischen, vernetzten Systems, in dem selbst noch Teile der „Hardware", zu Anpassungen und Wandlungen fähig sind.

Hier wird ein neues Kapitel der Neurophysiologie aufgeschlagen (Zieglgänzberger 1986; Mense 1988; Neuhuber u. Bankoul 1994).

C 2 Bauteile des Nervensystems

C 2.1
Nervenzelle (Neuron)

Die Zelle ist der Grundbaustein jedes Organismus. Auch die Nervenzellen sind erst einmal Zellen wie alle anderen Zellen auch. Sie bestehen aus einem Zellkörper, der durch eine Zellwand zusammengehalten wird. Der Zellkörper enthält als Grundstoff Zytoplasma. Im Mittelpunkt der Zelle befindet sich ein großer Zellkern, der als Träger der Erbsubstanz die aus Desoxyribonukleinsäuren (DNS) bestehenden Chromosomen beherbergt (Abb. C 2).

Von den sonstigen Strukturen, die sich im Zytoplasma befinden, seien nur
1. das endoplasmatische Retikulum und
2. der Golgi-Apparat (Nissel-Schollen) und
3. die Mitrochondrien erwähnt (Abb. C 3).

Im *endoplasmatischen Retikulum* sind Nukleinsäuren, Ribonukleinsäuren (RNS) und eine Vielzahl von Enzymen gespeichert. Gemeinsam mit den DNS steuern sie die Eiweißsynthese und wesentliche biologische Grundfunktionen. Hier werden auch die Eiweiße produziert, die beim Nachrichtentransport eine Rolle spielen.

Der *Golgi-Apparat* speichert die Materialien, die für die Erhaltung bzw. Reparatur der Zellmembranen notwendig sind.

Die *Mitrochondrien* sind die „Kraftwerke" der Zelle. Ihre äußere Form erinnert an eine Medikamentenkapsel. Sie versorgen die Zelle mit der Energie, die für die Aufrechterhaltung ihrer Funktionsfähigkeit erforderlich ist.

Diese Energie wird aus Glukosemolekülen freigesetzt. Da eine große Nervenzelle 5 000–10 000 Mitrochondrien beherbergt und da es allein im Gehirn ca. 12–15 Mrd. Nervenzellen gibt, ist es verständlich, daß besonders im ZNS ein ungeheurer Glukosebedarf herrscht.

Dementsprechend wird das Gehirn mit 20 % des Blutes, das systolisch das Herz verläßt, versorgt, obgleich es nur einen viel kleineren Bruchteil der Körpermasse ausmacht.

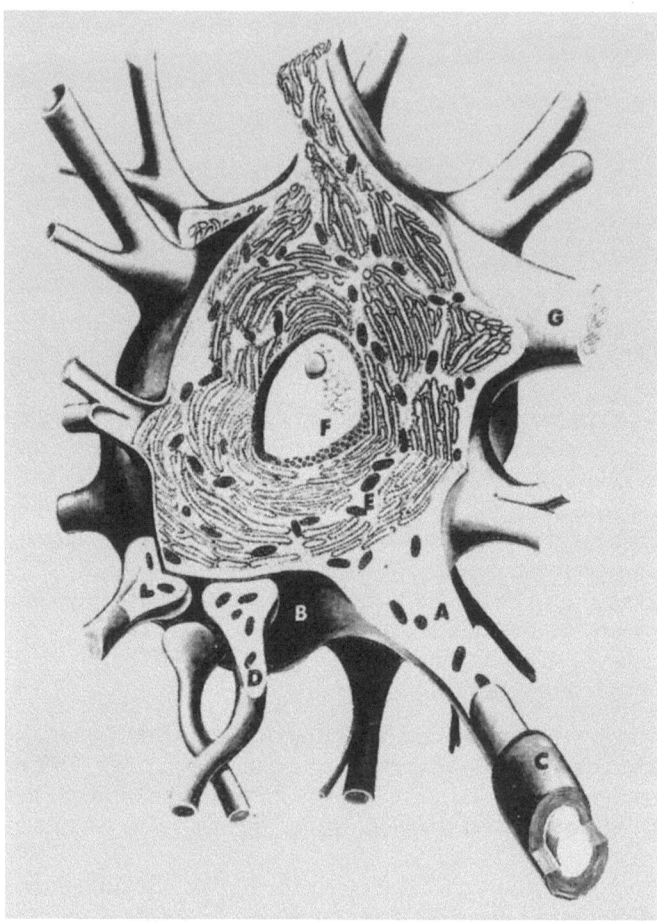

Abb. C 2. Der Zellkörper (Soma oder Perikaryon) eines Neurons. *A* Axon (Neurit), *B* Membran des Zellkörpers, *C* Myelinscheide, *D* präsynaptische Nervenendigung, *E* Zytoplasma mit Mitochondrien und dem endoplasmatischen Retikulum, *F* Zellkern mit Nukleolus, *G* Teil eines Dendriten. (Aus Schadé 1969)

C 2.1.1
Informationsaufnahme in der Nervenzelle

Für ihre speziellen Aufgaben sind die Nervenzellen mit besonderen Einrichtungen ausgestattet. Diese ermöglichen es ihnen, Informationen auszunehmen, zu verarbeiten und weiterzureichen. Rein anatomisch stehen der Zelle für diesen Nachrichtentransport zwei Arten von Fortsätzen zur Verfügung:
1. die kurzen, büschelförmigen *Dentriten* (to Dendron griechisch = der Baum),
2. das lange fadenförmige Axon (die Nervenfaser).

Die Dentriten dienen zur Signalaufnahme von benachbarten Zellen und Zellverbänden. Sie sind *Empfänger* (Antennen).

Nervenzelle (Neuron) 93

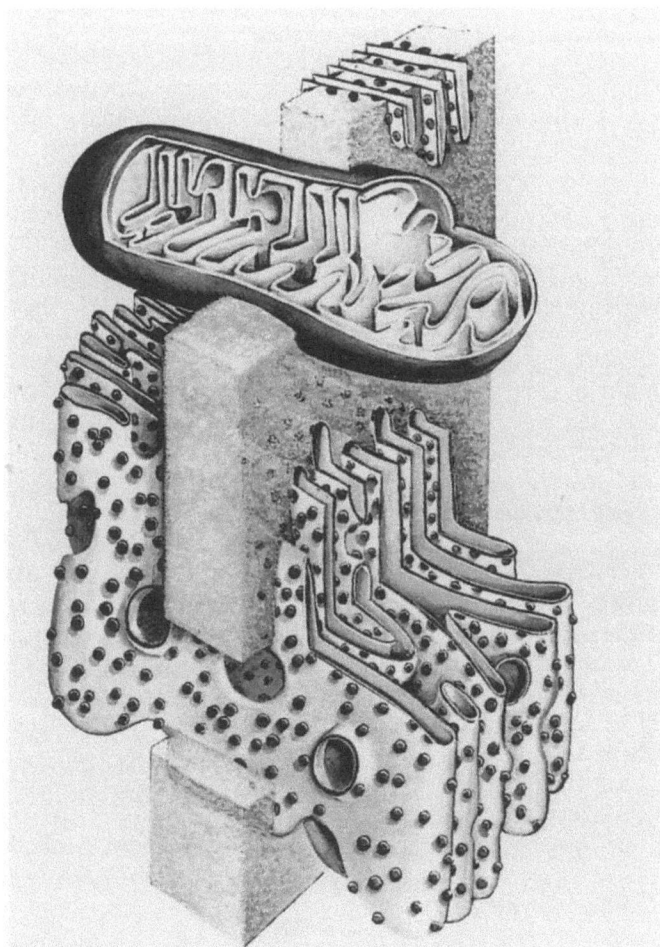

Abb. C 3. Teilstück aus dem Zytoplasma mit einem Mitochondrium *(oben)* und dem endoplasmatischen Retikulum *(darunter)*. (Aus Schadé 1969)

Das *Axon* gibt Signale, die in der Nervenzelle gebildet wurden, *weiter*. Das geschieht dadurch, daß es sich am Ende wurzelartig aufzweigt und daß die „Endkolben" an den letzten Verästelungen mit den Dentriten und/oder Körpern anderer Neuronenzellen Kontakt aufnehmen. Sie sind *Sender*.

Bei den peripheren, sensiblen afferenten Nervenzellen stammen die Informationen aus *Rezeptoren*, die wie Mikrophone am distalen Ende der afferenten Fasern aus der Umwelt oder aus dem Inneren des Körpers die Informationen aufnehmen, die für das System des Gesamtorganismus von Belang sind.

Die *efferenten Axone* von motorischen (oder vegetativen) Nervenzellen enden in der *motorischen Endplatte*. Dort vollzieht sich ein chemischer Prozeß, der das elektrische Signal in mechanische Arbeit umsetzt.

C 2.1.2
Informationstransport in der Nervenzelle

Beim Informationstransport in der Nervenzelle finden sich die theoretischen Postulate der Informationstheorie (s. C 1.2) ideal verwirklicht. Die Informationsaufnahme geschieht auf dem afferenten Schenkel durch Rezeptoren, die den Sachverhalt, über den informiert werden soll, in die systemeigene „Sprache" der ZNS übersetzen (= kodieren), d. h. in eine *elektrische Impulsfolge* verwandeln. Dieser Kode, der lediglich durch eine Frequenzänderung variiert werden kann *(Frequenzmodulation)*, wird einheitlich im gesamten Nervensystem verwendet.

Es handelt sich dabei um ein Aktionspotential mit einer Spannung von ca. 30 m V. Dieses entsteht im Zellkörper und verläuft in rascher Abfolge von Depolarisationen (+) und anschließender Hyperpolarisation (-) von einem Ranvier-Schnürring zum nächsten. Das geschieht mit Hilfe der Natrium-Kalium-Pumpen in den Membranen der Fortsätze (Abb. C 4). Der Vorgang läuft ab wie „das Feuer auf einer Zündschnur".

Das Aktionspotential erreicht sein Ziel dort, wo der Endkolben einen synaptischen Spalt mit einem Dendriten oder am Körper des aufnehmenden Neurons bildet.

Die Ranvier-Schnürringe sind Einschnürungen in den Myelinscheiden (Schwannsche-Zellen), mit denen die Nervenfasern isoliert sind. Je dicker diese Ummantelung, desto schneller ist die Leitgeschwindigkeit. Diese kann Werte bis 100 m/s erreichen. Fasern, die nur geringfügig oder garnicht isoliert sind (z. B. die dünn-myelisierten Aδ-Fasern und die dünnen, nichtmyelinisierten C-Fasern), verfügen nur über eine Leitgeschwindigkeit von 1–4 m/s. Daraus erklärt sich u. a., daß die schärferen und „lauteren" Schmerzen der Aδ-Fasern von Hautnozizeptoren sofort auftreten, der langsamere „Zweitschmerz" der marklosen C-Fasern erst 1–2 s später wahrgenommen wird.

Wird die Myelinscheide oder der Nervenfortsatz selbst durch länger einwirkenden Druck beschädigt (z. B. bei „Tunnelsyndromen"), dann verlängert sich die Leitgeschwindigkeit.

C 2.1.3
Axonaler Transport in der Nervenzelle

Neben diesem sehr raschen elektrischen *„Informationstransport"* findet in den Axonen und Dentriten noch ein *„Materialtransport"* statt. Seine Geschwindigkeit mißt sich nach Stunden und Tagen. Dieser „axonale Transport" findet in den letzten Jahrzehnten immer mehr das Interesse der Physiologen. Hier stehen zwar primär Probleme zur Diskussion, die den Stoffwechsel und die Regenerationsfähigkeit usw. der Zelle betreffen. Es mehren sich aber Indizien dafür, daß dieser langsame Materialfluß auch etwas mit der Informationsfunktion der Zelle zu tun hat, z. B. mit dem Transport von Substanz P (Zimmermann 1986a, b). Generell ist dabei zwischen einem „langsamen Transport" und einem „schnellen Transport" zu unterscheiden.

Abb. C 4. Schema des axonalen Transportes.
(Aus Iversen 1980)

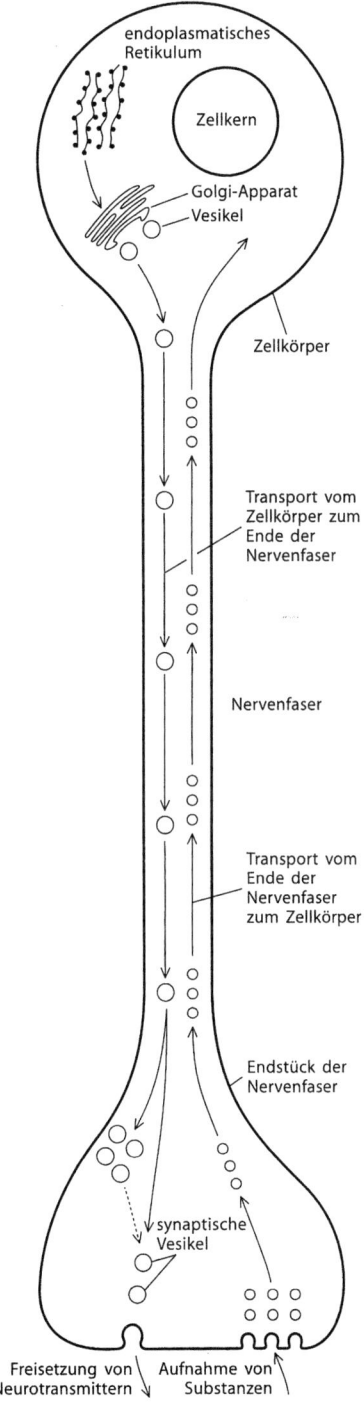

Der *langsame Transport* spielt bereits in der Embryonalentwicklung eine wesentliche Rolle. Er beruht darauf, daß Zellflüssigkeit in die Zellfortsätze hineingepumpt wird. Dadurch werden sie – wie ein dehnbarer Schlauch – immer länger. Gleichzeitig lockt ein „Nervenwachstumsfaktor" den wachsenden Nervenfortsatz zu den Zellen, die von ihm innerviert werden sollen. Ähnlich verhält es sich, wenn ein Nerv durchtrennt oder anderweitig geschädigt wurde (Schwarz 1980).

Dieses von der Zellflüssigkeit induzierte Wachstum verläuft mit einer Geschwindigkeit von ca. 3–4 mm pro Tag. (Sehr lange Nervenfasern können bis 1000 mm lang sein!) Bei reparativen Vorgängen geht es mit 1–2 mm pro Tag etwas langsamer.

Dieser Transport dient v. a. der Beförderung von Proteinen, die ausschließlich im Soma der Nervenzelle gebildet werden, die aber in der Peripherie als wichtiges Baumaterial für alle dort angesiedelten Strukturen (Mikrotubuli, Neurophilamente, Faseranteile u. ä.) benötigt werden.

Die Bedeutung dieser neuen Forschungsergebnisse zum Verständnis von Pathomechanismen und Heilungsvorgängen (z. B. Nervendurchtrennungen, bei Bandscheibenvorfällen oder bei postischialgischen und postoperativen Syndromen) liegt auf der Hand.

In diesen Zusammenhang gehören Zeichen von Mobilität und Plastizität von Nervenfortsätzen, die durch moderne mikroskopische *Lebendbeobachtungen* von Nervenzellen sichtbar geworden sind.

Erstaunlicherweise zeigt sich dort, daß die Lage und die Verknüpfung der Nervenfortsätze keineswegs immer definitiv festgelegt ist, sondern daß viele Nervenfasern sich im Zeitlupentempo wie suchend hin und her bewegen. Wie die Tentakeln von Polypen suchten sie – als ob sie Signalen folgten – ihr Umfeld ab (Reh 1991, persönliche Mitteilungen).

Beim *„schnellen Transport"* handelt es sich um eine eher aktive Beförderung von Substanzen sowohl vom Zellkern zur Peripherie als auch von dort zurück zum Soma.

Dieser Transport dient Wiederaufarbeitungsvorgängen. Nachgewiesen ist diese Aufbereitung z. B. für Noradrenalin. Ist der Inhalt eines subsynaptischen Bläschens verbraucht, so wandern chemische Rest wieder zum Zellkörper zurück, wo eine Art Recycling stattfindet (Schwarz 1980).

Hier sind die Transport- und Fließgeschwindigkeiten wesentlich größer. Überschlägige Berechnungen ergeben Werte von 20–40 mm pro Tag.

C 2.2
Synapse

In der Synapse kommuniziert eine Nervenzelle mit einer anderen. In der neuromuskulären Endplatte, die nach dem gleichen Prinzip arbeitet, kommuniziert eine Nervenzelle mit den angesteuerten Muskelfibrillenbündeln.

Es ist ebenso banal wie wichtig, hier zu unterstreichen, daß es sich auch hier nicht um einen primitiven „Bananensteckerkontakt" handelt und daß es sich beim Zusammenschalten von Neuronenverbänden nicht um eine einfache Verkabelung handelt, sondern daß im neuralen System jede Informationsweitergabe über einen komplizierten elektrochemischen Transmissionsvorgang erfolgt.

C 2.2.1
Synaptischer Spalt

Das Prinzip der Synapse beruht darauf, daß sich die Partner einander soweit nähern, daß nur noch ein Spalt von ca. 20 my Breite bestehen bleibt: der *synaptische Spalt* (Abb. C 5).

Der Spalt ist mit Flüssigkeit gefüllt. Diese Flüssigkeit ist das Medium, das den dort erfolgenden Informationstransit ermöglicht. Die Informationsweitergabe wechselt hier von der elektrischen in eine chemische Phase, um dann jenseits des Spaltes – „postsynaptisch" – wieder in die elektrische Phase zurückzukehren. Dieser Übertragungsmechanismus sorgt u. a. dafür, daß der Informationsstrom immer nur in einer Richtung und quasi digital erfolgt.

C 2.2.2
Neurotransmitter

Dieser Prozeß läuft folgendermaßen ab:

In den präsynaptischen „Endkolben" findet sich gehäuft in kleinen Säckchen oder Bläschen („Vesikeln") ein Überträgerstoff – der *Neurotransmitter* – der in der Lage ist, jenseits des synaptischen Spaltes in der Empfängerzelle Veränderungen des elektrischen Potentials herbeizuführen.

Zuerst entdeckte Schäfer (1940, 1942, 1951) in den neuromuskulären Endplatten, daß Acetylcholin als Überträgerstoff fungierte. Inzwischen sind im Rückenmark und im Gehirn mehrere Dutzend weitere Transmittersubstanzen gefunden worden.

Generell arbeitet die einzelne Synapse nur mit einer Überträgersubstanz. In der Ruhephase wird die Überträgersubstanz in den Vesikeln des sendenden Endkolbens in der Nähe des synaptischen Spalts neu produziert und aufbewahrt. Trifft ein Aktionspotential ein, dann platzen die Membrane der spaltnahen Vesikel, und die Neurotransmitter ergießen sich in die Flüssigkeit des synaptischen Spalts. Auf der gegenüberliegenden Seite des Spalts ist die „postsynaptische" Membran in bestimmten Arealen spezifisch verändert. Diese Areale werden als *„Rezeptoren"* bezeichnet.

Zu beachten ist, daß hier *keine* Analogie oder Verwandtschaft zu den „Rezeptoren" besteht, die wir als korpuskuläre Fühlerelemente am Anfang der sensiblen, propriozeptiven oder nozizeptiven Nervenfasern kennengelernt haben!

An diese Rezeptoren lagern sich die Transmittersubstanzen als sog. *Liganden* an. Die Rezeptoren lösen dann, wenn sie von einem Transmittermolekühl kontaktiert werden, ein neues Aktionspotential aus. Dieses greift über die Membran in das Spannungsgleichgewicht der Neuronenzelle ein. Dieser Eingriff kann entweder das in der Zelle herrschende elektrische Potential abschwächen, d. h. *depolarisierend* wirken, und so dazu beitragen, daß ein neues Aktionspotential, ein *neues Signal* entsteht, oder er kann umgekehrt die Spannung verstärken, d. h.

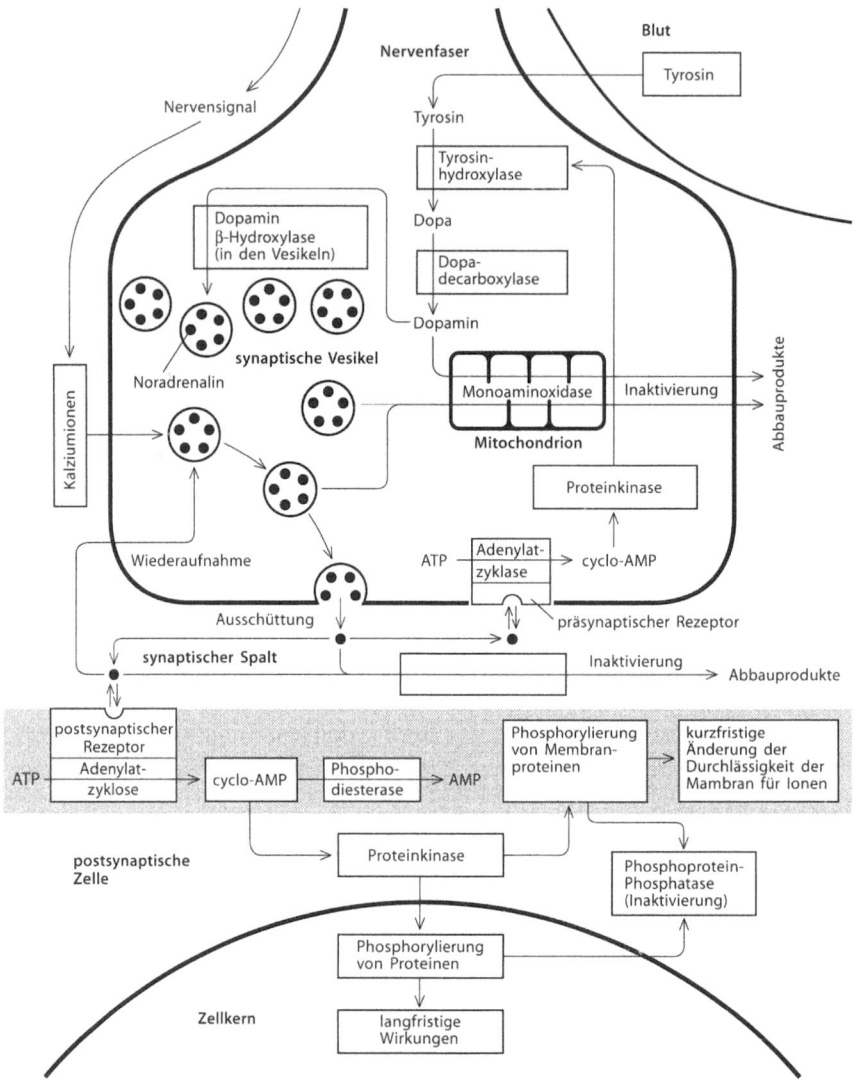

Abb. C 5. Die neurophysiologische Chemie der Synapse. (Aus Iversen 1980)

hyperpolarisierend wirken und damit die Entstehung eines neuen Signals *verhindern*.

Folgende Transmittersubstanzen sind besonders wichtig und weit verbreitet:
1. fördernde Transmitter:
   - Acetylcholin (in den motorischen Endplatten und im N. Vagus,
   - Noradrenalin und Adrenalin im Sympathikus,
   - Substanz P (Neurotransmitter der Nozizeption),

- Glutamat (besonders im Gehirn),
- Serotonin, Dopamin und Noradrenalin (Monoamine im Gehirn),
2. hemmende Transmitter:
   - GABA = γ-Aminobuttersäure (findet sich in 1/3 aller Hirnsynapsen),
   - 5 Hydroxytryptamin,
   - Enkephalin und Dynorphin (verbreitet im antinozizeptiven System),
   - Glycin (eine der einfachsten Aminosäuren, die auf spinaler Ebene hemmend wirkt; Zimmermann 1993).

Neben den klassischen Transmittersubstanzen wurden in den letzten Jahren die „*Modulatoren*" identifiziert. Es handelt sich um Peptide, die nicht unmittelbar in die synaptischen Vorgänge eingreifen, sondern die Intensität und die Dauer der Wirkung der klassischen Transmitter „modulieren" (Schmidt u. Thews 1987).

C 2.2.3
Erregung und Hemmung

Die Wirkung der einzelnen Synapse auf die Gesamtentscheidung der angesteuerten Neuronenzelle ist nur sehr begrenzt, denn jede große Neuronenzelle hat mit vielen tausend Synapsen Kontakt (Abb. C 6). Zudem greift die einzelne Synapse nur mit wenigen mV in das elektrische Potential der angesteuerten Zelle ein. Erst die vieltausendfachen Impulse von erregenden und hemmenden Synapsen bewirken maßgebliche Veränderungen im Ruhepotential der Zelle entweder in Richtung der *Depolarisierung (= Aktionspotential)* oder in Richtung der *Hyperpolarisierung (= Unerregbarkeit)*.

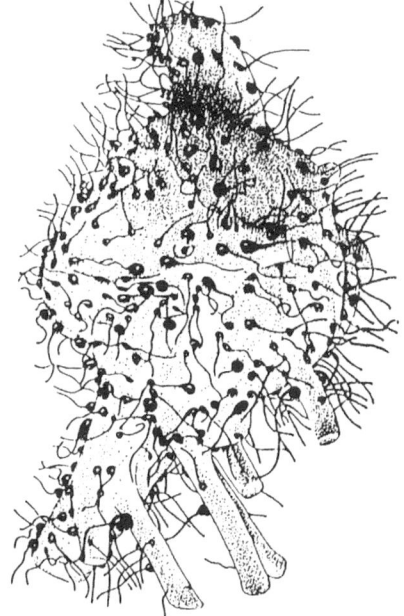

Abb. C 6. Zellkörper einer motorischen Vorderhornzelle mit Hunderten von Nervenendigungen, die von anderen Nervenzellen stammen und synaptischen Kontakt mit der Zelle gewinnen. (Aus Schadé 1969)

Normalerweise steuern die sendenden Axonausläufer die kontaktierte Zelle in der Weise an, daß sie mit deren Dendriten oder mit ihrem Zellkörper synaptisch verbunden sind (Abb. B 2).

Davon zu unterscheiden ist die *präsynaptische Hemmung*. Hier liegt die Synapse am Endkolben der sendenden Nervenfaser, d. h. kurz bevor diese mit einer weiteren Zelle synaptisch verknüpft ist (Abb. C 7).

Das *antinozizeptive System* bedient sich auf der spinalen Ebene u. a. dieser Schaltung, um das nozizeptive Signal auf dem 1. afferenten Neuron schon zu blockieren, bevor es an das 2. Neuron weitergegeben werden kann.

So einfach es erscheint, daß jede Neuronenzelle immer nur erregende oder nur hemmende Impulse synaptisch weitergeben kann, so unerschöpflich haben sich die Möglichkeiten (z. B. im Gehirn) erwiesen, die sich aus den Kombinationen von Bahnung und Hemmung in Neuronenverbänden ergeben.

Erinnert sei als Beispiel an die
- antagonistischen Hemmungs- und Bahnungsmuster bei der Programmierung von muskulären Stereotypen oder
- an die Kontrastverstärkung durch die „laterale Inhibition".

C 2.3
Bahnung und Speicherung

Die bisherige Darstellung beschäftigte sich mit den grundlegenden neuralen Leistungen, die im Hier und Jetzt ablaufen.

Die dabei benötigten Zeiten sind sehr kurz. Jede Wiederholung der gleichen Situation wird wie neu erlebt. Eine *Verbesserung* der Reaktions – oder Abwehrstrategien ist dadurch allein aber nicht möglich. Schon in sehr frühen Evulotionsstadien wurden die Überlebenschancen dadurch verbessert, daß häufig ablaufende Reiz-Reaktions-Abläufe erleichtert und beschleunigt wurden und

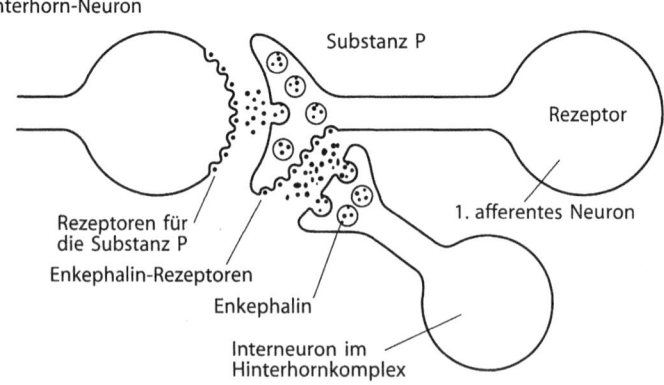

Abb. C 7. Das Modell der präsynaptischen Hemmung. Das Zusammenwirken der Neuropeptide Substanz P und Enkephalin. (Aus Iversen 1980)

daß die Informationsmehrfachbenutzung gespeichert wurde („Hepp-Effekt"; s. C 1.5).

Die „*Zeitebene*" wurde so zum „*Zeitraum*" erweitert:
- Erfahrungen in der Vergangenheit wurden zur Grundlage von Reaktionsmustern, die in der Zukunft hilfreich sind.

Diese Erschließung des „*Zeitraumes*" wurde möglich durch die Phänomene
- *Bahnung* und
- *Speicherung*.

C 2.3.1
Bahnung

Durch *wiederholte* und *gleichzeitige* Aktivierung werden die *synaptischen* Abläufe zwischen den beiden betroffenen Neuronenzellen erleichtert, beschleunigt und damit in ihrer Effizienz erhöht. Zu diesem Prozeß liefern beide Partner ihren Beitrag.

In der *aufnehmenden Zelle* ließ sich nachweisen, daß ein Enzym Proteinkinase C eine maßgebliche Rolle bei diesen Bahnungsvorgängen spielt. Dieses Enzym wird normalerweise in der Mitte des Zellkörpers im Zytoplasma gespeichert. Treffen nun zeitgleich von Nachbarzellen Impulse ein, dann wandert die Proteinkinase C aus der Zellmitte an den Rand in die Zellmembran. Dort bewirkt sie, daß die postsynaptische Membran leichter für die synaptischen Jonenströme durchlässig wird, die die Aktionspotentiale der Zelle depolarisieren können. Vor allem wird die Empfindlichkeit der postsynaptischen „*Rezeptoren*" erhöht (Alkon 1989). Auch die *sendende Zelle*, der andere Partner der gleichzeitigen Inanspruchnahme, beteiligt sich über den gleichen Mechanismus an dieser Aktivierung. Ein höherer Ausstoß von bestimmten „Neurotransmitterpaketen" ist zu beobachten. Auch hier spielt die Proteinkinase C eine maßgebliche Rolle.

Es konnte ferner gezeigt werden, daß diese synaptischen Transfererleichterungen sich zurückbilden, wenn sie nicht mehr hinreichend oft in Anspruch genommen werden. Damit kommt ein biochemisches Substrat für das „Vergessen" ins Blickfeld.

C 2.3.2
Speicherung (Gedächtnis)

Die Speicherung von Informationen beginnt also schon in der einzelnen Neuronenzelle und setzt sich in immer komplexeren Verknüpfungen und Spezialisierungen auf allen Funktionsebenen des ZNS fort. Auf der spinalen Ebene steht v. a. die Formatio gelatinosa (Lamina II) im Hinterhornkomplex im Dienst dieser Speicherungsaufgaben.

Das „*Gedächtnis*" im umgangssprachlichen Sinn meint das bewußt wahrgenommene und bewußt handhabbare *Wissen von Vergangenem* als komplexe Großhirnleistung. Es ist absolute Voraussetzung für jedes aktuelle Erkennen und Verstehen, Werten, Reagieren und Handeln.

Man unterscheidet hier:

- das Kurzzeitgedächtnis (Speicherdauer von wenigen Sekunden bis zu 1-2 min),
- das mittelfristige Gedächtnis (wenige Minuten bis Stunden oder wenige Tage) und
- das Langzeitgedächtnis (dauerhafte Engramme).

Für die Entstehung und die Funktion des *Langzeitgedächtnisses* gibt es noch keine allseits akzeptierte Vorstellung.

Diese Anmerkungen erfolgen in diesem Zusammenhang v. a. deshalb, weil im klinischen Bild der „hochzervikalen Symptomatik" bei Funktionsstörungen im Kopfgelenkbereich häufig über „Konzentrationsstörungen" geklagt wird. Im Ursachenbündel dieser Konzentrations- und Ausdauerstörungen scheinen Störungen des mittelfristigen Gedächtnisses eine Rolle zu spielen (Keidel et al. 1992; Krajewski 1990; Radanov 1993).

C 3 Neurophysiologie am Achsenorgan

Im folgenden werden die Basisdaten der Neurophysiologie auf die Physiologie des Bewegungssystems, besonders des Achsenorgans, angewandt. Sie sollen helfen, hinter den Einzeldaten die funktionellen Zusammenhänge zu erkennen.

Wir orientieren uns in den nächsten Abschnitten am Blockschema des Regelkreises (Klappbild A 4). Wir untersuchen, welche anatomischen Strukturen und welche Prozesse den abstrakten Symbolen des Schemas entsprechen.

Dabei verlieren wir nicht aus den Augen

1. daß der Informationsstrom am Rezeptor entsteht,
2. daß die Flußrichtung nicht umkehrbar ist,
3. und daß das Ende der Kreisschaltung den Anfang wieder erreicht.

C 3.1
Afferenz (Informationsaufnahme)

Beginnen wir bei den *Rezeptoren* und der Informationsstrecke, die vom Rezeptor zum Rückenmark (Regler, Regelzentrum) reicht. In der Neurologie wird sie als *Afferenz* bezeichnet.

Die *Propriozeptoren* haben über die physiologischen Abläufe in und am Gelenk zu informieren. Die *Nozizeptoren* haben über die Intaktheit des Systems zu wachen und jeden drohenden oder eingetretenen Schaden zu melden. Das Gros der Gelenkrezeptoren ist im Weichteilmantel des Gelenks, in den anliegenden Muskeln und deren Insertionen an den Gelenkkapseln angesiedelt.

Am Achsenorgan ist der Weichteilmantel der Wirbelgelenke der am dichtesten innervierte Bezirk. Zirka 50 % der Innervation eines Bewegungssegmentes ist hier konzentriert (s. Abb. B 3). Bevor auf die Morphologie und Physiologie der Gelenkrezeptoren eingegangen wird, sei vorausgeschickt, daß erst in den letzten 3-4 Jahrzehnten die Erforschung der neuralen Versorgung der Gelenke energisch vorangetrieben worden ist (z. B. Gardner 1942, 1944; Korr 1975; Polącek 1966; Wyke 1967, 1979a, b; Zimmermann 1981).

Freemann u. Wyke (1967) sprechen von einer „articular neurology". Von ihnen stammt der Vorschlag, die vielen unterschiedlichen Rezeptorentypen in 4 Gruppen (Typ I–IV) einzuteilen. Diese Einteilung wurde auch von Brodal (1981) befürwortet mit dem Ziel, dadurch eine international akzeptierte, einheitliche Sprachregelung zu erreichen. Auch innerhalb der manuellen Medizin hat man sich durchweg an diese Vereinbarung gehalten (Dvorak 1983). Sie wird daher im folgenden benutzt.

C 3.1.1
Propriozeptoren

Typ-I-Rezeptoren = Mechanorezeptoren
(Abb. B 4a)
Ihre Struktur: Der Typ I der Gelenkrezeptoren besteht aus 3–8 dünn eingekapselten Endkörperchen, die in wenig myelinisierte Nervenfasern von ca. 6–9 µm Dicke übergehen (Leitgeschwindigkeit ca. 30–70 m/s). Sie finden sich v. a. in der äußeren Schicht der fibrösen Gelenkkapsel.
Ihre Funktion (Wyke 1975, 1979a, b; Molina et al. 1976; Biemond u. Dejong 1969; Igarashi 1972; Hikosaka u. Maeda 1973; De Jong et al. 1977):
1. Sie adaptieren langsam und registrieren die Spannung der äußeren Schicht der Gelenkkapsel.
2. Sie informieren v. a. über die großen Hinterstränge somatosensibel direkt die zentralen sensorischen Zentren.
3. Sie hemmen über Interneurone im Hinterhornkomplex die von den Nozizeptoren stammenden afferenten Impulse (s. Abb. B 4a).
4. Sie üben einen reflektorisch-tonischen Einfluß auf die Motoneuronen des Achsenorgans, der Extremitäten, der Augen und des Kauapparates aus.

Typ-II-Rezeptoren = Mechanorezeptoren
(Abb. B 4b)
Ihre Struktur: Die Typ-II-Rezeptoren bestehen aus länglichen, konischen und eingekapselten Körperchen von 100–280 µm Umfang mit dick myelinisierten Nervenfasern von ca. 8–12 µm Dicke (Leitgeschwindigkeit ca. 60–100 m/s). Sie finden sich einzeln in den tieferen Schichten der fibrösen Gelenkkapsel.
Ihre Funktion:
1. Sie adaptieren rasch und feuern schon bei kurzer Spannungsänderung bzw. bei kurzer Reizung (weniger als 0,5 ms).
2. Sie informieren wie Typ I über die großen Hinterstränge somatosensibel direkt die zentralen Sensorikzentren.
3. Sie hemmen über Interneurone im Hinterhornkomplex nozizeptive Afferenzen.

Typ-III-Rezeptoren = Mechanorezeptoren
(Abb. B 4c)
Ihre Struktur: Sie bestehen aus breiten, spindelförmigen Körperchen, die eine Größe von 100–600 my erreichen können. Ihre Nervenfasern sind besonders dick myelinisiert (Kaliber 13–17 µm) und ermöglichen hohe Leitgeschwindigkeiten (100–120 m/s). Es handelt sich um die typischen Rezeptoren der Ligamente und der gelenknahen Sehnenansätze. Sie kommen in der Regel allein vor.
Ihre Funktion: Es wird vermutet, daß diese langsam adaptierenden Rezeptoren (wie Golgi-Körperchen in den Ligamenten und Sehnen, denen sie ähneln) einen hemmenden Einfluß auf die Motoneurone ausüben (Freemann u. Wyke 1967).

Afferenz (Informationsaufnahme)

Stark vereinfacht kann man sagen, daß die langsamer leitenden Propriozeptoren (Typ I) über die eingenommene Gelenkstellung orientieren, während die rasch adaptierenden, schnell leitenden Propriozeptoren (Typ II) über Winkeländerungen zwischen den Gelenkpartnern informieren. Der Typ III übernimmt eine Schutzfunktion vor Überbeanspruchung.

C 3.1.2
Nozizeptoren

Bei den Nozizeptoren, den Typ-IV-Rezeptoren, werden nach somatischen und neurophysiologischen Kriterien 2 Formen unterschieden (s. auch Tabelle C 1):

Aδ-Faserrezeptoren
Die Aδ-Faserrezeptoren sind die höher organisierten büschelförmigen Rezeptoren, die in dünn myelisierte Axone (ca. 2–3 µm dick) übergehen und die mit ca. 3–5 ms relativ schnell leiten. Sie finden sich besonders dicht in der Haut und in den Schleimhäuten. Sie vermitteln eine scharfe, schneidende gut lokalisierbar (epikritische) schmerzhafte Wahrnehmung.

Nach der Klassifizierung von Erlanger u. Gasser (Zit. nach Thews 1985) gehören ihre Axone zu den Aδ-Fasern.

Tabelle C 1. Fasertypen, rezeptive Endrogane und Funktion sensibler Nervenfasern in peripheren Nerven. Intraneurale Mikrostimulation führt zu unterschiedlichen Empfindungen (*SA* „slowly adapting", *FA* „fast adapting"), (Nach Knecht et al. 1992)

Fasertyp	Durchmesser [µm]	Leistungsgeschwindigkeit [m/s]	Rezeptor	Empfindung	Funktion/Reizqualität
Aα/b	~15	50–100	Muskelspindeln	Bewegungsempfindung	Muskeldehnung
			Golgi-Sehnenorgan		Muskelspannung
Aβ	~8	~50			
– SAI			Merkel-Zellen	Statischer Druck	Kantendetektion
– FAI			Meissner-Körperchen	Klopfen	Oberflächen
– SAII			Ruffini-Endigungen	Unbekannt	Scherung
– FAII			Pacini-Körperchen	Vibration	Vibration
– Haarfollikelrezeptoren			Haarfollikelanlage	Unbekannt	Vektion
Aδ	~3	~15	Freie Endigungen	Stechender Schmerz, Kälte	Schmerzlokalisation, Temperatur
C	~1	~1	freie Endigungen	Dumpfer Schmerz, Wärme, Kälte	Schmerzintensität, Temperatur

C-Faserrezeptor
(Abb. B 4d)
Die frei endenden, fadenförmigen Rezeptoren sind unmyelinisiert (Dicke 1 μm und darunter). Ihre Axone leiten sehr langsam (unter 2 m/s). Sie stellen den größten Teil der Nozizeptoren im Inneren des Körpers, d. h. auch der Gelenke, und vermitteln einen dumpfen, ziehenden und schlecht lokalisierbaren, „rheumatischen" (protopathischen) Schmerz.

Sie reagieren auf schädigende Reize mechanischer, chemischer oder thermischer Art. Reagieren sie nur auf eine Qualität, dann nennt man sie *unimodale Nozizeptoren*. Reagieren sie auf mehrere Qualitäten, dann nennt man sie *polymodale Nozizeptoren*. Als chemische nozizeptive Reize wirken Prostaglandin E Serotonin, Bradykinin, H^+- und K^+-Ionen. Nach der Klassifikation von Erlanger u. Gasser (1985) gehören ihre Fasern zur Gruppe der C-Fasern.

Nicht alle frei endenden nicht korpuskulären Rezeptoren dienen der Nozizeption. Entsprechende Rezeptoren und Fasersysteme können afferent auch im Dienste des peripheren vegetativen Nervensystems stehen.

In den letzten Jahren finden sie sog. „schlafenden Nozisensoren" vermehrtes wissenschaftliches Interesse (Schmidt 1991).

Funktion der Nozizeptoren:
1. Einfluß auf Motoneurone der Muskulatur des Achsenorgans, der Extremitäten, der Augen und des Kauapparates,
2. Auslösung von Schmerzempfindungen,
3. Einfluß auf das γ-System der Muskelfunktionssteuerung, auf das kardiovaskuläre und das respiratorische System und auf andere Funktionen des ZNS.

Da die überschwellige Reizung der Nozizeptoren meistens mit Empfindung und Wahrnehmung von Schmerzen einhergeht, hat man sie auch „*Schmerzrezeptoren*" genannt. Damit wird aber nur ein Aspekt des Informationseffektes der Rezeptoren angesprochen: ein Effekt, der zwar subjektiv sehr beeindruckend sein kann, der aber nur einen engen Ausschnitt aus dem Aufgaben- und Leistungsspektrum des übergeordneten *nozifensiven Systems* beschreibt.

Mit dem Ausdruck „Nozizeptoren = Schadensmelder" wird die eigentliche Aufgabe dieses Rezeptorentyps beschrieben, die darin besteht, Schäden wahrzunehmen und zu melden.

Von *praktisch-therapeutischer Bedeutung* ist, daß die Schwelle der Empfindlichkeit der Nozizeptoren nicht konstant ist. Sie kann durch „Schmerzstoffe" (Schmerzmediatoren) erheblich gesteigert werden. Es handelt sich dabei um chemische Substanzen, die durch Entzündung oder Trauma im umgebenden Milieu entstehen (z. B. Prostaglandine u. ä.) oder um exogene Stoffe (z. B. Insektengifte u. ä.). Auch vasoaktive Stoffe können die Erregbarkeit direkt oder indirekt vergrößern.

Therapeutisch sind Acetylsalicylsäure und andere Prostaglandinsynthesehemmer (z. B. Indometacin, Diclophenac u. a.) diesem Mechanismus entgegen gerichtet. Auch die schmerzlindernde und entzündungshemmende Wirkung der Kortikosteroide gehört in diesen Zusammenhang (Zimmermann 1986a, b).

C 3.1.3
Informationstransport über den Übertragungskanal

Auf diese erste Station der *Informationsaufnahme (Rezeptoren)* folgt die *Informationsübertragung*. Auf dieser Strecke wird die Information möglichst unverfälscht dem „Regler", besser dem Zentrum für Verrechnung und Koordination im Rückenmark, übermittelt. Diese Aufgabe wird von den Nervenfasern (Axonen) des 1. afferenten Neurons wahrgenommen. Exakt genommen beginnt diese Strecke am Übergang Rezeptor-Axon und endet an den Synapsen zum nächsten, dem 2. Neuron, im Hinterhornkomplex des Rückenmarks.

Hier ist eine Anmerkung zur gewohnten Nomenklatur erforderlich. Die Anatomie beschreibt in der Makroskopie die Morphologie und Topografie der Nerven. Sie verfolgt sie vom Zentrum in die Peripherie, wo sie sich in immer feineren Verzweigungen zum Schluß der makroskopischen Darstellbarkeit entziehen.

Auf dieser Sicht stellt man fest, daß ein Nerv z. B. an ein Gelenk zieht. Bezeichnenderweise heißt es nie, daß ein Nerv vom Gelenk zum Zentrum (hier zum Rückenmark) zieht, wie es der Flußrichtung der Afferenz entspräche.

Die Frage, wie die Informationsströme in den – durchweg gemischten – Nerven fließen, kann die makroskopische Anatomie allein nicht beantworten.

Mit neueren mikroskopischen Methoden (Tracer-Methoden mit der Meerretich-Peroxydase-Reaktion) ist es möglich, auch „retrograd" Nervenfasern von ihrem peripheren Ende bis in das Rückenmark und darüber hinaus mikroskopisch zu verfolgen. Die funktionelle Auskunft erteilt die Physiologie.

Die Denkgewohnheiten, die auf der so plausiblen anatomischen Nomenklatur beruhen, machen es oft schwer, sich auch im praktischen Alltag darüber im klaren zu sein, daß in ein und demselben peripheren Nerv meistens 2 gegenläufige Informationsströme fließen.

Der Informationsweitergabe dienen die Axone der Nervenzelle. Diese Nervenfasern unterschieden sich in mehrfacher Hinsicht voneinander. Ein Unterscheidungskriterium ist die *Dicke*, die ihrerseits von der Dicke der Markscheide abhängt.

Aus physiologischer Sicht wird nach der *Leitgeschwindigkeit* unterschieden. Diese wird in m/s gemessen (Abb. C 8).

Die Zuordnung dieser Fasertypen zu den Rezeptorentypen wurde bereits erwähnt (s. B 5.3.1 und C 3.1.2).

Alle peripheren Afferenzen, seien sie propriozeptiv oder nozizeptiv, verlaufen ohne Unterbrechung durch die Hinterwurzel zum Rückenmark. Ein Großteil der schnelleitenden großkalibrigen, propriozeptiven Fasersysteme ziehen *ohne Unterbrechung* direkt zum Gehirn. Sie geben allerdings auf der spinalen Schaltebene reichlich Fasern ab, die hemmend auf die Nozizeptoren einwirken. Ein Teil der Propriozeption aus dem Bewegungsapparat schaltet direkt zum motorischen Vorderhorn durch.

Auch die *Afferenzen* aus vornehmlich *vegetativ* versorgten Strukturen werden nicht unterbrochen. Das muß erwähnt werden, weil die vegetative Efferenz, bevor sie den Effektor in der Peripherie erreicht, noch einmal auf ein 2. Neuron (postganglionäres Neuron) umgeschaltet wird.

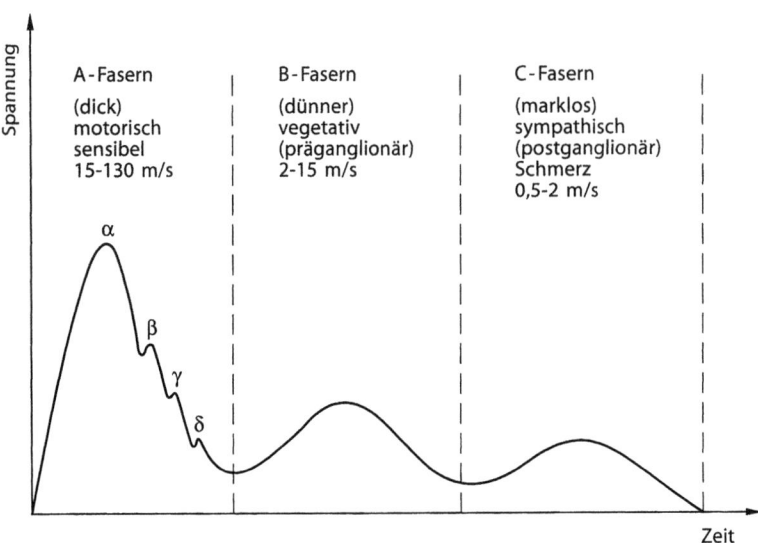

Abb. C 8. Summenaktionspotential, an einem gemischten Nerv in einiger Entfernung vom Ort der elektrischen Reizung abgeleitet. (Aus Thews 1985)

Der *Zellkörper (Soma)* des 1. Neurons liegt im Spinalganglion kurz vor dem Eintritt in den Spinalkanal. Er dient nicht primär informationstheoretischen Aufgaben, sondern v. a. der biologischen Erhaltung des Neurons (s. Abb. B 2).

Der *Herpes zoster* als virale, pathologisch-anatomische Störung und/oder der Zerstörung von nervaler Substanz (Hardware) liefert ein anschauliches Beispiel für den grundsätzlichen Unterschied, der zwischen dem uns interessierenden Sachverhalt der *Störung* der Funktion des Achsenorgans einerseits und der *Zerstörung* von *neuraler Struktur* anderseits besteht.

C 3.2
Spinale Steuerungsebene: Informationsverarbeitung

Mit dem Erreichen des Rückenmarks wird das Informationsrohmaterial aus der Peripherie zum ersten Mal in vermaschte neuronale Verbände eingebracht. Diese verwandeln die übermittelten Daten in Hemmungs- und Förderungs-, in Speicherungs- und Verreichungsprozessen zu Anweisungen an die Effektoren. Gleichzeitig sorgen sie für eine Unterrichtung des Zentrums. Die zentrale Aufgabe dieser Steuerungsebene ist es, durch „sinnvolle Befehle" an die Efferenz ein situationsgerechtes, lokales und allgemeines Verhalten des „Systems" gegenüber Störfaktoren zu gewährleisten.

Für die Funktionspathologie des Bewegungssystems handelt es sich hier um eine besonders wichtige Ebene: hier werden die Basisreflexe der Motorik geschaltet. Hier wird v. a. bei überschwelligen nozizeptiven Afferenzen das erste „Krisenmanagement", die *„Nozireaktion"*, ausgelöst.

C 3.2.1
Vorbemerkungen

Vorweg einige anatomische Wiederholungen:

Das Rückenmark besteht in seinen medialen Anteilen aus dem *Rückenmarkgrau*, das im wesentlichen Neuronenzellen und ihre Fasersysteme beherbergt, und dem randständigen *Rückenmarkweiß*, das sich aus den großen Leitungsbahnen zusammensetzt.

Im *Rückenmarkgrau* unterscheidet man:
1. Das *Hinterhorn*: Hier treffen alle peripheren Afferenzen durch die Hinterwurzel ein. Die meisten sind mit den Hinterhornzellpopulationen verknüpft.
2. Das *Vorderhorn* beherbergt die Neurone der motorischen Efferenz.
3. Das *Seitenhorn* beherbergt die Neurone der sympathischen Efferenz.

Im folgenden wird zuerst das *Rückenmarkgrau* in der Reihenfolge der 3 Unterteilungen besprochen:

Dabei wird neben Anatomie und Physiologie v. a. die Pathophysiologie mit Hinblick auf die Klinik am Achsenorgan abgehandelt.

Es folgt ein kurzer Abschnitt über das *Rückenmarkweiß*, das v. a. aus den langen Bahnen besteht, die die spinale Ebene mit dem Zentrum und das Zentrum mit der Peripherie verbinden.

Angefügt ist dann noch ein kurzer Hinweis auf die vaskuläre, v. a. die *arterielle Versorgung des Rückenmarks*: Durch die Aa. spinales anteriores bzw. posteriores ist das Rückenmark reichlich vaskularisiert, um seinen enormen O_2-Bedarf zu decken. Auch hier können Ursachen für die funktionelle Störungen des spinalen Systems, wenn nicht segmentaler, so doch regionaler Lokalisation liegen, die sich unserer Aufmerksamkeit entziehen, da sie bisher diagnostisch kaum festzumachen sind.

C 3.2.2
Hinterhornkomplex und spinale Nozireaktion

Struktur und Funktion des Hinterhornkomplexes

Alle nozizeptiven und vegetativen Afferenzen treten über die Hinterwurzel durch die sog. *„Lissauer-Randzone"* in das Rückenmarkgrau ein. Je nach Herkunft werden sie gebündelt an die sie empfangenden großen *Hinterhornzellen* im Hinterhornkomplex weitergereicht.

Dieser Komplex ist anatomisch an einem schichtweisen Aufbau erkennbar. Die Unterteilung der verschiedenen Schichten geht auf Rexed (1952) zurück. Er teilte das gesamt Terrain des Rückenmarkgrau in 11 Schichten bzw. Regionen ein, die er *Lamina* nannte (Abb. C 9).

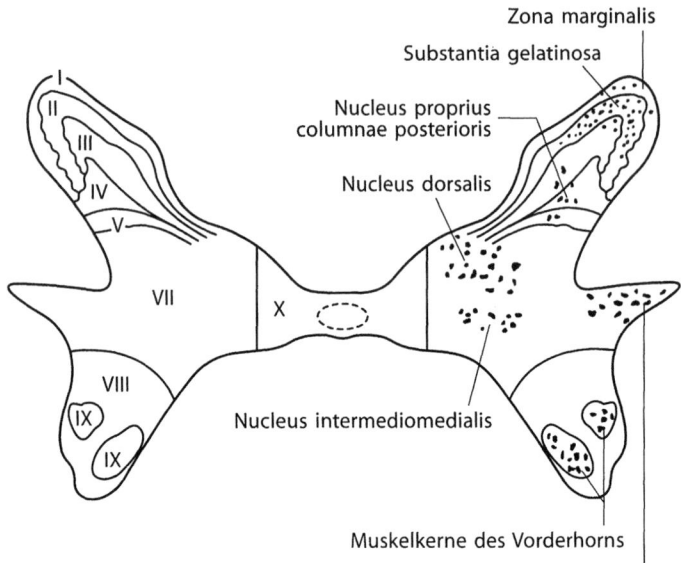

Abb. C 9. Zellgruppen der grauen Substanz und die Rexed-Laminae. Der dargestellte Rückenmarkabschnitt entspricht dem Segment Th 10. Die Lamina VI ist auf dieser Höhe gegen die Lamina V nicht abgrenzbar, da sie nur in einigen Zervikal- und in den Lumbalsegmenten gut ausgebildet ist. (Aus Zenker 1994)

Die Hinterhornzellen werden unterteilt:
- in die „*Binnenzellen*" und
- in die „*Strangzellen*" (oder Projektionszellen).

Die *Binnenzellen* stehen im Dienste der lokalen Koordination. Sie stellen sozusagen das „Ortsnetz" dar. Als propriospinale Neurone spielen bei der spinalen, segmentalen *Nozireaktion* eine entscheidende Rolle.

Die Binnenzellen unterscheiden sich wiederum nach ihrem Ausbreitungsbereich und damit nach ihrem Aktionsradius in drei Gruppen:
1. Die *Schaltstellen*.
   Ihre kurzen Fortsätze bleiben ortsständig auf Höhe und Seite ihres Segments.
2. Die *Assoziationszellen*.
   Ihre weit verzweigten Fortsätz nehmen Kontakt auf zu Neuronen der cranial und caudal benachbarten Segmente. Sie bleiben aber auf der gleichen Seite.
3. Die *Kommissurenzellen*.
   Ihre Fortsätze wechseln auf die Gegenseite und können dort auch Neurone der benachbarten Segmente erreichen. (Rohen 1975, Zenker 1994)

Die *Strangzellen* verfügen über lange Axone, die in aufsteigenden Bahnen unterschiedliche Instanzen im Gehirn ansteuern. Es handelt sich hier also um „Fernleitungen", die den Hinterhornkomplex mit den zentralen Instanzen verbinden.

Trotz aller Kompliziertheit dieses vermaschten Systems kann man heute sagen, daß die Afferenzen, die über dünne Aδ- und C-Fasern geleitet werden und die
- aus der Haut,
- aus dem Bewegungssystem (Muskeln, Bänder, Periost u. ä.) und
- aus den vom vegetativen Nervensystem versorgten inneren Organen (viszerale Afferenzen) stammen,

vornehmlich die *Lamina I und II* ansteuern (Mense 1988; Zenker u. Neuhuber 1994 u. v. a.).

Im Gegensatz dazu steuern großkalibrige Afferenzen (z. B. Aα- und Aβ-Faserneurone mit vornehmlich propriozeptiven Aufgaben aus dem Bewegungssystem die *Lamina IV und V* an. Die *Lamina-V-Zellen* antworten auch auf Berührungsschmerz und chemische Reize aus Haut und Eingeweiden.

Die *Lamina-VI-Zellen* haben Kontakt mit den (z. T. propriozeptiven) Afferenzen aus den Extremitäten. Dementsprechend ist diese Schicht im zervikalen und lumbosakralen Abschnitt breiter.

Die Zellen all dieser Schichten haben dendritischen Kontakt zur Lamina III, ja sogar zur Lamina II.

Die dadurch entstehenden dichten synaptischen Verknüpfungsnetze sind charakteristisch für die *Lamina II und III*. Mit diesen Lamina haben wir die wohl interessanteste und wichtigste Schaltstationen des Hinterhornkomplexes, die *Formatio gelatinosa* vor uns. Hier sind die *Binnenzellen* und die *Projektionszellen* etwa gleichmäßig verteilt. Hier treffen auch besonders dicht die langen deszendierenden Bahnen der Antinozizeption aus den tieferen Hirnteilen ein (Melzack u. Wall 1965; Zenker u. Neuhuber 1994; Mense 1988).

Von besonderem Interesse ist, daß hier neben den *aktuellen* funktionellen Leistungen die Dimension der *Speicherung* im Vordergrund steht. Hier taucht aus systemtheoretischer Sicht phylogenetisch zum ersten Mal der Umgang mit dem *Faktor Zeit* als wesentliche Funktionskomponente auf.

Wird die physiologische Ordnung dieses Systems durch ein Übermaß an nozizeptivem Input gestört, dann werden hier Abwehr- und Kompensationsmechanismen in Gang gesetzt: die schon mehrfach erwähnte „Nozireaktion".

In Stichworten weitere Hinweise:
1. Die wichtigste Aufgabe des *Hinterhornkomplexes* ist es, das Informationsrohmaterial aus der äußeren und inneren Körperperipherie zu sammeln, zu richten, aufzuarbeiten und an Effektoren weiterzugeben.
2. Diese „Peripherie" ist infolge der frühevolutionären, metameren Ordnung der Vertebraten segmental gegliedert. Dementsprechend fließen Informationen aus allen Strukturen gleicher segmentaler Zuordnung in das gleiche Rückenmarksegment.
3. Eine Isolierung der Segmente findet aber nicht statt. Sie wird durch Interneurone nach kranial und kaudal aufgehoben.
4. Allein die Tatsache, daß jede Hinterhornzelle über bis zu 10 000 Synapsen verfügt, unterstreicht, daß es sich hier nicht um einfache „reflektorische" Verschaltungen handeln kann, sondern daß es sich um ein vernetztes System von hoher Plastizität handelt.

5. Die eintreffende *Signalfülle* wird hier gezielt verdichtet. Diese Selektion, die sowohl statistisch als auch qualitativ erfolgt, steht im Dienste einer rigorosen Verminderung der Informationsflut. Wesentliches wird von Unwesentlichem getrennt. Die Informationsmasse wird von ca. 10^7 bit auf ca. 10^3 bit reduziert (Klaus 1972).
6. Da eine Überzahl von Signalen aus vielen peripheren Rezeptoren auf eine geringere Zahl von Hinterhornzellen trifft, findet hier eine *Konvergenz der Informationsströme* statt. Die Selektion erleichtert die spinalen Entscheidungsprozesse. Nur wichtige, überschwellige Reizkombinationen beeinflussen den efferenten Output.
7. Dies gilt v. a. für den nozizeptiven Input, der auf dieser ersten Schaltebene von 3 antinozizeptiven Hemmsystemen empfangen wird:
    a) der Hemmung aus den Abzweigungen der peripheren propriozeptiven Afferenzen aus den Aα und Aβ-Faserrezeptoren und den Spindelafferenzen,
    b) aus den spinalen, hemmenden Interneuronen und
    c) aus den absteigenden Fasersystemen aus dem Hirnstamm und aus dem Zwischenhirn (Abb. C 10).

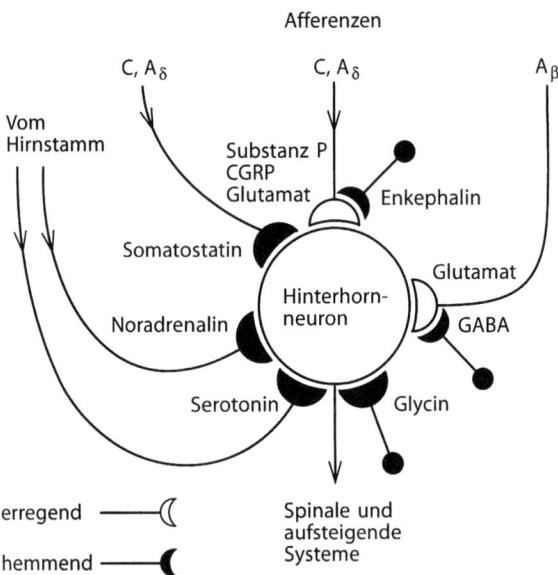

Abb. C 10. Übersicht über Neurotransmitter im Rückenmark. Pharmakologisch und histochemisch identifizierte erregende und hemmende Neurotransmitter und -modulatoren im Hinterhorn, die an der Verarbeitung von Schmerzinformation beteiligt sind. (Aus Zimmermann 1993)

8. Die aus diesen Interaktionen ermittelten *Entscheidungen* sind für die Effektoren die Handlungsanweisungen, die das physiologische Funktionsgleichgewicht gewährleisten und/oder wiederherstellen sollen.
9. Durch die Weitergabe der Verrechnungsergebnisse über zentripetale Bahnen an das Gehirn werden die Voraussetzungen für das Erlebnis „Schmerz" geschaffen (Abb. C 11).

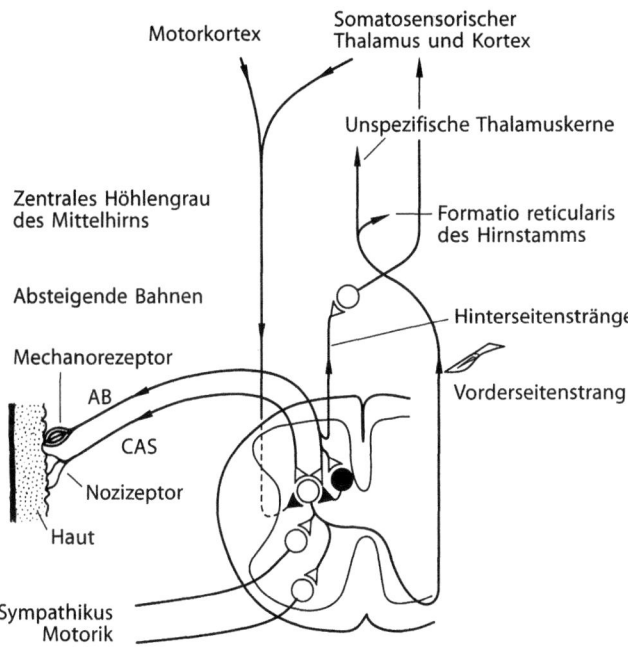

Abb. C 11. Schema der Hinterhornzelle in Afferenz und Efferenz. (*schwarz* hemmende Systeme) (Aus Zimmermann 1977)

C 3.2.3
Die algetischen Krankheitszeichen: hyperästhetische und hyperalgetische Zonen, übertragener Schmerz („referred pain")

Vorbemerkungen

Bevor wir uns in den folgenden Abschnitten mit den Adressaten der Entscheidungen des Hinterhornkomplexes beschäftigen, sei aus didaktischen Gründen ein Ergebnis der „Arbeit" des Hinterhornkomplexes herausgestellt, das generell im medizinischen Alltag kaum so beachtet oder gar genutzt wird, wie es seiner diagnostischen und therapeutischen Bedeutung entspricht.

Die Rede ist von den seit 100 Jahren bekannten
algetischen Krankheitszeichen:
– den hyperästhetischen und hyperalgetischen Zonen und dem mit ihnen verwandten
– übertragenen Schmerz.

Hier handelt es sich – systemtheoretisch und damit kompliziert ausgedrückt – um eine Sollwertverstellung bei der Aufnahme und Verarbeitung von Informationen. Der medizinische Nutzen ist vornehmlich „informativ", d. h. diagnostischer Art. Auf diesem Sektor allerdings sind die algetischen Krankheitszeichen geradezu unersetzlich, denn
– sie informieren uns über die topografische bzw. segmentale Zuordnung eines Störfaktors nach Höhe und Seite,
– sie geben Auskunft über die aktuelle Reizsituation in spinal-segmentaler Hinsicht,
– sie liefern genaue topografische Hinweise für eine segmentgerechte, d. h. dermatomgerechte Therapie.

Medizinhistorische Anmerkungen

Am Ende des 19. Jahrhunderts sind es v. a. zwei englische Kliniker, die durch stubtile Beobachtungen und Forschungen die Einblicke in die Schmerzproblematik vertieften und bestimmte klinische Zusammenhänge so zuverlässig beschrieben, daß sie seither diagnostisch und therapeutisch genutzt werden konnten: Head und MacKenzie.

Head (s. Abb. C 12) führte seine Forschungen zur Ästhesie v. a. in den Jahren 1889–1896 durch und fand, daß regelmäßig bei Erkrankungen innerer Organe bestimmte Hautareale empfindlicher waren als die Umgebung. Er fand, daß die Zuordnung der Hautareale im metameren Aufbau des Organismus begründet ist und daß dementsprechend die segmentale Innervation die Erklärung für diese Erscheinung sein müsse.

Head bediente sich folgender Methoden:
Er strich mit großem, runden Kopf einer Nadel über die Hautoberfläche. An den kritischen Stellen wurde die sanfte und stumpfe Berührung als „spitz" und

Abb. C 12. Sir Henry Head
(5.8.1861–9.10.1940)

„scharf" empfunden: dabei war – so hebt Head ausdrücklich hervor – in diesen Gebieten die Berührungsempfindlichkeit an sich völlig intakt.
- Diese vermehrte Empfindlichkeit auf normale Berührungsreize wird als Hyperästhesie bezeichnet.
- Werden leichte Schmerzreize im Dermatom (z. B. durch eine spitze Nadel oder durch Kneifen) deutlich schmerzhafter als in der Umgebung empfunden, dann spricht man von *Hyperalgesie*.

Zu Recht wurde diese wissenschaftliche Leistung dadurch honoriert, daß die übertragenen Sensibilitätsveränderungen im Dermatom mit seinem Namen verbunden sind: die Head-Zonen (Abb. C 13). Diesen Schmerz, der von einem inneren Organ auf die Haut übertragen wurde, nannte Head „referred pain", „übertragenen Schmerz".

Anzumerken ist noch, daß sich die Untersuchungen von Head vornehmlich auf die Beziehungen von Erkrankungen innerer Organe zu Sensibilitätsveränderungen in der Haut erstreckten. Diese Organe sind alle von mehreren Segmenten innerviert. Der monosegmentale „referred pain" taucht daher nicht in seinen Arbeiten auf. Die manuelle Medizin, die sich v. a. mit den Störungen einzelner Bewegungssegmente der Wirbelsäule befaßt, interessiert sich aber aus diagnostischen und therapeutischen Gründen speziell für den monosegmentalen „referred pain".

Unabhängig von Head fand MacKenzie (1917), daß bei den „funktionellen Symptomen" einer Erkrankung, die den „strukturellen Symptomen" gegenübergestellt

Abb. C 13. Head-Zonen repräsentieren Hautareale, in denen bei Erkrankung innerer Organe Hyperämie und Hyperalgesie als viszerokutane Reflexe auftreten können. Sie entsprechen in ihrer Ausdehnung dem Dermatom

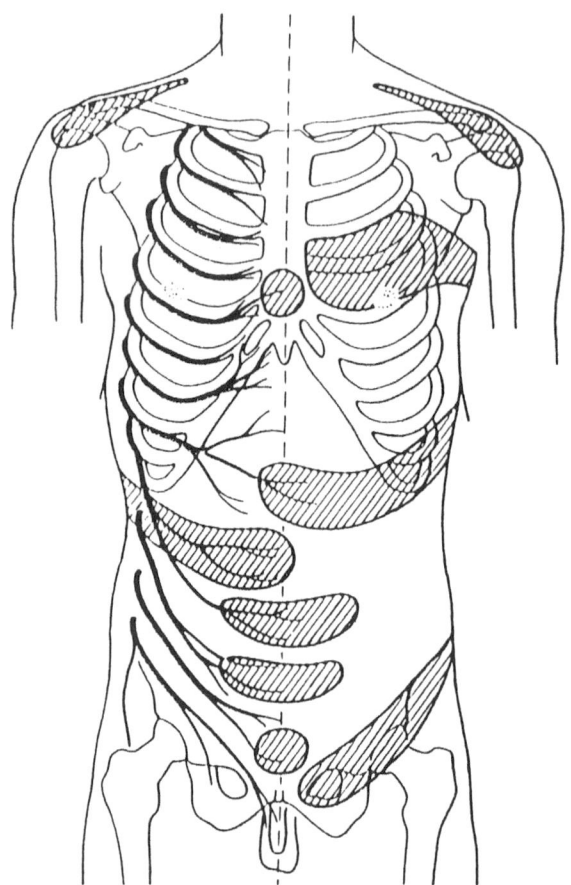

werden, eine Reihe von Zeichen beobachtet werden, die nicht spezifisch an eine Krankheit (z. B. Pneunomie, Magenulkus, Appendizitis) gebunden sind, sondern die generell Schmerz- und Krankheitszustände begleiten. Er fügte daher in die Ordnung der „funktionellen Symptome" eine Untergliederung ein, die er „Reflexsymptome" nannte. Hier unterteilte er wiederum in „sensorische Reflexe" (entsprechend den Head-Zonen), „motorische Reflexe" und „Organreflexe".

Auch er bediente sich der Vorstellung vom „referred pain". Er ließ eine direkte Nervenverbindung vom Organ zur gestörten Peripherie nicht gelten. Als Ort der Übertragung vermutete auch er das Rückenmark, ohne allerdings detaillierte Auskünfte geben zu können. Wenn heute der Name von MacKenzie nur noch mit dem übertragenen Schmerz in der Muskulatur, im „Myotom", in Verbindung gebracht wird, dann wird man der Bedeutung dieses großen Kliniker nur ungenügend gerecht, von dem Hansen u. Schliack (1962) schreiben, „daß sein Buch „Symptoms and their Interpretation" (1909) ein wahres Muster an klinischer Beobachtungskunst" sei.

Schon am Ende des 19. Jahrhunderts wurde also ein Teilaspekt der Nozireaktion empirisch gefunden. Es wurde erkannt, daß in diesem Zusammenhang die Vorstellungen von mechanischen Nervenirritationen nicht anwendbar seien, sondern daß spinale Vorgänge eine Rolle spielen müßten.

Die Forschungen von MacKenzie und Head wurden im 20. Jahrhundert von mehreren Autoren weitergeführt.

Hier sei nur auf einige Autoren hingewiesen, die in der Literatur besondere Beachtung fanden.

Kellgren (1938) spritzte in die paravertebrale Muskulatur, an Ligamente und Wirbelbogengelenke hypertone Kochsalzlösung und beobachtete danach die sich ausbreitenden Schmerzen, die generell der segmentalen Innervation folgten.

Feinstein (1977) benutzte ebenfalls hypertone Kochsalzlösung zu Injektionen in Strukturen in der Umgebung der Wirbelsäule. Auch er fand eine Schmerzausbreitung entsprechend den Head-Zonen, die aber nicht immer der radikulären Versorgung entsprachen. Er stellte auch einen Hypertonus der segmental zugeordneten Muskulatur, verbunden mit vegetativen Reaktionen, fest.

Travell u. Rinzler (1952) und andere Autoren beschreiben Druckpunkte in Muskeln und Faszien, die sie als „trigger points" bezeichnen, von denen ebenfalls „referred pain" ausgelöst werden kann. Diese „Triggerpunkte" sind an sich schmerzlos und werden vom Patienten nicht bemerkt. Erst wenn sie durch Einstich einer Nadel oder durch Druck zusätzlich gereizt werden, kommt es zum übertragenen Schmerz. (Dvorak 1982; Simons 1991).

1938 unternahmen es Hansen u. von Staa in einer Monographie die „reflektorischen und algetischen Krankheitszeichen der inneren Organe" umfassend darzustellen. Erst mit der 2. Auflage, die unter dem Titel „Die segmentale Innervation" erschien und die die Ergebnisse weiterer Forschungen zum Metamerieproblem und zur segmentalen und radikulären Ordnung vorlegte, wurde eine breitere medizinische Öffentlichkeit erreicht (Hansen u. Schliack 1962)

Durch die neuen Erkenntnisse über die mechanische Genese radikulärer Syndrome war das Interesse an der segmentalen Ordnung geweckt.

Die Autoren konnten aufgrund ihrer Zosterforschung eine Topographie der Dermatome vorlegen, die sich als verläßlich erwiesen hat (Abb. B 10). Sie konnten zudem „Kennmuskeln" für einzelne Wurzeln darstellen und damit die Höhendiagnostik, z. B. bei Bandscheibenvorfällen, verbessern. Diese Forschungsergebnisse sind zu einem gesicherten Bestandteil der praktizierten Medizin geworden.

Dagegen haben die Forschungsergebnisse auf dem Sektor der *„reflektorischen Zeichen bei inneren Erkrankungen"* kaum Eingang in den klinischen Alltag gefunden. Der Entwicklungstrend in der inneren Medizin kam dem Anliegen der Autoren, die unmittelbare Untersuchung des Patienten zu aktivieren, kaum entgegen. Nur dort, wo man sich mit *„Neuraltherapie"* oder mit *„Segmenttherapie"* beschäftigte, wurden die Anregungen von Hansen u. Schliack in das diagnostische und therapeutische Repertoire aufgenommen. Das Verdienst der Autoren besteht v. a. darin, wissenschaftlich fundiertes Material dafür vorgelegt zu haben, daß die spinal-segmentale Ordnung bei Krankheitsprozessen eine wesentliche mitgestaltende Instanz ist. Eindeutige Aussagen aber über die Frage, wie die zugrunde liegenden Vorgänge im einzelnen zu verstehen sind, waren seinerzeit noch nicht möglich.

Kibler fand 1950 ein unerwartetes Echo, als er über seine Erfahrung bei den Behandlungen innerer Erkrankungen von den Head-Zonen aus berichtete. Mit seinen Veröffentlichungen hat er seinerzeit eine breite medizinische Öffentlichkeit mit den Möglichkeiten vertraut gemacht, die sich diagnostisch und therapeutisch eröffnen, wenn man auf die „reflektorischen Krankheitszeichen" zu achten gelernt hat.

Kibler (1950) schreibt:

> Versucht man, diese Ergebnisse zusammen zu sehen, so ergibt sich, daß die meisten funktionellen Störungen und Entzündungen an den Organen und Gelenken hyperalgetische Störungsfelder verursachen: das würde genauer heißen, daß im Unterhautzellgewebe Zonen vorhanden sind, die auf kneifenden Fingerdruck schmerzhafter sind als andere neutrale Zonen am Körper. Oft gilt das auch für tieferliegende Muskeln und sogar für das Periost. Da alle *hyperalgetischen Zonen (HAZ)* aber nicht nur Alarmzeichen einer Organstörung, sondern ihrerseits auch Krankheitsursache sein können, so ist die HAZ das Kettenglied eines Circulus vitiosus von besonderer Wichtigkeit, und zwar als Kettenglied an einer Stelle, wo die Unterbrechung verhältnismäßig einfach ist.

Schon Head wußte, daß bei Erkrankungen innerer Organe nicht nur Veränderungen der Algesie und Ästhesie im Dermatom zu erwarten sind, sondern daß auch das subkutane Gewebe vermehrt druckschmerzhaft ist: „Wird Haut und Unterhautzellgewebe sanft angehoben und leicht gepreßt, dann empfindet der Patient diesen leichten Druck in der ..hyperalgetischen Zone.. als schmerzhaft; hier fühlt es sich ..wund und zerschlagen.. an, ..wie wenn er durchgeprügelt worden wäre..."

Am Patienten findet sich folgendes: die parallel zum Dermatomverlauf abgehobene Hautfalte ist in einem segmental gestörten Areal weniger gut von der Unterlage abhebbar als die Nachbarschaft. Sie fühlt sich verdickt an und ist von derberer oder teigiger Konsistenz. Schon leichter Kneifdruck löst Schmerz und oft Abwehrreaktionen aus. Das subkutane Gewebe scheint auf seiner Unterlage verbacken. Quetscht man die Hautfalte, dann scheint die Oberfläche großporiger zu werden. Sie wirkt wie eine Apfelsinenschale, ähnlich wie bei der Fibrositis. Offensichtlich haben wir es hier mit einem Krankheitszeichen zu tun, das „konkreter" ist als die Head-Zone, die lediglich auf Änderungen in der sensorischen Perzeption des Patienten beruht. Hier dürfte es aufgrund von Funktionsstörungen in der sympathischen Efferenz zu Störungen in der Balance von Stoffwechselvorgängen u. ä. im sehr reagiblen subkutanen Gewebe gekommen sein. Die Einzelheiten dieser reversiblen Veränderungen sind noch wenig bekannt.

Diagnostisch hat die Kibler-Hautfalte den Vorteil, daß hier Störungen unabhängig von den subjektiven Äußerungen des Patienten festgestellt werden können. Der Erfahrene fühlt sofort die Konsistenzänderung, wenn er die Hautfalte rasch über den Rücken aufwärts oder abwärts laufen läßt. Er kann auf das Kneifen verzichten, mit dem man die Hyperalgesie provoziert.

Die Konstistenzveränderung im subkutanen Gewebe hat zudem den diagnostischen Vorteil, daß sie relativ „aktuell" ist: Schon nach wenigen Tagen werden die „Verquellungen" spürbar. Ist die Irritation beseitigt, so verschwinden sie ebenfalls in wenigen Tagen. Hyperästhetische Sensationen im Dermatom können dagegen für längere Zeit die aktuelle Reizsituation überdauern.

Diagnostisch am zuverlässigsten ist die Situation natürlich immer dann, wenn die kutanen und subkutanen Reizzeichen gleichzeitig vorhanden sind.

Die *Bindegewebsmassage* (Dicke u. Teirich-Leube 1942) setzt sich ebenfalls mit diesen Phänomenen auseinander, die sie diagnostisch und therapeutisch nutzt.

Maigne (1979) bezeichnet die subkutane hyperalgetische Zone als „Zellulalgie" oder als „zellulalgische Zone". Auch er hat – unabhängig von anderen Autoren – frühzeitig beobachtet, daß das Kommen und Verschwinden dieser Zonen im engen Zusammenhang mit vertebralen Dysfunktionen steht.

Zum letzten noch ein Hinweis zur Frage, ob es sich bei den algetischen Zeichen um Phänomene handelt, die sich langsam oder gar chronisch aufbauen, oder ob sie rasch, zeitlich synchron, mit einem noxischen Reiz nachweisbar sind.

Zu diesem Problem hat Jurana (1993) einen interessanten Beitrag geliefert. Er fand bei Gebärenden in den Dermatomen, die segmental mit dem Uterus verbunden sind (D 10–L 1) Hyperästhesien, die dem Verlauf der Geburt entsprachen. Zu Beginn der Uterustätigkeit kam es zu Hyperästhesien in den Dermatomen D 11 und 12. Beim Schmerzmaximum waren auch die Zonen D 10 und L 1 in den Rami dorsales und ventrales miteinbezogen. In der Austreibungsphase, d. h. bei noxischer Schädigung von Muttermund und Vagina, verlagerte sich das Gros der Hyperästhesie auf die Dermatome S 2 und S 3.

Theoretische Erklärungsmodelle

Fragt man die Literatur, die sich mit der empirischen Seite der „algetischen Krankheitszeichen" in den vielfachen Varianten der erwähnten Methoden und „Lehren" beschäftigt, dann fällt auf, daß auf die Frage, wie diese anscheinend verschiedenen Phänomene zu deuten sind, kaum eine neurophysiologische Antwort gegeben wird. Selbst die bekannte Monographie von Hansen u. Schliack (1962), die sehr differenzierte Beiträge zur „Metamerie" und zum Problem der „Segmentierung" des Rückenmarks liefert, gibt keine Auskunft zu neurophysiologischen Fragen auf der segmentalen Ebene. Erst ein halbes Jahrhundert nach Head steuert die Neurophysiologie ein erstes, tragfähiges theoretisches Modell bei. Eine klassische, auch heute noch akzeptierbare Beschreibung findet sich bei Monnier (1963). Er schreibt:

> Oft wird der viscerale Schmerz subjektiv auf der Körperoberfläche statt in den Eingeweiden empfunden, z. B. im linken Arm und in der präcordialen Gegend, statt im Herzen bei Krampf der Coronar-Arterien; ferner in der Lendengegend statt im Uterus bei Kontraktion der Gebärmutter.
> Diese paradoxe Projektion der visceralen Schmerzempfindung in die Körperoberfläche statt auf das verantwortliche innere Organ wurde von Head als „referred pain" bezeichnet.
> Der Vorgang erklärt sich aus der Tatsache, daß die visceral-afferenten und die somatisch-afferenten Erregungen durch dieselbe hintere Wurzel in das Rückenmark eintreten und gemeinsam auf die gleichen Ursprungszellen der zentralen Schmerzbahnen übergeleitet werden, nämlich auf Zellen des Hinterhorns, deren

Axone, den Tractus spino-thalamicus bilden. Die den Cortex auf diesem Wege erreichenden Impulse werden deshalb so interpretiert, wie wenn sie aus demjenigen somatischen Organ, das normalerweise am stärksten im Cortex bewußt repräsentiert ist, nämlich aus der Haut, stammen würde.

Genau 30 Jahre später liefert Jänig (1993a, b) folgende Differenzierung des Modells von Monnier: „Zum Problem der algetischen Zonen" unterscheidet er zwischen Hinterhornzellen, die nur durch noxische Reize erregt werden, und den häufiger vertretenen Zellen, die multirezeptiv sind, d. h. die sowohl durch noxische als auch durch nichtnoxische Reize erregt werden können. Diese als „Konvergenzneurone" bezeichneten Hinterhornzellen finden sich v. a. in der Lamina I und V und vereinigen auf sich Afferenzen aus der Haut und aus Gelenken, Muskeln und Eingeweiden. Die Axone dieser Zellen steigen im Tractus spinothalamicus zum Zentrum auf. Da diese Neurone wesentlich häufiger durch nozizeptive Reize aus der Haut aktiviert werden und da diese Afferenzen im Kortex schon in früher Kindheit Engramme hinterlassen haben, entsteht dann, wenn auf diesen Neuronen ein nozizeptives Signal aus einem inneren Organ eintrifft, der *„übertragene"*, aber unzutreffende Eindruck, daß eine Reizung der Hautnozizeptoren vorliege.

Wir können also davon ausgehen, daß der Hinterhornkomplex die entscheidende Koordinationszentrale ist, die alle nozizeptive Afferenz auf sich vereinigt und die entscheidet, auf welchen „Bahnen" das dort verarbeitete nozizeptive Informationsmaterial weitergereicht wird.

> Hier also liegt der *„Generalschlüssel"* zu den vielfältigen Einzelproblemen der aufgezählten klinischen Phänomene.
> Hier wird erkennbar, daß letzten Endes der „Rezeptorenschmerz" der übertragene Schmerz, die algetischen Krankheitszeichen, ja, die Nozireaktion nur Facetten oder Varianten eines *einheitlichen spinalen Reaktionsmusters* sind.

Diagnostische und therapeutische Folgerungen

Zu diesem Thema verweise ich ausnahmsweise zurück in den Teil B (B 9.4), weil dort schon konzentriert alles wesentliche gesagt wurde.

> Hier nur noch einmal die fast dringliche Bitte, sich intensiv mit den „algetischen Zeichen" v. a. mit den hyperästhetischen Zonen, zu befassen, und zwar erst einmal an einfachen monosegmentalen Störungen, z. B. bei Funktionsstörungen der Costotransversalgelenke o. ä.
> Es gibt keine praktisch handhabbarere Möglichkeit, um sich mit einfachsten Mitteln einen differenzierten Einblick in die neurophysiologische Funktionspathologie bei Störungen am Bewegungssystem zu verschaffen.
> Nur so wird eine dreidimensionale Diagnostik
> – aus Gelenkmechanik (1. Kategorie: Materie),
> – aus Muskeldiagnostik (2. Kategorie: Energie),
> – und aus Neurophysiologie (3. Kategorie: Information)
> auch im praktischen Alltag realisierbar.

Jede eindimensionale Diagnostik kann nur Teilergebnisse bringen, selbst wenn man noch so aufwendige und/oder kostspielige Geräte einsetzt.

Genauso wie die manualmedizinische Funktionsanalyse von Wirbelgelenken unmittelbar von der Diagnostik zur Therapie überleiten kann, (Tilscher 1988) genauso leitet eine gute *Segmentdiagnostik* unmittelbar zur adäquaten *Segmenttherapie* über.

Zum rein Technischen der *Segmentdiagnostik* ist anzumerken, daß sich im praktischen Alltag die *Segmentnadel nach Kaltenbach* am besten bewährt hat. Durch die Vorspannung der eingebauten Feder ist eine absolut gleichmäßige Berührungsintensität der Nadel auf der Haut gewährleistet.

Bei der praktischen Durchführung muß beachtet werden, daß eine verläßliche und gleichmäßige Angabe des Patienten über die Hyperästhesie erst nach 3-5maligem Gang mit der Nadel über die fraglichen Hautareale erfolgen kann.

Auch diese kutanen Reize müssen gebahnt werden, bis sie für die Großhirnrinde diskriminierbar sind.

Ein weiteres, unverzichtbares Hilfsmittel ist der *Fettstift*, mit dem man sofort auf der Haut die Punkte vermehrter (aber auch verminderter) Empfindlichkeit ankreuzt.

Die gefundenen Zonen müssen ferner sofort auf ein Segmentschema übertragen werden, da nur so das Ergebnis der Mühe und des Zeitaufwands der Untersuchung weiterhin verfügbar bleibt.

Für den Allgemeinpraktiker läßt sich diese außerordentlich ergiebige Screeningmethode natürlich auch bei all den Krankheitsbildern anwenden, die der Segmentdiagnostik und -therapie zugänglich sind.

Ich selbst habe es mir zur Regel gemacht, mir bei jedem neuen Patienten einen generellen Überblick über die Ästhesie am Körperstamm und an den Extremitäten zu verschaffen. Oft genug sind mir dabei Hinweise auf Diagnosen zugefallen, die sonst nur mit größerem Aufwand oder gar nicht aufgespürt worden wären. Auf einem anderen Blatt steht, daß es für den Patienten verblüffend ist, daß man ihn nach diese Untersuchung auf Diagnosen anspricht, die er gar nicht erwähnt hatte.

Zur *Therapie* ist anzumerken, daß man hier, wie bei fast allen Techniken, schrittweise vorgehen sollte und daß man erst dann zu einer neuen Technik übergeht, wenn man die vorherige Technik voll beherrscht. Am besten läßt man sich, z. B. während der Kursausbildung, von erfahrenen Kollegen Ratschläge geben, welche Techniken z. B. für den niedergelassenen Allgemeinarzt, welche für den Orthopäden oder Neurologen am sinnvollsten sind.

Wichtig wie bei jeder Therapie ist es auch hier, daß man sich in jedem Einzelfall exakt vor Augen hält, welche Wirkung in welchem pathophysiologischen Zusammenhang bezweckt wird und wie der Wirkmechanismus nach Spezifität und Dauer einzuschätzen ist.

Die Frage nach Verträglichkeit bzw. nach Nebenwirkungen und auch nach ökonomischer Vertretbarkeit stellt sich bei der „Segmenttherapie" praktisch nie. Sie ist bei richtiger Indikation und vernünftiger Dosierung nebenwirkungsfrei.

Sie kann es in punkto Sparsamkeit mit jeder anderen Therapie aufnehmen.

C 3.2.4
Unterscheidung zwischen neuralgischem Schmerz und Rezeptorenschmerz

Historischer Hinweis

Kuhlendahl hat schon 1953 nachdrücklich darauf hingewiesen, daß man bei der Klinik am Achsenorgan zu unterscheiden hat zwischen

1. dem *neuralgischen Schmerz* (Kompressionsschmerz radikulärer, spinaler o. ä. Genese) und
2. dem *Rezeptorenschmerz,* der durch Reizung von Nozizeptoren in Strukturen des Achsenorgans entsteht.

Kuhlendahl schreibt:
> Obwohl wenig beachtet, ist es doch offenkundig, daß pathophysiologisch ein grundlegender Unterschied besteht zwischen Schmerzen, die durch adäquate Reizung der sensiblen Rezeptoren hervorgerufen werden und solche, die durch Affektion der afferenten sensiblen Leitungsbahnen entstehen.

Bei dieser Unterscheidung handelt es sich keineswegs um eine akademische Streitfrage, sondern um eine Klärung von erheblicher diagnostischer, therapeutischer und prognostischer Tragweite.

Neuralgischer Schmerz = projizierter Schmerz

Voraussetzung für das neuralgische Syndrom ist, daß neurale Strukturen von außen beeinträchtigt werden.

Die systemfremde Läsion hat zur Folge, daß die Leitung im Nerv zwischen Rezeptor und Synapse gestört oder ganz unterbrochen wird (Abb. B 9,1).

Die sensiblen Folgen sind:
- bei Irritation: Verfälschung der Information = Parästhesien,
- bei Unterbrechung des Informationsstromes: Anästhesien.

Dieser Pathomechanismus ist seit langem bekannt (z. B. Brettschneider 1847, zit. nach Kunert 1975). Findet die Kompression dort statt, wo die Spinalwurzeln das Rückenmark verlassen, dann haben wir eine *radikuläre* oder *Wurzelirritation* vor uns. Hier kann zwischen der Irritation der vorderen (motorischen) und der hinteren (sensiblen) Wurzel unterschieden werden. Haben sich die Wurzeln zum Spinalnerv zusammengefunden, dann liegt eine *Neuralgie des Spinalnervs* vor. Da jetzt die sensorisch-afferenten und die motorisch-efferenten Axone zu einem einzigen Nerv vereinigt sind, kann eine mechanische Kompression sensorische und motorische Symptome hervorrufen.

Das gleiche gilt für alle gemischten peripheren Nerven. Die die Kompression begleitenden Schmerzen reichen von mäßig, pelzig, kribbelnd, einschießend, blitzartig bis rasend. Wird der Nerv durch Kompression zerstört, dann kommt es zur Gefühllosigkeit mit motorischen Ausfällen. Die Patienten beschreiben den Schmerz je nach Temperament als „Zahnarztschmerz", „nicht auszuhalten", „bohrend", „bösartig" u. ä.

Das „klassische" Modell ist der Wurzelkompressionsschmerz L 5 oder S 1, die „Ischialgie".

Der Schmerz wird nicht nur am Ort der Kompression, sondern auch distal davon im Ausbreitungsbereich des Nervs in der Peripherie wahrgenommen. Es wird also auch in Gebieten registriert, in denen keine Schädigung vorliegt. Der afferente Einstrom wird dann zentral so interpretiert, als ob es aus den Rezeptoren dieser gequetschten Axone stamme. Es wird durch die wahrnehmende Großhirnrinde nach dorthin „projiziert". Man nennt ihn daher „projizierter Schmerz". Betrifft die Kompression eine Spinalwurzel, dann hält sich die Schmerzausbreitung exakt an die radikulär-segmentale Ordnung, d. h. die sensorische Veränderung oder der Ausfall hält sich auf der Haut an die Grenzen des Dermatoms, in der Muskulatur an die des Myotoms usw. Da diese radikulären Ausbreitungsbereiche meistens am Rande von den Nachbarwurzeln überlappend mitversorgt werden, ist die Zone der radikulären Läsion meistens schmaler, als es dem wahren Ausbreitungsgebiet entspricht.

Bei der Untersuchung des Dermatoms mit der Parästhesienadel meldet der Patient Hyperästhesie, Hyperalgesie, Parästhesie bis hin zur Anästhesie, und dies alles mit scharfer Begrenzung.

Nicht immer ist das ganze Dermatom sensibel verändert. Oft finden sich nur „Dermatomfragmente". Gelegentlich wechseln im Dermatom hyperästhetische und hypoästhetische Abschnitte.

Bei der Kompression nehmen zuerst die dicken, myelisierten Fasern Schaden. Die dünneren oder gar nichtmyelisierten werden erst dann geschädigt, wenn der Druck länger besteht.

Bei der *Regeneration* des Nervs soll die Reparation der Nervenfasern in umgekehrter Reihenfolge vor sich gehen: Zuerst regenerieren die dünnen und wenig myelinisierten III- und IV-Fasern. Dieser Reparaturvorgang kann viele Monate in Anspruch nehmen.

Rezeptorenschmerz

Der Rezeptorenschmerz ist der „physiologische" Schmerz, der durch adäquate Reizung von Nozizeptoren ausgelöst wird. Die Höhe der Reizschwelle, die Rezeptorendichte und deren Spezifität entscheiden über Art und Qualität sowie über die Stärke der Schmerzen.

Wo immer im Körper genügend Nozizeptoren überschwellig gereizt werden, entsteht ein Rezeptorenschmerz gemeinsam mit der Nozireaktion, in die er integriert ist. Der Rezeptorenschmerz ist die Folge der Bestätigung eines vorgegebenen Warnsystems – einer zwar unangenehmen, aber elementaren notwendigen Schutzeinrichtung (Abb. B 9). Demgegenüber ist der neuralgische Schmerz eine Art unvorhergesehenes Mißgeschick. So macht z. B. ein lumbaler Bandscheibenvorfall keine neuralgischen Schmerzen, wenn er sich nach ventral oder lateral ausbreitet. Nur sein Vordringen nach dorsal oder dorsalateral in den Spinalkanal kann neuralgische Schmerzen auslösen, wenn das Rückenmark oder die Nervenwurzeln nicht vor diesem „Fremdkörper" ausweichen können.

Bei den *Rezeptorenschmerzen* gibt es dieses Moment der Zufälligkeit nicht. Wo immer es biologisch erforderlich ist, wachen Nozizeptoren unmittelbar an den Strukturen, für deren Unversehrtheit sie mitverantwortlich sind.

Über die Innervation der Gelenkkapsel des Wirbelgelenkes (B 5.3.1 und C 3.1) wurde berichtet, daß diese reichlich mit Nozizeptoren ausgestattet ist, die nicht nur pathologisch-anatomisch definierbare Noxen, sondern auch funktionelle Störungen zu registrieren vermögen.

Die *Art der Schmerzen*, die auf Nozizeptorenreizung am Bewegungssystem beruhen, ist von der neuralgischen Kompression eindeutig unterscheidbar. Auch diese Schmerzen weisen eine erhebliche Bandbreite der Intensität, der Ausdauer und der Beeinträchtigung auf. Sie werden aber nur selten als „unverträglich" empfunden. Sie werden als „dumpf", „bohrend", „reißend", „ziehend" und „wandernd" geschildert. In der Umgangssprache wird von einem „rheumatischen" Schmerz gesprochen, v. a. dann, wenn Kälte und Nässe verstärkend wirkt oder umgekehrt, wenn Wärme gut tut.

Je nach Haltung oder Bewegung schwellen die Beschwerden ab oder an. Sie sind meistens nur ungenau zu lokalisieren. Es fehlt die parästhetische oder hypästhetische Komponente.

Zur Wahrnehmung und zur Ausbreitung des Rezeptorenschmerzes ist festzuhalten, daß er
1. vorwiegend dort empfunden wird, wo die Nozizeptorenreizung erfolgt, daß es aber auch hier
2. das Phänomen gibt, daß Schmerzen und Mißempfindungen in Strukturen empfunden werden, die gar nicht unmittelbar betroffen sind. Es handelt sich um den – bereits ausführlich besprochenen – Übertragungsmechanismus, der seit Head als „referred pain" bezeichnet wird.

Da beim Rezeptorenschmerz keine Nervenfasern geschädigt oder gar zerstört werden, stellt sich das normale Gefühl wieder ein, sobald die Noxe beseitigt ist.

Eindeutige motorische Ausfälle gibt es beim Rezeptorenschmerz nicht. Findet man gelegentlich eine lokale motorische Abschwächungen, dann handelt es sich um spinale Hemmungsvorgänge oder um Folgen von Ruhigstellung, nicht aber um Ausfälle, wie sie durch Nervenkompression entstehen.

Nicht unerwähnt sei, daß es in der klinischen Realität kaum einen absolut reinen neuralgischen Schmerz gibt: da sich praktisch immer dort, wo sich der komprimierende Teil abgelöst hat oder eingedrungen ist und wo der Nerv oder das Rückenmark komprimiert wird, sich Nozizeptoren befinden, werden diese miteinbezogen. Dadurch kommt es zu einem zusätzlichen Rezeptorenschmerz.

Dieser wird meistens dann, wenn der Patient den Arzt aufsucht, von dem „aggresiveren" und „lauteren" neuralgischen Schmerz übertönt. Bei genauer Beobachtung kann man ihn oft trotzdem an der spezifischen Hyperalgesie erkennen, genauso wie man einen sympathischen Schmerz an seinem auffälligen, brennenden Charakter erkennen kann. Bei einer spinalen Kompression, z. B. der Wurzel L 5 oder S 1, durch einen Bandscheibenprolaps ist es immer wieder erstaunlich, wie man einen Teil der Schmerzen – nämlich den begleitenden Rezeptorenschmerz – allein durch eine intrakutane Quaddelserie mit einem niederprozentigen Lokalanästhetikum im betroffenen Segment fast schlagartig dämpfen oder gar temporär löschen kann, obwohl die komprimierende Situation nicht verändert wurde.

Nicht zu verwechseln ist dieser Sachverhalt mit der *Abfolge* von Rezeptorenschmerzen und Wurzelkompressionsschmerz, wie er von Bogduk (1990, 1992) für die Karriere eines Bandscheibenvorfalls klargestellt worden ist (s. D 4).

Zum Schluß der allgemeine Hinweis, daß sich beim Rezeptorenschmerz immer nur eine Vermehrung der Wahrnehmungen (Hyperästhesie), nie aber eine Verminderung, eine Verfälschung oder gar ein Verstummen des Schmerzes wie beim neuralgischem Schmerz findet. Wenn man bedenkt, wie ähnlich sich der „projizierte" Schmerz der Neuralgie und der „übertragene" („referred") Schmerz der Rezeptorenreizung sind, dann ist es nur zu verständlich, daß es früheren Generationen schwerfallen mußte, diese Zusammenhänge zu durchschauen, und daß sie eine ständige Quelle von Verwechslungen und Mißverständnissen sein mußten. Leider wird auch heute noch diese Unterscheidung nicht so sicher und selbstverständlich gehandhabt, wie es möglich und wegen der diagnostischen und therapeutischen Konsequenzen erforderlich ist.

C 3.2.5
Efferenz: Informationsweitergabe auf der spinalen Ebene

Orientieren wir uns weiter am kybernetisch-systemtheoretischen Grundmuster der Abfolge von
- Informationsaufnahme,
- Koordination und
- Handeln,

dann haben wir jetzt die Ebene der spinalen Koordination besprochen und können uns nun mit den Systemteilen beschäftigen, an die die spinal erarbeiteten Handlungsanweisungen weitergegeben werden:
- an die zugeordnete Muskulatur und
- an die sympathische Efferenz.
- Die Kommunikation mit den übergeordneten zentralen Zentren schließt die regionalen neuralen Aktivitäten an das Ganze des Organismus an.

C 3.2.5.1
Muskelfunktionssteuerung, Gamma-System und Nozireaktion

Die Muskulatur repräsentiert aus der Sicht der *Systemtheorie* im „Bewegungssystem" die Kategorie „Energie". Dort wiederum hat sie den Rang eines „Subsystems". Aus der Sicht der Neurophysiologie interessiert also nicht primär, *wie* die Energie erzeugt wird, sondern wie sie situationsgerecht eingesetzt, d. h. wie sie geregelt und gesteuert wird. Im folgenden werden daher die bisher gebräuchlichen Vorstellungen über die Steuerung der Muskelfunktion wiederholt.

Bevor wir ins Detail gehen, sei hier daran erinnert, daß der Physiologe R. Wagner (München) 1925 – also ein Vierteljahrhundert vor Norbert Wiener – das Prinzip der biologischen Regelung im Sinn der Kybernetik als erster an der Muskelfunktion erkannt und beschrieben hat.

Vorbemerkungen

Die *Muskulatur* hat generell 2 Leistungen zu erfüllen:
1. die Haltefunktion (tonische Leistung),
2. die Bewegungsfunktion (phasische Leistung).

Diese unterschiedlichen Anforderungen erfordern sowohl regeltechnisch als auch von der Arbeitsökonomie her verschiedene technische Lösungen.

Die *Haltefunktion* erfordert, daß gleiche Werte der Länge und/oder der Spannung des Muskels beibehalten werden, auch dann, wenn sich die von außen angreifenden Kräfte ändern.

Hier ist also ein *Halteregler* erforderlich, der mit Hilfe eines Regelkreises in der Lage ist, einen vorgegebenen Sollwert zu halten.

Beispiel: Man trägt zusammen mit jemand anderem ein schweres Möbelstück. Dabei soll z. B. der M. biceps möglichst immer den Unterarm in gleicher Weise gebeugt halten, obwohl bei jedem Schritt eine andere Belastung erfolgt. Noch deutlicher wird die Ungleichmäßigkeit der Haltebelastung, wenn der andere plötzlich losläßt oder stürzt.

Die *Bewegungsfunktion* erfordert, daß Länge und/oder Spannung des Muskels von übergeordneten Zentren her rasch verstellt werden kann, d. h. daß der Muskel veränderten Sollwerten unmittelbar zu entsprechen vermag. Hier ist ein *Folgeregler* mit Sollwertverstellung erforderlich.

Beispiel: Beim Diskuswurf wird in der Wurfphase der M. biceps plötzlich schnell und intensiv kontrahiert, während er vorher bei der Drehphase vornehmlich eine tonische Haltefunktion zu erfüllen hatte.

Da auch die Anforderungen an die Stoffwechselökonomie sehr unterschiedlich sind, je nach dem, ob vom Muskel eine minuten- oder gar stundendauernde, tonische Haltearbeit verlangt wird oder ob er kurzdauernde kräftige und ausladende Bewegungen durchführen muß, haben sich beim Warmblüter Arten von Muskelfasern herausgebildet, die jeweils mehr oder weniger einer dieser beiden Aufgaben besonders angepaßt sind:
- für die *tonische* Arbeit stehen v. a. die myoglobinreicheren *roten Muskelfasern*,
- für die *phasischen* Leistungen vornehmlich die myoglobinärmeren, *blassen Muskelfasern* zur Verfügung.

Die Muskelfaserarten sind in den Muskeln so gemischt, wie es deren vornehmlicher Aufgabe entspricht: Muskeln mit viel Haltearbeit enthalten mehr rote Anteile, Muskeln mit viel phasischer Arbeit dagegen mehr Anteile von blassen Muskelfasern.

Auch die *Innervation* läßt jeweils Unterschiede erkennen. Bei dieser Differenzierung zwischen der phasischen und tonischen Funktion der Muskulatur ist es nicht verwunderlich, daß sich dieser Unterschied auch in der Pathophysiolgie niederschlägt. Janda (1970) konnte nachweisen:
- Muskeln mit vornehmlich *tonischer* Funktion neigen bei Über- und Fehlbelastung zur *Verkürzung*.
- Vornehmlich *phasisch* eingestellte Muskeln reagieren mit *Abschwächung*.

C 3.2.5.1.1
Kybernetische Aspekte der Steuerung der Muskelfunktion

Beginnen wir wie immer im Regelkreis mit der Frage nach dem Fühler, der die Istgröße auf der Regelstrecke mißt, d. h. hier: der über Länge und Spannung des Muskels zu wachen hat. Entsprechende Fühler sind
- die Muskelspindeln und
- die Sehnenorgane = Golgi-Körperchen.

Die *Muskelspindeln* sind sehr niederschwellige Längendedektoren. Sie verfügen über eine eigene Regelungs- und Steuerungseinrichtung, die es ermöglicht, die Empfindlichkeit des Fühlers zu verändern (Meßwertverstellung).

Die *Sehnenorgane* (= Golgi-Körperchen) sind ebenfalls niederschwellige Spannungsdetektoren die nur in den Sehnenansätzen installiert sind (Abb. C 14).

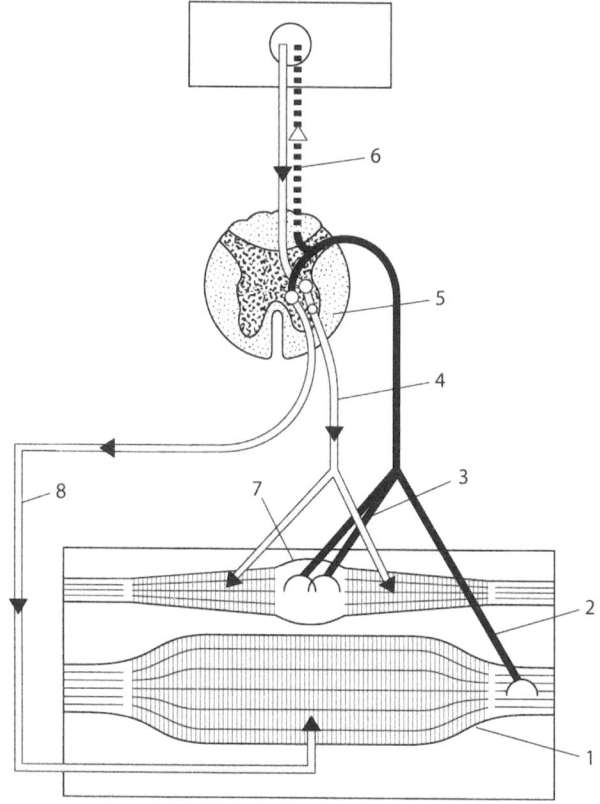

Abb. C 14. Schema der Muskelfunktionssteuerung mit γ-System. *1* Arbeitsmuskel, *2* Afferenz aus dem Sehnenorgan, *3* Afferenz aus den Muskelspindel, *4* Efferenz an die Fusimotoren der Muskelspindel, *5* motorisches Vorderhorn, *6* Verbindungen zum Zentrum, *7* Muskelspindel, *8* Efferenz an den Arbeitsmuskel

Muskelspindel

Die Muskelspindel registriert mit ihrem im Mittelpunkt gelegenen Sinnesorgan, dem „anulospiralen Rezeptor", Längenänderungen des Muskels. Da die Muskelspindeln parallel zu den Fasern der Arbeitsmuskulatur angeordnet sind, überträgt sich jede Längung des Muskels auf die Spindel. Dort wirkt der Zug als der spezifische Reiz auf den anulospiralen Rezeptor. Über dicke (Durchmesser mehr als 10 µm) schnell leitende Ia-Fasern wird diese propriozeptive Information durch die Hinterwurzel – ohne Zwischenneuron – an die großen α-Motoneuronenzellen im Vorderhorn weitergeleitet. Dort reiht sie sich ein in die exzitatorischen (erregenden) Reize, die eine Kontraktion der von dort innervierten Muskelfasern auslösen.

Die dadurch entstehende Verkürzung der Arbeitsmuskulatur hat zur Folge, daß auch die Muskelspindel „entdehnt" wird und daß damit der Reiz zu weiterer Aktivität entfällt.

Dieser Vorgang liegt dem einfachen Muskeldehnungsreflex, z. B. dem ASR oder PSR, zugrunde. Auf die einmalige Dehnung des Muskels durch den Schlag des Reflexhammers feuern die Muskelspindelrezeptoren. Mit einer zeitlichen Verzögerung, die sich aus der Laufzeit über die afferenten und efferenten Nervenfasern und den Durchgang durch die Synapsen ergibt, erfolgt die Kontraktion der Muskelfasern.

Diese erlischt sofort, weil die Muskelspindel nicht mehr feuert.

Die Muskelspindel kann sowohl die absolute Länge (proportionale Anzeige) als auch die Längenänderung pro Zeiteinheit (Differentialquotientenanzeige) registrieren (Rohen 1975).

Sehnenorgane

Im Gegensatz zu den Muskelspindeln, die auf eine Längenänderung reagieren, feuern die Sehnen-Organe dann, wenn die Spannung in einem Muskel wächst.

Ihre Afferenzen wirken über Zwischenneurone inhibitorisch (hemmend) auf die α-Motoneuronen ein. Dadurch wird eine *Detonisierung* der Muskelfibrillen bewirkt.

In der Muskelspindel und im Sehnenorgan haben wir also 2 Fühler vor uns, die mit verteilten Rollen über die beiden veränderbaren Zustände des Muskels, *Länge und Spannung,* wachen.

C 3.2.5.1.2
Das γ-System

Das eben beschriebene Grundmodell der Langen- und Spannungsregelung des Muskels ist zwar funktionstüchtig, aber wenig anpassungsfähig. Es würden ständig die gleichen, einmal eingegebenen Reizschwellen in den Muskelspindeln und Sehnenorganen herrschen. So würde die Möglichkeit fehlen, z. B. im Augenblick von Bedrohung oder im Kampf, besonders schnell und kraftvoll zu reagieren oder umgekehrt im Zustand der Ruhe oder im Schlaf den Muskeltonus abzusenken, damit Energie gespart wird. Deshalb wurde die Anpassungsfähigkeit dieser Steuerung durch einige raffinierte Zusatzeinrichtungen weiterentwickelt:

Es existiert eine Vorrichtung, die es ermöglicht, die *Empfindlichkeit* des *anulospiralen Rezeptors* zu verändern. Dieser ist zwischen 2 spezielle *Muskelbündel* eingespannt, die durch Anspannung oder Loslassen bewirken können, daß der Rezeptor jeweils empfindlicher oder unempfindlicher gegenüber Längenänderungen wird.

Diese besonders kernreichen Muskelbündel heißen „*intrafusale Muskelfasern*" (fusus = Spindel) bzw. nach einem früheren Beschreiber: die *Weissmann-Bündel*.

Diese intrafusalen Muskelbündel werden ausschließlich von speziellen γ-Motoneuronen im Vorderhorn über deren efferente relativ dünne γ-Fasern (2–8 μm) gesteuert.

Zusammen mit der *Afferenz* aus dem anulospiralen Rezeptor bildet dieses γ-Motoneuron mit seinem Axon die ungemein wichtige γ-Schleife (Abb. C 14–C 16).

γ-Schleife

Durch diese γ-Schleife verliert die Muskelfunktionssteuerung ihre ursprüngliche Starrheit. Jetzt kann die Skelettmuskulatur an alle aktuellen Bedürfnisse des Gesamtorganismus angepaßt werden.

So entspannen sich z. B. im Schlaf die intrafusalen Muskelfasern soweit, daß die Muskelspindeln kaum noch feuern. Dadurch bleibt in den α-Motoneuronen und damit in der Arbeitsmuskulatur nur noch die Basisaktivität bestehen. Die Muskelfunktion „brennt auf Sparflamme".

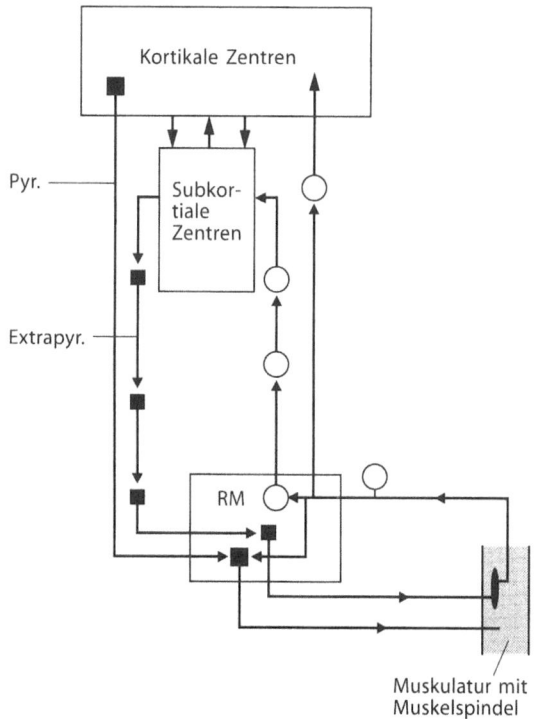

Abb. C 15. Blockschema der Verknüpfungen der γ-Afferenz in spinale, subkortikale und kortikale Kreisschaltungen. *pyr* Pyramidenbahn, *Extrapyr.* Extrapyramidale, efferente Bahnen, *RM* Rückenmark. (Aus: Rohen 1975)

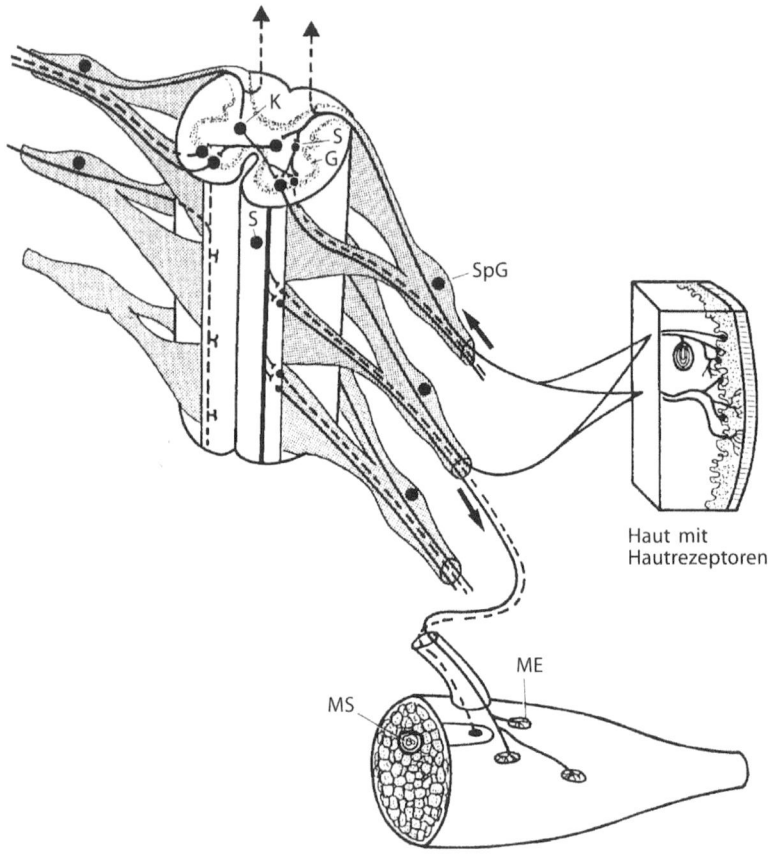

Abb. C 16. Verknüpfung sensorischer Afferenzen (hier aus der Haut) mit der Muskelfunktionssteuerung. *G* Grundbündel, *K* Kommisurzellen, *MS* Muskelspindel, *ME* motorische Endplatte, *S* Schaltzellen, *Spli* Spinalganglion. (Nach Rohen 1975)

Im Gegensatz dazu sind die Anstrengungen, Angriff oder Gefahr die intrafusalen Muskelbündel hochgradig kontrahiert.

Schon ein geringer zusätzlicher Zug am Muskel löst heftiges Feuern des anulospiralen Rezeptors aus. Dieser aktiviert seinerseits die Motoneurone im Vorderhorn zu massiven Entladungen: Die Muskulatur ist zu voller Leistung imstande.

Die efferenten γ-Fasern, die zum Weissmann-Bündel ziehen, sind dünner als die sie begleitenden α-Fasern, die die Arbeitsmuskelfibrillen innervieren.

Auch die γ-Neuronenzellen im motorischen Vorderhorn, die diese Fasern aussenden, sind kleiner als die sie umgebenden α_1 und α_2-Motoneuronen für die Arbeitsmuskulatur.

Im Querschnitt einer vorderen Wurzel machen die γ-Fasern aber bis zu 30 % der Fasern aus. Das ist eine erstaunlich große Zahl, wenn man bedenkt, wie

relativ gering die Muskelmasse der infrafusalen Muskelfasern in den Muskelspindeln im Vergleich zu der sie umgebenden Arbeitsmuskulatur ist.
Aus dieser Relation läßt sich die funktionelle Bedeutung des γ-Systems ablesen.

Kernsackfasern, Kernkettenfasern
Zu fragen ist, ob und ggf. wie auch in den Muskelspindeln zwischen *phasischer* und *tonischer* Beanspruchung des Muskels unterschieden werden kann. Diese Aufgabe ist folgendermaßen gelöst worden:
1. Es finden sich zum einen Muskelspindeln, in deren anulospiralem Rezeptor zahlreiche *Zellkerne* angehäuft sind. Man nennt sie *Kernsackfasern*. Diese Rezeptoren sind mit sehr schnell leitenden, afferenten Ia-Fasern verbunden, die synaptischen Kontakt zu den besonders großen α-Motoneuronen im Vorderhorn haben. Diese Art von Muskelspindeln dürfte der *phasischen* Muskelleistung zugeordnet sein.
2. Zum anderen finden sich Muskelspindeln, in deren anulospiralem Rezeptor die *Kerne kettenartig* hintereinander aufgereiht sind, so daß man sie „Kernkettenfasern" nennt.

Von dieser Art von Muskelspindeln gehen langsamer leitende II-Fasern afferent zu kleineren α-Motoneuronen im Vorderhorn aus. Diese Art von Muskelspindeln dürfte der *tonischen* Muskelleistung zugeordnet sein (Abb. C 17).

Zentrale Verbindung der γ-Schleife
Die bisher beschriebene, spinal-segmental geschaltete „γ-Schleife" ist nicht autonom. Sie steht vielmehr mit zentralen Steuerungszentren in direkter Verbindung. Sie informiert das Zentrum afferent und wird von dort efferent in größere Steuerungszusammenhänge eingebunden.

Wie alle Propriozeption aus der Muskulatur ist also auch die Spindelafferenz mit Hirnstamm, Kleinhirn, Thalamus und von dort mit dem Kortex verknüpft.

Interessant ist dabei, daß bei der bewußten Wahrnehmung von Gelenkstellungen neben den Gelenkrezeptoren (s. S. 114) auch die Afferenzen aus den Ia-Fasern der Muskelspindeln beteiligt sind. Nach Schmidt u. Thews (1987) führt selektive Reizung (Vibration) der Muskelspindeln beim Menschen zu eindrucksvollen Täuschungen über die tatsächlichen Gelenkstellungen.

Bevor über die zentralen Förderungs- und Hemmungsmechanismen, die auf die spinal geschaltete γ-Schleife einwirken können, berichtet wird, sind einige allgemeine Anmerkungen zum Gesamtkomplex der motorischen Steuerungen unerläßlich.

C 3.2.5.1.3
Stützmotorik – Zielmotorik
Die moderne Physiologie läßt die altgewohnte Unterteilung der motorischen Steuerungen in eine
– Willkürmotorik, die pyramidal gesteuert sei und
– eine Nichtwillkürmotorik, die extrapyramidal gesteuert sei.
nicht mehr gelten (Schmidt u. Thews 1987).

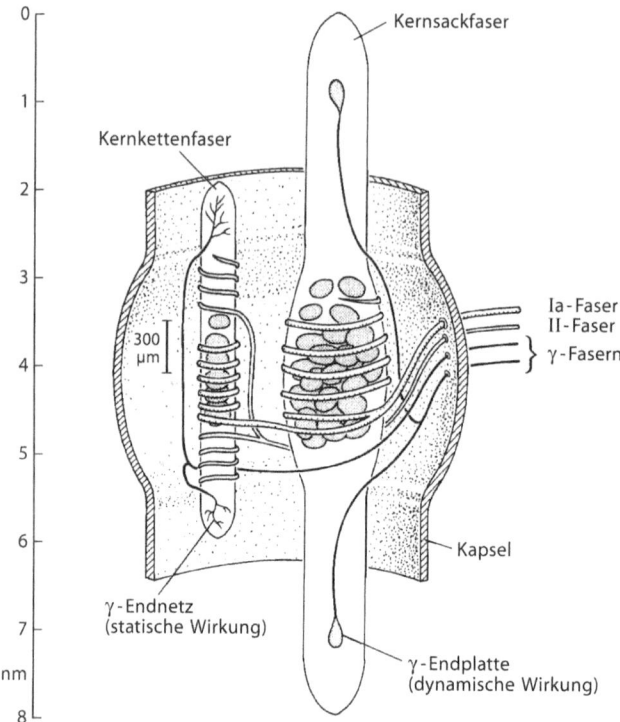

Abb. C 17. Schematische Darstellung der Kernkettenfasern und der Kernsackfasern der Muskelspindel. (Aus Schmidt u. Thews 1987)

Man unterscheidet vielmehr zwischen der Stützmotorik und der Zielmotorik.

Unter *Stützmotorik* versteht man alle Haltungs- und Bewegungsleistungen, die unsere Existenz im Schwerefeld der Erde erfordert.

Unter *Zielmotorik* versteht man die gezielten, motorischen Leistungen, die willkürlich auslösbar sind und die generell mit angulären Bewegungen einhergehen.

Diese Unterscheidung wird verständlich, wenn man die Phylogenese zu Rate zieht. Aus phylogenetischer Sicht sei an den Wechsel der frühen Wirbeltiere (Urfische, Alt-Fische, Quastenflosser) vom Wasser an Land erinnert. Im Wasser spielte die Auseinandersetzung mit der Schwerkraft kaum eine Rolle. An Land wurde die Schwerkraft für Haltung und Bewegung ein zentrales Problem. Für den Menschen verstärkt sich diese Problematik noch zusätzlich durch die aufrechte Haltung und Bewegung. Bei frühen Landwirbeltieren (Amphibien, Reptilien), bei denen zwar eine hinreichende Grundbeweglichkeit im Schwerefeld vorhanden ist, bei denen aber komplexe und differenzierte Bewegungen der Extremitäten (z. B. Ausgriff und Zugriff mit Arm und Hand) noch nicht angelegt sind, finden sich nur Steuerungszentren für die *Stützmotorik* in „alten" Hirnschichten (Hirnstamm).

Die Steuerungszentren der *Zielmotorik* finden sich dagegen erst als später Erwerb bei Säugern in höheren Hirnabschnitten, d. h. im Thalamus, in den Stammganglien und v. a. im Großhirn.

Die Stützmotorik ist also eine Grundausstattung, auf der die diffizilere Zielmotorik aufbaut (Schmidt u. Thews 1987).

Stützmotorik
Im *Hirnstamm* sind es v. a. 3 Zentren (Abb. C 18) die hemmend oder fördernd die supraspinale Kontrolle der Stützmotorik ausüben:
1. ein medullärer und pontiner Teil in der Formatio reticularis mit dem Tractus reticulospinalis.
2. der laterale Vestibulariskern (Deiter) mit dem Tractus vestibulospinalis.
3. Der Nucleus ruber mit dem Tractus rubrospinalis.

Die von diesen Zentren ausgehenden Efferenzen wirken gleichzeitig auf die α- und die γ-Motoneuronen ein.

Diese wichtige *Parallelschaltung* wurde als α-γ-Kopplung bezeichnet. Sie ist eine Voraussetzung für das enge Zusammenspiel der beiden sich ergänzenden Systeme.

Durch die *gleichzeitige* Aktivierung der α- und der γ-Motoneurone wird erreicht, daß die Muskelspindel weiter feuern kann, obwohl die Arbeitsmuskulatur verkürzt wird. So ist gewährleistet, daß die anulospiralen Rezeptoren auch bei voller Leistung des Muskels voll funktionstüchtig bleiben.

Wichtig ist, daß die Stützmotorik weitgehend „automatisch", d. h. ohne Zuhilfenahme des Bewußtseins, funktioniert.

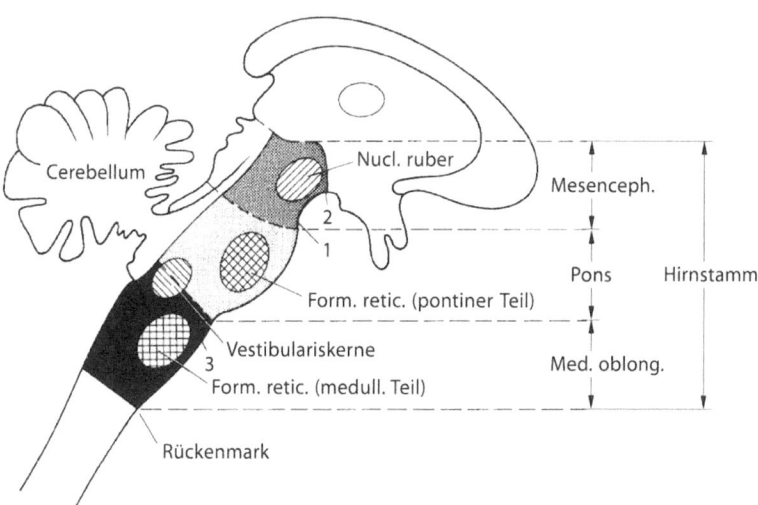

Abb. C 18. Schematischer Überblick über die Lage der motorischen Zentren im Hirnstamm. (Aus Schmidt u. Thews 1987)

Für das γ-System ist die Verknüpfung mit der *Formatio reticularis* und dem dort wirksamen „allgemeinen retikulären aktivierenden System" (ARAS) von besonderer Bedeutung. Von hier aus wirken u. a. Wachheit oder Ermüdung auf die γ-Motoneuronen jeweils fördernd bzw. hemmend ein.

Über den Tractus vestibulospinalis werden v. a. die γ-Motoneuronen der Extensorenmuskulatur im Rahmen der Gleichgewichtssteuerung beeinflußt.

Zielmotorik
Bei der schnellen Zielmotorik dominiert die Steuerung durch die Großhirnrinde (Gyrus praecentralis). Der Thalamus und der Nucleus dentatus sind vornehmlich an der Ausgestaltung der Bewegungsausführung beteiligt.

Die früher angenommene „Vorreiterfunktion" des γ-Systems bei der Zielmotorik ist nach neueren Erkenntnissen nicht mehr wahrscheinlich (Schmidt u. Thews 1987).

Das γ-System im Ganzen der Motorik
Vergegenwärtigen wir uns noch einmal, daß die propriozeptiven Signale aus den Muskelspindeln nicht nur spinal, sondern auch zentripetal weitergeleitet werden und daß im Gegenzug die spinale γ-Schleife durch absteigende Bahnen ihrerseits unter dem Einfluß von Zentren im Hirnstamm und im Mittelhirn steht.

In der *Formatio reticularis* ist die γ-Schleife afferent und efferent
– mit der Stütz- und Zielmotorik verknüpft.
– In den Gleichgewichtssteuerungskernen (Vestibulariskerne) ist sie mit dem System der Gleichgewichtssteuerung,
– im thalamischen und limbischen System mit dem affektiven Bereich,
– in den kortikalen Zentren mit dem kognitiven Bereich
verknüpft.

Hier liegen physiologische Deutungsmöglichkeiten für die psychophysischen Beziehungen, die zwischen der kognitiven, affektiven und vegetativen Befindlichkeit einerseits und dem Muskeltonus andererseits bestehen.

Jeder Umgang mit der Pathophysiologie des Bewegungssystems hat auch diese Seite des Faktors „Energie", d. h. der Muskulatur im Gesamtsystem der psychophysischen Existenz, im Auge zu behalten.

Eingriff der Nozizeption in die Muskelfunktionssteuerung
(s. C 3.2.2)

In dieses gestaffelte Steuerungssystem der Muskulatur greift die Nozireaktion auf der gemeinsamen spinalen Ebene ein.

Über die „*Binnenzellen*" des Hinterhornkomplexes wird das Ergebnis des Verrechnungsprozesses der Nozizeption an das motorische Vorderhorn weitergeleitet.

Es sind vorallem die „Schaltneurone", die auf gleicher Höhe und Seite die Alpha- und Gamma-Motoneuronenzellen exzitativ ansteuern.

Postsynaptisch führt dieser Afferenzstrom an den Motoneuronen zu einer Verstärkung der Depolarisation, d. h. zu einer erhöhten Aktivität der zugehörigen Muskelfaserbündel.

Bei größerer Reizdichte werden über die weiterreichenden „Assoziations"- und „Kommissuren-Neuronen" auch die benachbarten spinalen Segmente und die der Gegenseite von den Störungen erreicht.

Die Folgen dieses Eingriffs sind die – altbekannten – Tonusveränderungen der monosegmentalen tiefen autochthonen Muskulatur. Bei größerem oder länger anhaltendem Reizangebot können auch benachbarte Muskelschichten und die der Gegenseite miteinbezogen sein. Die mittleren und oberen Muskelschichten sind nur selten betroffen. (Rohen 1975).

C 3.2.5.2
Seitenhorn, sympathische Efferenz und spinale Nozireaktion

Vorbemerkungen

Das zwischen dem Hinterhorn und Vorderhorn gelegene *Seitenhorn* steht im Schatten der großen afferenten und efferenten Ströme. Von C 8–L 3 verläuft seitlich im Rückenmarkgrau der Tractus intermedia lateralis, der die Neuronen der *sympathischen Efferenz* beherbergt.

Die Kerne der *parasympathischen Efferenz* liegen im Hirnstamm als X. Hirnnerv (N. vagus) und im Sakralmark.

Erst kurz vor der vegetativ versorgten Peripherie kommunizieren die beiden antagonistischen Schenkel miteinander, nachdem sie vorher weit voneinander entfernte Wege durchlaufen haben.

Die vegetative *Afferenz*, z. B. aus den inneren Organen, besteht ebenfalls aus dünnen wenig myelinisierten oder unmyelinisierten Fasern. Sie verlaufen zu den vegetativen Steuerungszentren ungeschaltet entweder mit der Hinterwurzel ins Rückenmark oder mit dem N. vagus zum Hirnstamm bzw. zum Sakralmark. Sie wirken als Rückkopplung in der Funktionssteuerung der inneren Organe maßgeblich mit.

Zur *vegetativen Efferenz* ist anzumerken, daß sie – im Gegensatz zur motorischen Efferenz – vor dem Erreichen ihrer Effektoren noch auf ein zweites *postganglionäres Neuron* umgeschaltet wird. Dies geschieht im Fall des *Sympathikus* vornehmlich in der Kette des sympathischen Grenzstrangs oder in den großen Halsganglien (Abb. C 19).

Jedes *sympathische* präganglionäre Neuron kann im Grenzstrang Kontakt mit mehreren postganglionären Neuronen, auch in den benachbarten höheren und tieferen Segmenten, aufnehmen.

Jedes postganglionäre Neuron kann ebenfalls mit mehreren präganglionären Fasern aus benachbarten Segmenten verknüpft sein.

Da die efferenten *parasympathischen* Neurone entweder im Hirnstamm (N. vagus) oder im Sakralmark liegen, sind sie für die peripheren, nozizeptiven Irritationen, z. B. aus den Wirbelgelenken, nicht erreichbar. Daraus ergibt sich, daß

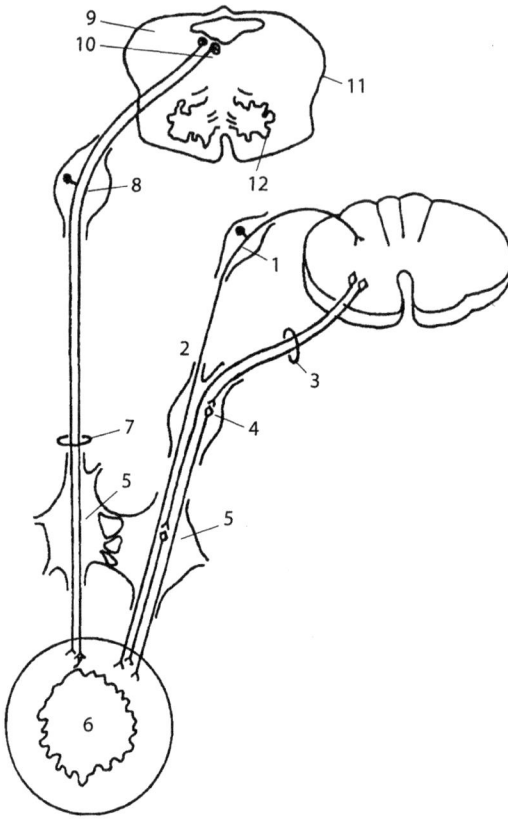

Abb. C 19. Grundschaltschema des vegetativen Systems. *1* Ganglion spinale, *2* viszeralafferente Faser des Sympathikus, *3* präganglionäre Faser, *4* Grenzstrangganglion des Sympathikus, *5* peripheres vegetatives Ganglion, *6* innervierte Organperipherie, *7* N. vagus, *8* Ganglion jugulare, *9* Tractus spinobulbaris, *10* Vaguskern, *11* Medulla oblongata, *12* Nucleus olivaris. (nach Monnier 1963)

bei vertebralen Nozireaktionen nur *sympathisch* induzierte Reaktionen an den vegetativ innervierten Strukturen zu erwarten sind (Abb. B 7 und B 8).

Diese Reaktionen lassen sich auf 3 Grundmechanismen zurückführen:
1. Beeinflussung der lichten Weite von Arteriolen und Präkapillaren (Widerstandsgefäße),
2. Beeinflussung der Funktion der exokrinen Drüsen und
3. Beeinflussung des Tonus der glatten Muskulatur.

Sympathische Beeinflussung von Gefäßen und Herz

In die arterielle Strombahn greift die sympathische Efferenz dadurch ein, daß sie ein Tonus der präkapillaren Sphinkteren erhöht. Durch eine Grundaktivität wird ein ständiger Basistonus in der Sphinktermuskulatur aufrechterhalten. Bei Bedarf kann dieser Tonus erhöht werden. Es darf aber nicht übersehen werden, daß auch andere Faktoren die lichte Weite der Arteriolen und Präkapillaren wirkungsvoll beeinflussen können. Die größte Rolle spielen dabei lokale Stoffwechselprodukte (Laktat, K^+-Ionen, ADP, CO_2-Überschuß, O_2-Mangel u. a.). Sie modifizieren und begrenzen die Effektivität der sympathischen Steuerung erheblich.

Die *parasympathische Efferenz* ist nicht an der vasomotorischen Steuerung beteiligt.

Zu beachten ist ferner, daß die Wirkung der sympathischen Gefäßsteuerung in den verschiedenen Körperschichten bzw. Organen keineswegs immer gleichsinnig erfolgt. Während z. B. die Durchblutung in der Haut vermindert wird, kann gleichzeitig die Durchblutung des darunterliegenden Muskels vermindert sein. Diese unterschiedliche Reaktionsweise ist verständlich. Während z. B. ein arbeitender Skelettmuskel hohe Anforderungen an die Durchblutung stellt, bedarf zur gleichen Zeit die Haut oft keineswegs der gleichen Durchblutungssteigerung.

Engel (1982) konnte mit Hilfe der Thermographie nachweisen, daß die *Hauttemperatur* in zervikalen Dermatomen erhöht war, wenn gleichzeitig in den zugeordneten WS-Etagen vertebrale Funktionsstörungen vorlagen.

Der Vorteil dieser Untersuchungsmethode ist, daß nicht nur statische Befunde aufgenommen, sondern auch Abläufe von physiologischen und pathophysiologischen Anpassungsvorgängen sichtbar gemacht werden können.

Bei der Interpretation der Befunde ist allerdings zu beachten, daß die Hauttemperatur ein Parameter ist, der von sehr vielen Variablen mitbeeinflußt wird. Das beeinträchtigt den Nutzen der Thermographie im praktischen Alltag. Ihr wissenschaftlicher Wert im Kontext mit weiteren funktionellen Verfahren steht außer Frage.

Die *sympathische Versorgung des Herzens* erfolgt – soweit es sich um das Seitenhorn handelt – aus den Segmenten D 1–5. Hinzu kommen weitere Efferenzen aus dem Ganglion stellatum. Während die Regulierung der koronaren Gefäßweite ausschließlich durch den Sympathikus erfolgt, geschieht die Steuerung der Herzfunktion im antagonistischen Zusammenspiel von Sympathikus und Vagus.

Dabei beschleunigt der Sympathikus die Herzschlagfolge, während der Vagus sie verlangsamt. Auch die Herzmuskelleistung wird entsprechend beeinflußt.

Sympathikus und exokrine Drüsen

Zu diesem Thema existiert in der mit zugänglichen manualmedizinischen Literatur kein Beitrag. Das dokumentiert, daß dieser Aspekt im Rahmen der vertebralen Dysfunktion keine wesentliche Rolle spielt. Erwähnenswert sind hier Hinweise von Hansen u. Schliack (1962) auf eine Hyperhidrosis (vermehrte Schweißproduktion), die in Head-Zonen nachgewiesen wurde. Die Autoren erinnern auch daran, daß die Schweißdrüsen – wie die Präkapillaren – nur von der sympathischen Efferenz gesteuert werden.

Sympathikus und glatte Muskulatur

Die glatte Muskulatur aller inneren Organe wird vom Sympathikus und vom Parasympathikus gemeinsam innerviert.

Ein funktioneller Antagonismus bestimmt die jeweilige Aktivität. Aufgrund von klinischen Beobachtungen geht man bei vertebralen Dysfunktionen von der Vorstellung aus, daß dieses funktionelle Gleichgewicht dadurch gestört werden kann, daß Abschnitte der sympathischen Efferenz im Seitenhorn bei einer Nozireaktion situationsinadäquat aktiviert werden.

Sympathische Versorgung der kranialen und kaudalen Körperregion

Wie bereits erwähnt, reicht die Kernsäule der sympathischen Efferenzen im Seitenhorn etwa von C 8–L 3. Im zervikalen Rückenmark finden sich kaum sympathische Zellen.

Die sympathische Versorgung von *Kopf, Hals und oberer Extremität* erfolgt also über einen langen Weg aus dem oberen thorakalen Rückenmark. Die sympathischen Neuronenzellen, für
- den *Kopf* finden sich bei C 8–D 4,
- die *Schulter* bei D 2–D 4 und für
- die *Arme* bei D 4–D 7.

Die Fasern der Neuronen, die den *Kopf* versorgen, verlaufen als präganglionäre Fasern durch die Vorderwurzel und erreichen über die Rami communicantes grisei die kraniale Verlängerung des Grenzstrangs: das Ganglion stellatum, das Ganglion cervikale medium und superius.

Es sollte der Aufmerksamkeit nicht entgehen, daß sich das Ganglion cervikale superius unmittelbar vor dem Kopfgelenkbereich befindet. Es liegt auf gleicher Höhe mit der besonders dicken Nervenwurzel C 2. Das nächste, kaudaler liegende Ganglion cervikale medium findet sich erst auf Höhe von C 7–Th 1 (s. D 1).

Die postganglionären Fasern verlaufen teilweise mit dem Spinalnerv, teilweise mit den großen Gefäßen zu den jeweiligen Effektoren in Kopf, Nacken, Schulter und Arm (Rohen 1975; Struppler u. Meier-Ewert 1980).

Die Zellen des ersten sympathischen Neurons für die *unteren Extremitäten* liegen im Seitenhorn auf Höhe von D 10–L 2. Die Umschaltung auf das 2. Neuron erfolgt in den lumbalen und sakralen Gangliengruppen.

C 3.2.5.3
Wirbelsäule und innere Erkrankungen

Wie bereits erwähnt, ist es seit langem empirisch bekannt, daß es Beziehungen zwischen Funktionsstörungen der Wirbelsäule und „Erkrankungen" in der inneren Medizin gibt. Diese Beobachtungen lenkten die Aufmerksamkeit auf die sympathischen Efferenz, die eben besprochen wurde.

Auch in den Beziehungen Wirbelsäule-innere Organ gibt es keine „Einbahnstraße". In einem kreisgeschalteten oder gar vermaschten System ist praktisch immer *jeder Partner Sender und Empfänger* zugleich. Auf unser Thema angewandt heißt das:
- daß nicht nur die von der Wirbelsäule ausgehende Nozireaktion die Funktionsgleichgewichte innerer Organe stören kann (vertebroviszerale Vermaschung), sondern
- daß auch das Achsenorgan gestört werden kann, wenn pathoanatomische und/oder pathophysiologische Störungen in inneren Organen über segmentale

Nozireaktionen (nach alter Nomenklatur „viszerovertebrale Reflexe") am Vertebron „pathogen" werden (Metz 1986; Schwarz 1977).

Medizinhistorische Anmerkungen
Grundlegende Arbeiten zu diesem Problem stammen von den Engländern Head (1920) und Mackenzie (1921a, b).

Im deutschsprachigen Schrifttum tauchen erst ab Mitte des 20. Jahrhunderts Beiträge zu diesem Thema auf: Gutzeit (1951, 1956); Hansen u. Schliack (1962); Kibler (1950) u. v. a. Im Zusammenhang der theoretischen Entwicklung der manuellen Medizin spielten hier die Begriffe „Organreflexe" und „sekundäre Blokkierung" und die dahinterstehenden theoretischen Konzepte eine wichtige Rolle. Sie wurden schon in den 50er Jahren von Biedermann (1976) in die Diskussion eingebracht.

Die Diskussion ging seinerzeit von der Beobachtung aus, daß ein längerdauernder nozizeptiver Reizzustand eines inneren Organs eine „Blockierung" in den Wirbelsäulenabschnitten der gleichen Segmenthöhe auslösen kann.

Ein klinisch erarbeitetes pathophysiologisches Argumentationsmodell verdanken wir Metz (1986): Er ging der Frage nach, welche „reflektorischen" Wirkungen von Erkrankungen der Niere am Achsenorgan festzustellen sind: Hier einige wesentliche Ergebnisse seiner Untersuchungen: Eine chronische Pyelonephritis bewirkt eine gleichseitige funktionelle Beeinträchtigung der Wirbelgelenke D 9-L 2. Diese Dysfunktion beruht auf einer längerdauernden, unphysiologischen Tonuserhöhung der segmental zugeordneten, tiefen autochthonen Muskulatur dieser Wirbelsäulenetage. Diese „sekundäre" vertebrale Dysfunktion kann, wenn sie nicht behandelt wird, auch dann weiterbestehen, wenn die ursprüngliche Irritationssituation im inneren Organ (z. B. durch eine Operation) beseitigt worden ist. Die vertebrale Dysfunktion hat sich verselbständigt.

Ferner fand Metz, daß die Nierenpatienten erst dann über Schmerzen klagen, wenn es zu der Mitbeteiligung der Wirbelsäule gekommen war. Diese Schmerzen wurden von den Patienten (und den meisten behandelnden Ärzten) auf die Niere und nicht auf die Wirbelsäule bezogen.

Metz geht davon aus, daß durch die hinzugekommene WS-Funktionsstörung die nozizeptive Afferenzüberflutung im Hinterhornkomplex so vergrößert wurde, daß jetzt die Schwelle zur Weitergabe der nozizeptiven Information zum Zentrum – d. h. zur subjektiven Wahrnehmung – überschritten war. Er diskutiert auch die Interpretationsmöglichkeit, daß die zusätzliche Nozizeption aus dem Bewegungssystem ein größeres rezeptives Feld im Großhirn aktiviert, als es die Nozizeption, die allein aus der Niere stammt, vermocht hat.

Bemerkenswert ist, daß dieser wahrgenommene Schmerz kaum pharmakologisch angehbar war.

Dagegen sprach er gut an auf gezielte manualmedizinische Mobilisation und Manipulation, auf Physiotherapie und Segmenttherapie mit Lokalanästhetika. So läßt sich verstehen, daß „unerklärliche" postoperative Beschwerden durch gezielte Behandlung der vertebralen Dysfunktion beseitigt werden konnten.

Daß man diesen pathophysiologischen Komplex anfangs als „Organreflex" bezeichnete, ergab sich darauf, daß man hinter den „viszerovertebralen", „vertebroviszeralen" und „kutiviszeralen Reflexen" vorgebahnte, neurale Verschaltungen vermutete.

Inzwischen zeichnet es sich immer deutlicher ab, daß es sich bei diesen sog. „Reflexen" um plastische, konditionierbare, neurophysiologische Prozesse handelt, die sich im globalen Rahmen der *Nozireaktion* abspielen.

Als eine praktische Konsequenz ergibt sich darauf, daß das Thema „*Wirbelsäule – innere Erkrankungen*" von beiden hier beteiligten Fachdisziplinen eine enge Zusammenarbeit erfordert. Der Hinweis, den jeweils anderen Kollegen zu konsultieren, ist immer dann dringlich, wenn die facheigene Diagnostik ins Leere läuft oder wenn eine überraschende Therapieresistenz oder gar eine unerklärliche Verschlimmerung stutzig macht.

Der vertebragene Faktor bei inneren Erkrankungen

1. Der vertebragene Faktor in der Pathogenese innerer Erkrankungen ist immer nur ein Faktor in einem Bündel weiterer Faktoren. Er ist allein nicht in der Lage, eine pathologisch-anatomisch definierbare Erkrankung eines inneren Organs zu verursachen.
Die spinale sympathische Efferenz spielt in diesem Zusammenhang eine zentrale Rolle (s. C 3.2.6).
2. Der vertebragene Störfaktor kann das funktionelle Gleichgewicht der vegetativ gesteuerten Organprovinz stören.
3. Trifft die pathologisch vermehrte sympathische Efferenz auf eine periphere Situation, die schon durch andere Faktoren vorgeschädigt ist, dann kann dadurch entweder die Schwelle zur Dekompensation überschritten oder die bereits vorhandene Dekompensation verstärkt werden.
Gutzeit (1951) hat diese klinischen Möglichkeiten in die Formel gefaßt: „Die Wirbelsäule kann
   - *Initiator,*
   - *Multiplikator und/oder*
   - *Lokalisator*

   für *pathologische Zustände* an inneren Organen sein."
4. Von diesen Pathomechanismen sind die klinischen Bilder grundsätzlich zu unterscheiden, bei denen die vertebragenen Beschwerden innere Krankheitsbilder *vortäuschen*. In diesen Fällen findet sich kein pathologischer Zustand an den inneren Organen. Die Lokalisation und die Ausbreitung der Beschwerden *imitieren nur eine innere Erkrankung*, z. B. eine
   - Pseudo-Angina-pectoris,
   - Pseudodyspnoe,
   - Pseudomastopathie,
   - Pseudo-Roemheld-Krankheit u. ä.

   Bei diesen Bildern spielt weniger die Irritation der sympathischen Efferenz als vielmehr ein segmental übertragener Schmerz („referred pain") eine Rolle.

Bei den aufgezeigten klinischen Zusammenhängen ist es von *diagnostischer und therapeutischer Bedeutung*, daß eindeutige *hyperalgetische und hyperästhetische*

Veränderungen in den Dermatomen und im subkutanen Gewebe der jeweils betroffenen Segmente nachweisbar sind.

Diese „algetischen Krankheitszeichen" weisen nach Höhe und Seite in die richtige Richtung. Lassen sich am inneren Organ keine sicheren pathologischen Befunde finden, bestehen aber eindeutige druckdolente und funktionelle Befunde am entsprechenden Bewegungssegment der WS bzw. an den Kostotransversalgelenken, dann ist der therapeutische Weg vorgezeichnet (s. 3.2.4, S. 123ff).

C 3.3
Die langen spinalen Bahnen

Durch lange Bahnen sind Zentrum und Peripherie in beiden Richtungen vielfach miteinander verbunden. Informationstheoretisch handelt es sich um Informationstransporte, die in die Verarbeitung der Software kaum eingreifen. Dementsprechend spielen sie in unserem Thema nur eine nachgeordnete Rolle. Zur Erinnerung nur einige anatomische Daten.

Die spinalen Bahnen bilden die weiße Substanz des Rückenmarksquerschnitts. Die strukturelle Trennung in Afferenz und Efferenz, d. h. in zentripetale und zentrifugale, sowie in propriozeptive und nozizeptive usw. Bahnen, ist auch hier eingehalten.

Aufsteigende Bahnen
In den Hintersträngen werden die propriozeptiven Afferenzen über schnelleitende, myelinisierte Fasern (auf der gleichen Seite) zum Zentrum befördert (lemniskales System). Auch Fasern aus den Hinterhornneuronen der Lamina III und IV verlaufen in diesem System.

Die wichtigste bzw. bekannteste Bahn für die Vermittlung der *nozizeptiven Afferenzen* ist der *Tractus spinothalamicus*. Er wird begleitet vom Tractus spinoreticularis und Tractus spinomesencephalicus. Zusammen werden diese 3 Stränge als anterolaterales System bezeichnet. Sie bestehen aus den Axonen der meisten Hinterhornzellen. Sie kreuzen vor dem Rückenmarkkanal zur Gegenseite.

Dort steigen diese „Seitenstränge" zu den Zentren auf, nach denen sie benannt sind.

Im Tractus spinothalamicus verlaufen v. a. die Axone der Hinterhornzellen aus den Lamina I und V, d. h. Aδ und C-Faserafferenzen aus der Haut und dem Bewegungssystem. Auch nozizeptive Afferenzen aus den inneren Organen werden hier zum Thalamus bzw. zur Formatio reticularis oder zum Mesenzephalon weitergereicht (Jänig 1993 a, b). Melzack u. Wall (1965) haben schon frühzeitig darauf hingewiesen, daß es nicht sinnvoll ist, den Tractus spinothalamicus als „Schmerzbahn" zu bezeichnen. Vor allem die wenig befriedigenden Ergebnisse der Chordotomien (Durchtrennung dieser Bahnen) zur Beseitigung von unstillbaren Schmerzen haben erkennen lassen, daß der Transport nozizeptiven Afferenzen viel komplexer vonstatten geht, als landläufig angenommen wurde, und daß dabei auch gleichseitige ventrolaterale Bahnen benutzt werden (Melzack 1978).

1. *Die zentralen Adressaten.* Die Afferenzen des Tractus spinothalamicus werden im Thalamus weitgestreut auf verschiedene Kernbereiche dieses Hirnabschnittes verteilt. Wie die weiteren Verbindungen zur Großhirnrinde – zum Gyrus postzentralis (= hintere Zentralwindung) – dann geschaltet wird, ist noch nicht in allen Einzelheiten geklärt.
2. Der *Tractus spinoreticularis* trennt sich in der unteren Medulla oblongata vom Tractus spinothalamicus und endet in der Formatio reticularis, wo er vegetative Steuerungszentren, u. a. das aufsteigende retikuläre System (ARAS) beeinflussen kann. Über weitere Verknüpfungen erreichen diese Afferenzen ebenfalls den Thalamus und von dort das limbische System.
3. Der *Tractus spinomesencephalicus* verläuft in enger Anlehnung an den Tractus spinothalamicus zum Mittelhirn, wo er im Colliculus superior, im lateralen Höhlengrau und in benachbarten Kernen endet.
4. Der *Tractus spinoreticularis* verbindet die Hinterhornzellen mit dem Hirnstamm – v. a. mit der Formatio reticularis.

In der Topographie der Bahnsysteme haben wir ein Grobraster zum Verständnis der zentralen Reaktionen auf den peripheren nozizeptiven Input vor uns.

An ihm werden wir uns im folgenden orientieren, wenn wir die noch relativ überschaubare spinale Koordinationsebene verlassen und uns im „Mikrokosmos Gehirn" nicht hoffnungslos verirren wollen.

C 3.4
Gefäßversorgung des Rückenmarks

Nur wenige Worte zur arteriellen und venösen Versorgung des Rückenmarks. Diese Problematik hat mit der Pathophysiologie des Bewegungssystems keine unmittelbare Berührung. Im Rahmen der Traumafolgen an der HWS tauchen aber immer wieder Symptomenkonstellationen auf, bei denen auch vaskuläre Störungen des Rückenmarks mitbedacht werden müssen.

Arterielle Versorgung

Die arterielle Versorgung des Rückenmarks wird gewährleistet durch die A. spinalis anterior und die Aa. spinalis dorsales (Abb. C 20; Lang 1983; Nieuwenhuys et al. 1991).
- Die *A. spinalis anterior* verläuft meistens unpaarig an der Seite der Fissura anterior des Rückenmarks. Dort tritt sie in das Rückenmark ein. Sie breitet sich in zahlreichen Verzweigungen im ventralen Abschnitt des Rückenmarkquerschnittes aus.
Die Segmente C 1–C 3 werden direkt durch Äste aus der A. vertebralis versorgt. Die übrige zervikale anteriore Spinalarterie zweigt sich von der A. vertebralis kurz vor deren Zusammentreffen mit der A. vertebralis der Gegenseite ab.
Im thorakalen Bereich entspringen sie aus den relativ dicken Aa. radivulares, die ihrerseits aus den Aa. intercostales stammen. Im lumbalen und sakralen

Gefäßversorgung des Rückenmarks

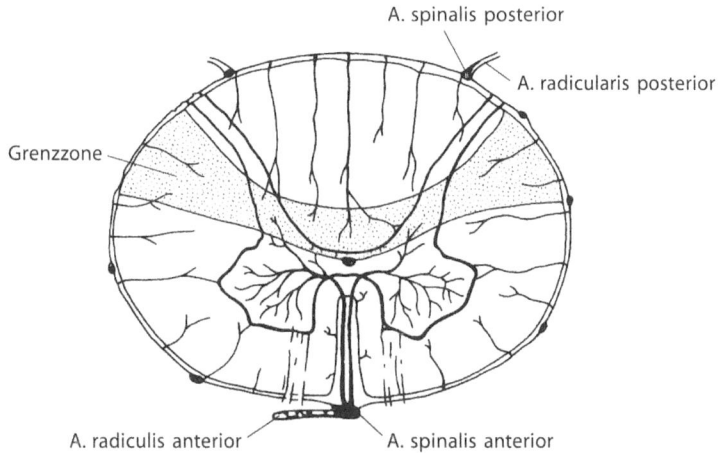

Abb. C 20. Die arterielle Versorgung des Rückenmarks. Schematische Darstellung des vorderen und hinteren Gefäßversorgungsbereichs des Rückenmarkquerschnitts und der Grenzzone. (Aus Tönnis 1963)

Bereich stammen sie über die Aa. radiculares aus den Aa. iliaca interna bzw. A. sacralis media.
- Die beiden Aa. *spinales posteriores* versorgen paarig das rückwärtige Drittel des Rückenmarks.

Die kranialen Aa. spinales posteriores stammen meistens aus einem Ast der A. vertebralis: der A. cerebelli inferior posterior. Zum Teil entspringen sie aus der A. vertebralis selbst. Ergänzt wird die Erstversorgung durch reichliche Anastomosen mit den Aa. radiculares und medullares. Sie bilden auf dem rückwärtigen Rückenmark ein ausgedehntes arterielles Netz.

Im thorakalen und lumbalen Bereich stammen die Aa. spinales posteriores, wie die anteriore Spinalarterie, aus den relativ dicken Aa. radiculares magnae. Durch eine reichliche Anastomosenbildung wird sichergestellt, daß auch die „letzten Wiesen" der Spinalarterien hinreichend versorgt werden. Solche „Wasserscheidengebiete" finden sich in der zervikothorakalen, mittleren thorakalen und thorakolumbalen Region (Lang 1983).

Im Fall einer Mangeldurchblutung dieser Region entwickeln sich jeweils spezifische klinische Ausfallmuster.

Diese werden geprägt von dem Ausmaß, der Dauer und der Topographie der arteriellen Drosselung. Neben passageren, funktionellen Ausfällen kann es auch zu definitiven Verschlüssen durch Thrombosen, Lumenverengung o. ä. kommen. Die – meistens beidseitige – Symptomatik wird geprägt durch die defizitäre Afferenz oder Efferenz der jeweils betroffenen Region des Rückenmarksquerschnitts.

Venöse Abflüsse

Die venöse Entsorgung im Rückenmark erfolgt in einem Venensystem, das ebenfalls generell in eine V. spinalis anterior und 2. Vv. spinales posterioris aufgegliedert ist.
- Die *V. spinalis anterior* verläßt neben der A. spinalis anterior durch die Fissura medialis ventralis das Rückenmark. Sie verläuft vielfach geschlängelt vertikal vor dem Rückenmark.
- Die *Vv. spinales posteriores* und posterolaterales bilden in ihrem Verlauf durch Querverbindungen netzartige Strukturen.

Alle spinalen Venen münden in die *Vv. radiculares,* die durch die Foramina i. v. den Spinalkanal verlassen und dann Anschluß an die größeren venösen Systeme finden.

Wesentliche Verbindung zu dem umfangreichen und sehr aufnahmefähigen *epiduralen Venensystem* bestehen nicht.

Die Dura wirkt hier, als Trennwand. Dementsprechend ist die venöse Entsorgung im Rückenmark weitgehend unabhängig von diesem ebenfalls im Spinalkanal beherbergten vernösen Netz (Lang 1983, Nieuvenhuys 1991).

C 4 Nozizeption und Gehirn

C 4.1
Nozizeption und die Steuerungsebenen des Gehirns

Auf den in den vorhergehenden Abschnitten beschriebenen Bahnen reichen die langen Axone der Hinterhornzellen das inzwischen modifizierte nozizeptive Informationsmuster an das Gehirn weiter (Abb. C 21).

Der breiteste Informationsstrom verläuft in den anterolateralen Bahnensystemen der Gegenseite. Er erreicht zuerst
- die *Formatio reticularis* im Hirnstamm und gewinnt damit die Kontakte zu den Steuerungen von Kreislauf und Atmung sowie zum aufsteigenden retikulären Aktivierungssystem (ARAS), das die Wachheit und die Aufmerksamkeit regelt.
- Die folgende Station ist der Thalamus.
  Von den medialen *Thalamusgebieten* laufen wichtige Verbindungen zum limbischen System, das auch schon vom Hirnstamm her kontraktiert wurde. Weitere thalamische Verbindungen ziehen zum Hypothalamus und indirekt zur Hypophyse.
- Vom lateralen Thalamus führen Verbindungen zum limbischen System und zur Großhirnrinde.
- Im *limbischen* System erfolgt v. a. die emotional-affektive Färbung des Schmerzerlebnisses.
- Die Großhirnrinde fügt die kognitiven und diskriminierenden Leistungen hinzu, d. h. die bewußte Ortung, Erkennung und Bewertung des nozizeptiven Kodes. Hier kann Schmerz gelernt oder verdrängt werden.
  Von hier aus kann eine gezielte, rational gesteuerte Abwehrreaktion oder -strategie in Gang gesetzt werden.
- Hier erhält die Nozizeption eine spezifisch „menschliche" Dimension die ihr neue Möglichkeiten und neue Gefahren verleiht. Geduld und Tapferkeit, Anklage und Verzweiflung kennt nur der Mensch. Auch auf dieser Ebene ist ärztliche Hilfe möglich, ja geboten.

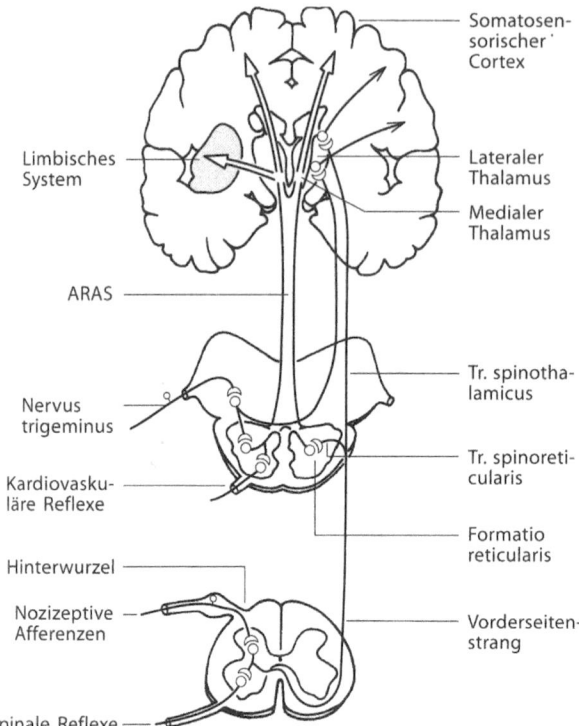

Abb. C 21. Übersicht über die zentralnervöse Leitung von Schmerzinformation. Die über Hinterwurzeln und N. trigeminus hereinkommenden nozizeptiven Informationen werden in die spinalen Reflexe und in die kardiovaskulären Hirnstammreflexe integriert. Für die Leitung und Verarbeitung der zum Großhirn aufsteigenden Information werden 2 Systeme angenommen: das mediale System über die Formatio reticularis und die medialen Thalamuskerne, das laterale System über den somatosensorischen Thalamus. Medial beeinflußt die Schmerzinformation das aufsteigende aktivierende System (ARAS), das die Erregbarkeit des Kortex steuert, sowie das limbische System. Das laterale System führt die Information über den Tr. spinothalamicus und Tr. trigeminothalamicus zum somatosensorischen Kern im lateralen Thalamus, dem Ventrobasalkern, und von hier auch zum somatosensorischen Kortex. (Aus Zimmermann 1993)

C 4.2
Neuropsychologische Aspekte des Schmerzes

Vorbemerkungen

Je mehr sich die nozizeptiven Informationen der Großhirnrinde nähern, desto intensiver werden die wechselseitigen Einflüsse mit dem Bereich, der in der Umgangssprache als *„Psyche"* (Gefühl, Geist, Seele, Persönlichkeit u. ä.) bezeichnet wird.

Dementsprechend liefert auf dieser Ebene die *Psychologie* wichtige Beiträge, wenn es um die Beantwortung folgender Fragen geht:
1. Welche Beiträge kann die Psychologie zur *Theorie* des Schmerzerlebens und zur Strategie der Schmerzbewältigung leisten?
2. Welche psychischen Faktoren können das Schmerzerleben und das Schmerzverhalten verstärken, welche können es dämpfen?
3. Welche Folgen hat eine gravierende, v. a. langdauernde Schmerzüberflutung auf die Psyche?
4. Welche *diagnostischen* Verfahren kann die klinische Psychologie anbieten, um im Einzelfall (z. B. bei Begutachtungen) Klarheit über die jeweilige Wertigkeit der beiden komplementären Faktoren: Soma und Psyche zu schaffen?
5. Welche *therapeutischen* Möglichkeiten der klinischen Psychologie sind hinreichend erprobt und bewährt?
Wann sind sie indiziert, wie erfolgreich sind sie?
6. Stehen Aufwand und Nutzen in einem vertretbaren Verhältnis zueinander?
7. Wann muß und wann kann man sich dieser Hilfen bedienen?
Wann ist der Fachmann gefordert, wann kann der „gesunde Menschenverstand" oder besser, wann kann ein unbefangenes Einfühlungsvermögen und schlichte mitmenschliche Zuwendung ausreichend sein?

Im Alltag der konservativen Medizin am Bewegungssystem spielen diese Probleme v. a. dann eine Rolle, wenn es sich um chronischschmerzkranke Patienten handelt. Da man davon ausgehen kann, daß bei ca. 50 % chronischschmerzkranker Patienten die Schmerzen letztlich aus dem Bewegungssystem stammen, tauchen diese Patienten unweigerlich im Spektrum orthopädisch und/oder manualmedizinisch arbeitender Kollegen auf. Je besser z. B. die manualmedizinische Diagnostik und die Therapie ist und je größer die Erfahrung wird, desto größer wird der Anteil von schwer therapierbaren oder garnicht therapierbaren Patienten, die mehr als nur somatische Hilfe brauchen. Da bei diesen „chronischschmerzkranken" Patienten – aus welchen Gründen auch immer – die gesamte Persönlichkeit, d. h. auch die Psyche, in den Leidensprozeß einbezogen ist, sollte man es sich zur Regel machen, psychologische Hilfen frühzeitig in den Heilplan einzubeziehen (s. C 6).

Theorie

Theoretische Konzepte einer Psychologie des Schmerzes

In den letzten Jahrzehnten versuchte die Schmerzpsychologie, die Summe der wissenschaftlichen, experimentellen und klinischen Forschungsergebnisse in theoretischen Modellen zusammenzufassen. Von diesen Modellen aus wurden jeweils unterschiedliche diagnostische und therapeutische Hilfen für den klinischen Alltag erarbeitet: Frühzeitig entwarfen Melzack u. Wall (1965), die durch die „Gate-control-Theorie" bekannt wurden, eine komplexe Theorie des Schmerzes. In ihr wurden erstmals auch die Hemmsysteme auf emotionaler und kognitiver Ebene mitberücksichtigt – zu einer Zeit, als die körpereigenen Morphinderivate noch nicht entdeckt waren, und sie hat stimulierend auf die Schmerzforschung eingewirkt, wenn sie sich auch eine Reihe von Korrekturen gefallen lassen mußte (Geissner u. Jungnitsch 1992; Schmidt 1972 a, b; Schmidt u. Thews 1987; Zimmermann 1981, 1986 a, b, 1987, 1993).

Dieser Theorie folgt das sog. operante lerntheoretische Modell von Fordyce (1976).

Im letzten Jahrzehnt erarbeitete Geissner (1988) das „transaktionale, prozessurale Modell". Auf dieses Modell wird im folgenden besonders eingegangen. (Geissner u. Würtele 1990; Geissner u. Jungnitsch 1992)

Fixpunkt aller Theorien ist die Prämisse, daß jede Form des Schmerzerlebens und der Schmerzreaktion auf einem Zusammenspiel von psychischen und somatischen Faktoren beruht.

Das Geissner-Modell

Das Modell geht von einem weitgefächerten, psychophysischen, synthetischen Konzept aus. Es kann hier auch nicht annähernd adäquat referiert werden. Gerade seine Komplexität verleiht den praktischen Konsequenzen eine effiziente Realitätsnähe.

In ihm spielen die Komponenten:
- „schmerzbedingte Belastung",
- „Schmerzbewertung" und
- „Schmerzbewältigung"

eine zentrale Rolle. Vor allem wird ein Dualismus, der glaubt zwischen *nur somatischen* Schmerzen und *nur psychischen* Schmerzen unterscheiden zu können, strikt abgelehnt.

Im Einklang mit gesichertem neurophysiologischen Fakten wird davon ausgegangen, daß Schmerzen normalerweise
- ihren Ausgang von *peripheren, nozizeptiven Afferenzen* nehmen,
- daß im *Thalamus* die emotionalaffektive Leidenskomponente, der „Wehcharakter", hinzugefügt wird und daß
- auf *kortikaler Ebene* das Schmerzerleben hinzutritt.

Auf dieser *kortikalen Ebene* geschieht folgendes:
1. Die Informationen aus der nozizeptiven Afferenze werden *gewertet*. Im Vordergrund steht dabei die Abschätzung
   - der *Schmerzintensität,*
   - des *Schmerzcharakters* und
   - der *Schmerzdauer* (bzw. das zeitliche Verhalten des Schmerzes: anfallsweise, kontinuierlich o. ä.).
2. Der wahrgenommene Schmerz wird mit Vorerfahrungen *verglichen*: die „*kognitive*" und „*evaluative*" Komponente. Wie allen Lern- und Wiedererkennungsvorgängen liegen auch dem Schmerzgedächtnis Engramme zugrunde, die durch intensive Afferenzen geprägt und die mittelfristig bis langfristig gespeichert werden. Diese Engramme können mit neuankommenden Infor-

mationen verglichen werden. Damit kann diese „Erfahrung" für künftiges Agieren und Reagieren genutzt werden.
3. Der Schmerz wird *kontrolliert*. Die Bedeutung des „Schadensmeldung" wird in den aktuellen Situationszusammenhang eingefügt.
Beispiele: Ein Fußballspieler spielt trotz erheblicher Schmerzen durch Prellungen o. ä. weiter. Ein weniger Motivierter „feiert" mit den gleichen Schmerzen eine Woche „krank".
Brandwunden werden anders gewertet, je nach dem, ob sie im Alltag oder während einer lebensbedrohlichen Brandkatastrophe entstehen.
4. Es werden komplexe *motorische Reaktionen* ausgelöst. Hierbei handelt es sich um:
    - Abwehrbewegungen, Gestik, Mimik,
    - sprachlichen Ausdruck (von der verbalen Kommunikation bis zum unartikulierten Schreien),
    - situationsgerechtes oder allgemeines Abwehrverhalten bis hin zu
    - rationalen Ursachenanalysen und gesteuerter Ursachenbeseitigung.
    Das Funktionieren bzw. das Versagen dieser mentalen Möglichkeiten schwankt stark, nicht nur von Persönlichkeit zu Persönlichkeit, sondern auch bei der gleichen Persönlichkeit.

Folgende psychische Mechanismen und Energien stehen für die *Schmerzbewältigung* bereit.
- die Erziehung und allgemeine soziokulturelle Wertskalen,
- Willensstärke,
- Beherrschungstraining,
- Glaubensinhalte und Glaubensstabilität.

Für eine psychische Verstärkung der Schmerzen können folgende Sachverhalte verantwortlich sein.
- Chronizität,
- Schmerzcharakter und
- Schmerzintensität,
- allgemeiner körperlicher Zustand,
- mangelnde Geborgenheit im sozialen Umfeld,
- Angst, Hoffnungslosigkeit und Verzweiflung.

C 4.3
Psychologische Schmerzdiagnostik

Die experimentellen und klinischen Untersuchungen, die zu diesen theoretischen Vorstellungen geführt haben, haben gleichzeitig zur Entwicklung von kliniknahen Untersuchungsmethoden geführt, die primär auf tiefenpsychologische und/oder psychosomatische Ansätze verzichtet.
Einzelheiten dieser Diagnostik würden den Rahmen dieser kurzen Darstellung sprengen. Daher nur folgende Stichworte:

Die psychologische Schmerzdiagnostik besteht aus:
- Schmerzanamnese mit somatischer Schmerztopographie und Schmerzätiologie.
- Anamnese der bisherigen Behandlung
- Beurteilung des Ausmaßes der schmerzbedingten psychischen Beeinträchtigung,
- Methoden die der Patient bis jetzt zur Schmerzbekämpfung entwickelt hat (die Eigenerfahrungen werden dann in den Therapieplan eingebaut).
- Spezielle neuropsychologische Tests werden vorwiegend in der wissenschaftlichen Forschung und nur gelegentlich im klinischen Alltag eingesetzt.

C 4.4
Psychologische Schmerztherapie

Im Mittelpunkt steht die sog. *Schmerzbewältigungsstrategie*. Sie verfügt über eine Fülle von Verfahren, die sich grob in 5 Gruppen zusammenfassen lassen:
1. *Ablenkungs- und Vorstellungsmethoden:* Die Aufmerksamkeit wird auf etwas anderes als den Schmerz verlagert. Der Patient stellt sich angenehme und schöne Situationen vor. Er erinnert sich an glückliche Augenblicke, er betreibt Gedankenspiele o. ä.
2. *Entspannung und Ruhe:* Hierher gehören Entspannungstechniken wie das autogene Training, Atemübungen u. ä.
3. *Gegensteuernde Aktivitäten:* Zur Ablenkung vom Schmerz werden kräftige körperliche Belastungen (z. B. Gartenarbeit u. ä.) eingesetzt.
4. *Stärkung der eigenen Haltung (der „Moral") dem Schmerz gegenüber:* Der Patient lernt, seine Schmerzen zu relativieren („es gibt noch viel Schlimmeres"), oder er ermuntert sich („du bist doch ein Kerl", „du läßt dich nicht unterkriegen").
5. *Wissen und Willen:* Diese Kategorie stellt die wohl wichtigste und universellste Komponente aller Schmerzbewältigungsstrategien dar. Sie basiert darauf, daß der Patient detailliert über die Schmerzursache und die Beeinflussungsmöglichkeiten informiert wird und daß er angeleitet wird, eine eigene Schmerzbewältigungsstrategie aufzubauen und konsequent durchzuhalten.
Es konnte nachgewiesen werden, daß diese Aktivierung von Wissen und Willen, d. h. der kognitiv-mentalen Persönlichkeitskomponente, die *maßgebliche Voraussetzung* für die Effektivität aller anderen Schmerzbewältigungstherapien ist (Geissner u. Würtele 1990).

Diese Forschungsergebnisse decken sich mit den Erfahrungen, die im Sport, z. B. bei Hochleistungssportlern, gemacht wurden und die gezeigt haben, wie wichtig die *mentale Einstellung* bei der Aktivierung der Leistungsfähigkeit und des Durchstehvermögens ist.

C 4.5
Psychopathologische und psychiatrische Erkrankungen

Diese Schmerzbewältigungsstrategien, die praktisch bei jedem Patienten mit chronischen Schmerzen indiziert sind, unterscheiden sich grundsätzlich von psychotherapeutischen oder psychiatrischen Therapiekonzepten, die nur dann indiziert sind, wenn bei dem Patienten gleichzeitig auch eine *Psychopathologie oder gar eine psychiatrische Erkrankung vorliegt* (z. B. eine primäre Depression), die maßgeblich an der Ausgestaltung der Schmerzkrankheit beteiligt ist.

Dieser Hinweis soll unterstreichen, wie wichtig und verantwortungsvoll die rechtzeitige Unterscheidung ist, ob es sich bei dem Patienten um eine psychische Beeinträchtigung *durch* den chronischen Schmerz handelt oder ob bei einer a priori psychischkranken Persönlichkeit der chronische Schmerz nur eine Facette seiner *Grunderkrankung* ist.

Hier ist eine kritische Anmerkung zur unsachgemäßen Beurteilung des „psychischen" Faktors erforderlich.

Immer wieder geschieht es, daß dann, wenn die jeweilige Diagnostik keine ausreichenden oder plausiblen Erklärungen für die vom Patienten glaubhaft geklagten Beschwerden liefert, die Diskrepanz zwischen Klagen und Befund durch hypothetische Diagnosen wie „psychische Überlagerung", „psychische Fixierung", „Konversionsneurose" o. ä. überbrückt wird. Die Tatsache, daß z. B. chronisch schmerzkranke Patienten Verhaltensänderungen und Verhaltensstörungen zeigen, wird als Argument für diese spekulativen und für den Patienten oft verhängnisvollen „Diagnosen" gebraucht.

Nur in seltenen Fällen deckt die lege artis durchgeführte psychiatrische oder psychologische Untersuchung konkrete, vorbestehende Persönlichkeitsdefekte von pathologischem Gewicht auf. Aus dieser Perspektive ist es begreiflich und auch gerechtfertigt, daß sich diese oft unzureichend diagnostizierten Patienten vehement gegen eine Etikettierung als „psychisch krank", „neurotisch" usw. wehren.

Besonders häufig findet sich diese Situation im Zusammenhang mit „Weichteilverletzungen der HWS" v. a. dann, wenn sich hinter dieser Diagnose eine posttraumatische Funktionsstörung, eine posttraumatische Arthropathie und/oder eine Läsion am Bandapparat des Kopfgelenkbereiches verbirgt. Die gelenkmechanische und neurophysiologische Sonderstellung des Kopfgelenkbereichs hat zur Folge, daß von hier aus besonders häufig Nackenkopfschmerzen mit erheblichen zentralen und psychischen Beeinträchtigungen ausgelöst und über lange Zeit unterhalten werden. Der manualmedizinisch versierte Gutachter ist daher besonders prädestiniert, die somatische Seite dieses chronischen Schmerzes zu analysieren (und einer hoffentlich erfolgreichen Therapie zuzuführen).

Ihm wächst aber auch die Aufgabe zu,
- die Bedeutung des sog. „psychischen Faktors" im Gesamtzusammenhang der Schmerzbeeinträchtigung zu gewichten und zu beurteilen,
- die Hilfe der Neuropsychologie rechtzeitig einzusetzen und
- den Patienten vor Primitivpsychologismen zu bewahren.

Man mache es sich daher zur Regel, primär davon auszugehen, daß bei einem vorher psychisch unauffälligen und vertrauenswürdigen Patienten die psychischen Veränderungen *Folgen* und nicht *Ursache* der persistierenden Schmerzen sind.

C 5 Über das antinozizeptive System zum *nozifensiven System*

C 5.1
Antinozizeptives System

Den wohl bedeutendsten Beitrag zu einer neuen, umfassenden Sicht des Phänomens „Schmerz" liefert die Entdeckung des antinoziptiven Systems.

Es gibt viele Beobachtungen, die sich mit den tradierten Vorstellungen vom nozizeptiven System nicht vereinbaren lassen. Immer wieder wird von verwundeten Menschen und Tieren berichtet, die trotz erheblicher Verletzungen keine Zeichen von Schmerzen zeigten, sondern weiter kämpften und sich verteidigten oder fliehen konnten. Erst nach Abklingen der akuten Gefahr setzten die zu erwartenden Schmerzreaktionen ein. Genauso unerklärlich blieben z. B. Fähigkeiten von Fakiren, die offensichtlich ihr Schmerzsystem „abstellen" können. Auch im Zusammenhang mit kultischen Zeremonien und mit Operationen bei Eingeborenen finden sich erstaunliche Beispiele einer subjektiven Modulationsmöglichkeit des Schmerzerlebens und des Schmerzverhaltens (Melzack 1978).

Im Gegensatz dazu sind seit allen Zeiten Patienten bekannt, die über eine „unphysiologische" allgemeine Schmerzempfindlichkeit klagen, für die man – außer einer „psychischen Komponente" – keine beweisbaren Pathomechanismen verantwortlich machen konnte. Ferner gehört es seit den Anfängen der Medizin zum Grundwissen, daß man durch Morphium Schmerzen temporär beherrschen kann.

Zu Ende der 60er Jahre erregten Melzack u. Wall (1965) durch ihre Gate-control-Theorie große Aufmerksamkeit. Sie legten ein theoretisches Modell zur Erklärung der nozizeptiven Prozesse auf spinaler Ebene vor, in dem zum ersten Mal eine *hemmende* Komponente als konstitutionelles Prinzip eingebaut war. Im Nachhinein ist es ohne Bedeutung, daß dieses Konzept sich in einigen Punkten Korrekturen hat gefallen lassen müssen. Entscheidend bleibt die eindeutige Formulierung, daß die Nozizeption nicht ein autonom oder gar starr reagierendes System ist, sondern daß es modifizierbar, ja regel- und steuerbar sein muß. Damit durchbrachen die Autoren auch in der Schmerztheorie ein Einbahndenken und ordneten der Nozizeption ein gegenläufiges, komplementäres, antagonistisches Prinzip zu. Aus systemtheoretischer Sicht zeigten sie erstmals auf, daß auch hier Rückkopplungen im Sinne der Kybernetik, bzw. Vernetzungen im Sinne der Systemtheorie vorliegen.

Der eigentliche Durchbruch, der dieses Konzept bestätigte, erfolgte in den 70er Jahren mit der Entdeckung der körpereigenen Opiate, den Endorphinen.

Die dadurch ausgelöste intensive Forschungstätigkeit fand in rascher Folge eine große Zahl von Substanzen, die im Dienste der *Antinozizeption* stehen und die mit einer Fülle von Daten den Systemcharakter des *nozifensiven Systems* bestätigen.

C 5.2
Physiologie der Antinozizeption

Dem Systemcharakter der Nozifension entspricht es, daß auch die *Antinozizeption* auf jeder der oben ausführlicher dargestellten Koordinationsebenen repräsentiert ist (Abb. C 22).

C 5.2.1
Periphere Ebene

Die Wahrnehmung eines schädigenden Agens durch Nozizeptoren, die am Anfang der nozizeptiven Informationsstafette stehen, bewirkt nach dem aktuellen Wissensstand keine unmittelbare antinozizeptive Gegenregulation. Hier beschränkt sich unser Wissen auf die Kenntnis der Faktoren, die die Reizschwelle der Rezeptoren, z. B. bei Entzündungen, mechanischer Läsion usw. herabsetzen bzw. schlafende Neurone wecken können. Hier spielen – wie oben beschrieben – Pro-

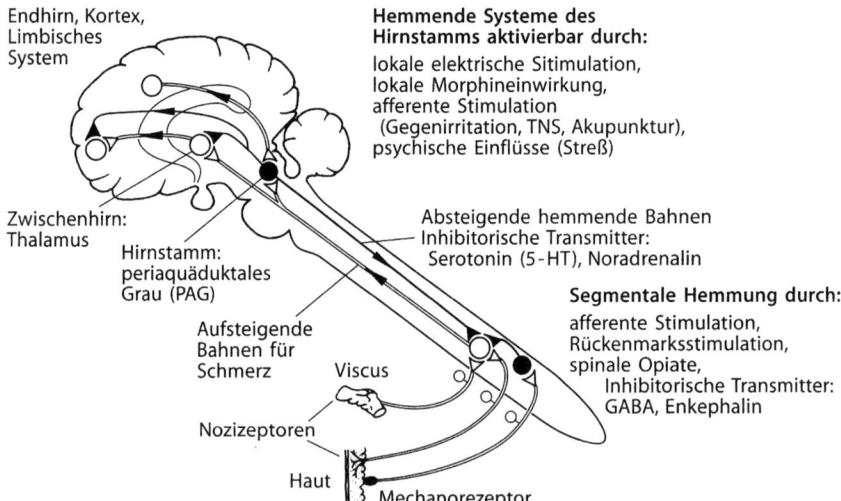

Abb. C 22. Übersicht über Schmerzhemmsysteme des Zentralnervensystems. Afferente Informationen über Schmerz werden im Rückenmark auf zentrale aufsteigende Systeme umgeschaltet. Sie können durch hemmende Mechanismen (durch *schwarze* Neurone und Synapsen symbolisiert) moduliert werden. Hemmung der Schmerzinformation läßt sich physiologisch und pharmakologisch im Hirnstamm und im Rückenmark auslösen. (Aus Zimmermann 1993)

staglandine, Serotonin, Substanz P, Histamine, Bradykinin u. ä. die Rolle von Schmerzmediatoren.

„Antinozizeptiv" wirkt sich hier nur der zelluläre und physikochemische Apparat aus, der die Entzündung bekämpft und deren Wirkung auf die Nozizeptoren beseitigt. Allein der Pharmakologie könnte man hier die Rolle der Antinozizeption zugestehen, wenn sie z. B. der Bildung von Prostaglandin E entgegenwirkt. Das Modell dieser Hemmung ist die Acetylsalicylsäure; ihm sind auch die sog. nichtsteroidalen Schmerzmittel nachgebildet.

Bemerkenswerterweise weist Zimmermann (1993) in diesem Zusammenhang darauf hin, es sei nicht auszuschließen, daß diese schmerzhemmende Wirkung auch darauf beruhen könnte, daß sie die „neurale Erregungsbildung im Rezeptor" beeinflußt und daß sie auch weiter zentral einwirken könne.

Nicht unerwähnt bleiben soll, daß auch unmittelbare Einwirkungen auf die Haut (z. B. Kälte oder Wärme) sowie reizende Substanzen auf der Haut (Capsaicin Pflaster u. ä.) dämpfend auf die dortigen Nozizeptoren einwirken können (Zimmermann 1993).

C 5.2.2
Spinale Ebene

Hier ist die *nozizeptive* Aktivität zu unterscheiden in eine
- lokale, regionale Hemmung und
- eine zentrale Hemmung.

Die *lokale* Hemmung erfolgt durch Interneurone, deren hemmende Wirkung auf endogenen Opioiden, GABA und Glyzin als Transmittersubstanzen beruht. Diese örtlichen Hemmneurone kontaktieren synaptisch die Axone der peripheren afferenten Neurone, bevor diese selbst synaptisch auf die Hinterhornzellen einwirken können. Durch diese *präsynaptische Hemmung* wird verhindert, daß die nozizeptiven Informationen aus der Peripherie die große Hinterhornzelle erreichen (Zieglgänzberger 1986).

Neuere Beobachtungen weisen darauf hin, daß andere spinale Opiathemmungen auch direkt, d. h. postsynaptisch auf die Hinterhornneuronenzellen einwirken können. Es wird also nicht nur der nozizeptive Affenzstrom gemindert, sondern auch das Verrechnungsergebnis in der Hinterhornzelle selbst in Richtung Inhibition verändert.

Nicht vergessen sei die Hemmung, die durch propriozeptive Afferenzen aus der Peripherie z. B. durch körperliche Aktivität ausgelöst werden kann. Über Zwischenneurone, die sich der gleichen hemmenden Transmitter bedienen, können z. B. durch α-Mechanorezeptoren die nozizeptiven Aktivitäten gehemmt werden (Jänig 1993; Schmidt u. Thews 1987; Zimmermann 1987).

Ergänzt werden diese lokalen Hemmvorgänge durch lange *absteigende* Hemmsysteme, die wiederum direkt oder indirekt über Zwischenneurone Zugriff auf die Zellen des Hinterhornkomplexes haben.

Sie bedienen sich vornehmlich des Serotonins und des Noradrenalins als inhibitorische Transmittersubstanzen.

C 5.2.3
Gehirnebenen

Die Ursprungszellen der eben genannten deszendierenden Bahnen liegen im *Hirnstamm*, in der Formatio reticularis, im zentralen Höhlengrau und im Nucleus raphe magnus u. a. Die Aktivierung erfolgt durch Stressoren in der vielfältigsten Form. Sie werden auch durch die Aktivität von hochschwelligen peripheren Nozizeptoren aktiviert (Zimmermann 1981).

Ein wichtiges, übergreifendes Zentrum der Antinozizeption liegt im *Hypothalamus* im Ventrobasalkern. Im Tierexperiment konnte bei elektrischer Reizung dieser Ursprungskerne die Ausschüttung der Opiate so aktiviert werden, daß eine weitgehende, temporäre Analgesie des Versuchstieres ausgelöst wurde (Schmidt u. Thews 1987).

Vom thalamischen Zentrum reichen einige Verbindungen bis ins limbische System, so daß auch das Großhirn als Ausgangspunkt von Antinozizeption wirksam werden kann.

Tierexperimente haben ergeben, daß diese zentralen Hemmsysteme durch Training aktiviert werden können. Hier finden auch die erwähnten mentalen Analgesien (Mechanismen des soziokulturellen Hintergrundes) durch Glaubensinhalte und/oder durch individuelle Versenkungsmechanismen ihre Erklärung.

Andererseits gibt es Hinweise, die dafür sprechen, daß bei einer Insuffizienz des antinoziceptiven Systems, z. B. durch *Serotoninmangel,* das physiologische Gleichgewicht zwischen Exzitation und Inhibition im nozifensiven System so gestört werden kann, daß es zu einem ungebremsten nozizeptiven Afferenzstrom bis zur Großhirnrinde mit gravierender Absenkung der Schwelle der Schmerzwahrnehmung kommt.

Die häufigsten Ursachen für diesen Dekompensationszustand scheinen chronische Schmerzzustände oder endogene Depressionen zu sein.

C 5.2.4
Diagnostische und therapeutische Konsequenzen

Die praktischen Konsequenzen aus den oben genannten Sachverhalten werden erst langsam erkennbar. Für die Diagnostik ist es ein Gewinn, daß neue Möglichkeiten der Interpretation von chronischen Schmerzzuständen eröffnet werden.

Da körperliche Beanspruchung den Serotoninspiegel anzuheben vermag, gewinnt ein aktives Moment in der *Therapie* an Bedeutung. Als Erfolg kann ferner verbucht werden, daß seit der Entdeckung der Antinozizeption mit Morphinabkömmlingen viel unbefangener und situationsgerechter umgegangen wird. Dazu hat auch die Erkenntnis beigetragen, daß ein adäquater Einsatz von Morphinen so gut wie keine Suchtgefahren heraufbeschwört. Es kann erwartet werden, daß die weitere Beschäftigung mit der Physiologie und Pharmakologie dieses Teils des nozifensiven Systems weitere, vielleicht völlig neue therapeutische Möglichkeiten erschließen wird.

C 5.3
Von der Nozizeption zum nozifensiven System

Es sei zugegeben, daß ein synthetisches theoretisches Konzept, das sich um die Ganzheit des Systems bemüht, das hinter dem Phänomen „Schmerz" steht, mit besonderen Schwierigkeiten zu kämpfen hat. Es existiert kein anatomisch abgrenzbares Organsystem, geschweige denn ein „Sinnesorgan" und „Handlungsorgan", das augenfällig mit der Infrastruktur und der Durchführung von Schadensbeseitigung beauftragt wäre. Es liegt anatomisch kaum identifizierbar im gesamten Nervensystem „versteckt".

Bezeichnenderweise sind es ausschließlich neurophysiologische Arbeiten, die in den letzten Jahrzehnten grundsätzlich neue Einsichtmöglichkeiten eröffnet haben.

Die Entdeckung des antagonistischen, antinozizeptiven Systems gibt erstmals den Blick frei auf ein in sich kohärentes, gestuftes, rückgekoppeltes, aufgabenzentriertes System zur Schadensbekämpfung. Wie in der Muskelfunktionssteuerung, im vegetativen System und im Immun- und Gerinnungssystem usw. finden wir auch hier ein komplementär aufgebautes und in sich ausbalanciertes System.

Wie alle neural gesteuerten Systeme der Vertebraten zeigt es die phylogenetisch erklärbare Staffelung in eine spinale, Hirnstamm-, Thalamus- und kortikale Steuerungsebene.

Es verfügt über Strukturen und Funktionsprinzipien, die ihm autonom zugeordnet sind. Es verfügt aber auch über gestaffelte, offene Kontakte zu anderen Systemen, denen es zu dienen hat oder deren Hilfen es in Anspruch nimmt.

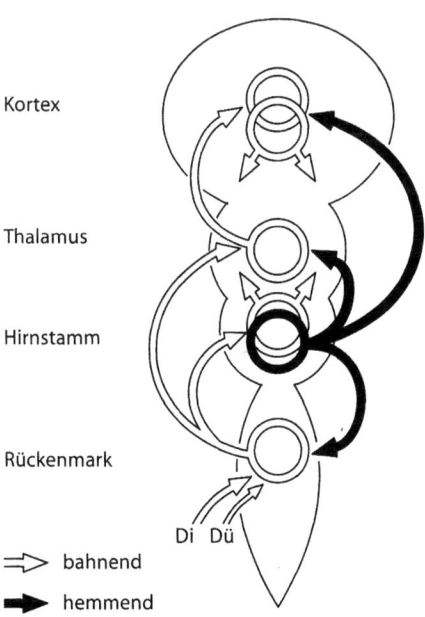

Abb. C 23. Schematische Darstellung des nozifensiven Systems. Die dicken und dünnen Fasern aus einem Körperglied aktivieren einen Neuronenverband im Rückenmark, der wiederum andere Neuronenverbände auf zunehmend höherer Ebene erregt. Der zentrale Steuerungsmechanismus, der durch das in der Formatio reticularis des Hirnstamms entspringende hemmende Projektionssystem repräsentiert wird, reguliert die Aktivität auf allen Ebenen. Kommen dem System weniger Eingangsreize zu, so schwächt sich die Hemmung ab; steigt dagegen die Anzahl der sensorischen Eingangsreize bzw. wird elektrisch direkt gereizt, so nimmt auch die Hemmung zu (*Di* dicke Fasern, *Dü* dünne Fasern). (Aus Melzack 1978)

Akzeptiert man diese Argumentation, dann ergibt sich, daß es nicht nur möglich, sondern auch logisch ist, diesem System, das ubiquitär Schäden meldet und für deren Beseitigung tätig ist, den funktionellen Rang eine *eigenständigen Systems* zuzusprechen.

Zu seiner Bezeichnung bedarf es nur der Reaktivierung des Begriffs des *nozifensiven Systems,*
eines Terminus, der schon in der Mitte unseres Jahrhunderts benutzt wurde (z. B. Erbslöh 1967). Intensiv haben sich Melzack u. Wall (Melzack u Wall 1965; Melzack 1978) für solch ein übergreifendes Konzept eingesetzt (Abb. C 23). In der aktuellen Literatur tritt Schmidt R. F. (1991) für diese synthetische Interpretation ein. Bei Handwerker (1991) findet sich – mit Hinweis auf die Struktur des Blutgerinnungssystems – die Anmerkung „so, wie in einem hierarisch aufgebauten Blutgerinnungssystem Stufe um Stufe ein Gerinnungssystem einem fibrolytischen System entspricht, so gibt es in unserem ZNS ein Schmerzüberflutungssystem, dem Stufe um Stufe ein Schmerzhemmsystem entspricht".

Ein Konzept ist kein Ersatz für konkretes Detailwissen. Es dient aber als Orientierungshilfe. Es legt die Puzzlesteine des Einzelwissens zu einem identifizierbaren Bild zusammen. Es dient der Verständigung. Es erleichtert im praktischen Alltag die diagnostische und therapeutische Übersicht.

C 6 Der chronisch schmerzkranke Patient oder die chronische Schmerzkrankheit

C 6.1
Vorbemerkungen

Am Problemkreis der „chronischen Schmerzkrankheit" werden wir im folgenden die „Wegweiserfunktion" des systemtheoretischen Modells des *nozifensiven Systems* überprüfen. Aus der „nozifensiven" Perspektive läßt sich hier besonders deutlich aufzeigen, daß eine überschießende Nozizeption mit zunehmender Dauer praktisch alle Etagen des Systems - wenn auch in verschiedener Intensität - beeinträchtigt.

Diese Erkenntnis hat u. a. die praktische Folge gehabt, daß dieses klinische Problemfeld fast obligatorisch ein interdisziplinäres Arbeitsfeld wurde. An ihr arbeiten gleichermaßen Neurophysiologen, Orthopäden, Internisten, Psychologen, Neuropsychologen usw. mit.

Der Begriff der *chronischen Schmerzkrankheit* ist langsam herangereift. Die erste empirische und dann wissenschaftliche Forschung geht auf Bonica (Bonica u. Black 1974) zurück. Seine Erfahrungen und die von ihm entwickelte Organisationsform („pain clinic") fanden weltweite Beachtung und setzten intensive klinische und Forschungsaktivitäten in Gang. Die entsprechende Wissenschaft ist noch jung und mit vielen daraus resultierenden Unsicherheiten belastet.

C 6.2
Definition

Die Frage, ab wann von einem chronischen Schmerz bzw. von einem „chronischen Schmerzleiden" zu sprechen ist, läßt sich nur in Annäherung mit klinischen Fakten, niemals mit starren Zeitvorgaben beantworten. Während man früher von einem Zeitraum etwa eines Jahres ausging, legen heute Neurophysiologen und Schmerzforscher Argumente dafür vor, daß man schon nach wenigen Monaten von einer Chronifizierung sprechen kann (Zimmermann 1993). Der Realität am nächsten erscheint die Definition von Handwerker (1991), der vorschlägt, von einem chronischen Schmerz zu sprechen, wenn der Patient die Hoffnung auf Befreiung von seinen Schmerzen aufgegeben hat.

Unabhängig davon, wie der Schmerz entstanden und chronisch geworden ist, läßt sich belegen, daß er durchweg mit affektiven Störungen einhergeht (Geissner u. Jungnitsch 1992). Schon 1988 fanden Korff et al. bei chronisch Schmerzkranken eine deutliche Zunahme der Komplexe „Somatisierung", „Angst" und „Depression". Das Risiko, depressiv zu werden, war bei ihnen ca. 3- bis 5mal höher als bei Kontrollgruppen.

Aus der Perspektive dieser Schrift ist es von entscheidender Bedeutung, daß mindestens die Hälfte aller „chronisch Schmerzkranken" unter Schmerzen am Bewegungssystem leiden (Doenicke u. Reiche 1993; Kohlhammer u. Raspe 1992). Darauf wird später noch eingehender eingegangen.

C 6.3
Die chronische Schmerzkrankheit und die Ebenen des nozifensiven Systems

Wenn das Bewegungssystem betroffen ist, stehen folgende Komplexe der Beeinträchtigung im Vordergrund:

1. Reduzierung der körperlichen Aktivitäten, z. T. weil dadurch die Beschwerden in den Muskeln und Gelenken verstärkt werden,
2. Schlafdeprivation,
3. Antriebsverlust,
4. Depression mit Niedergeschlagenheit oder vermehrter Reizbarkeit,
5. Hilfelosigkeit und Hoffnungslosigkeit,
6. Verschlechterung der partnerschaftlichen Beziehungen, u. a. Aufgabe sexueller Kontakte,
7. Verminderung der sozialen Beziehungen, Horizontverengung (Freundschaften werden aufgegeben, Einladungen werden nicht mehr ausgesprochen u. ä.).

Projizieren wir diese Schmerz- und Beeinträchtigungskomplexe auf die Ebenen der *Nozifension*, dann ergibt sich folgende Gliederung:

Periphere Ebene

Zimmermann (1993) weist, wie viele Autoren, darauf hin, daß es besonders bei entzündlichen Gelenkerkrankungen in der Umgebung der Noziozeptoren zur Ausschüttung von Schmerzmediatoren kommt (Prostaglandin E_2, Bradykinine u. ä.), die die Reizschwelle der Rezeptoren absenken. Dadurch können zusätzlich bis dahin „schlafende" Neurone (Schmidt R. F. 1991) geweckt werden, so daß die Hinterhornzellen vermehrt und intensiver mit nozizeptiven Signalen überflutet werden. Des weiteren werden in den Nervenzellen selbst vermehrt Stoffe wie die Substanz P u. a. freigesetzt. Diese Neuropeptide können in der Umgebung des Rezeptors vasodilatatorische, zelluläre und andere Reaktionen in Gang setzen, so daß hier von einer „*neurogenen Entzündung*" gesprochen wird. Daß diese bei akuten Gelenkschmerzen nützlich sein kann, wird nicht in Abrede gestellt. Es wird aber diskutiert, ob sie bei chronischem Verlauf „aus dem Ruder laufen" und damit zu einer dauerhaften Schwellenerniedrigung der Noziozeptoren führen kann.

Ferner weist Zimmermann (1993) darauf hin, daß Befunde dafür vorliegen, daß auch „mikrobiologische Veränderungen" in den Zellkernen selbst angestoßen werden können. Es liegen Hinweise dafür vor, daß durch langdauernde noxische Reize Störungen im Vorgang der Genablesung (Transkription) bewirkt werden können. Es wird nicht für unmöglich gehalten, daß diese Veränderungen „tiefgreifende und langfristige" Funktionsverschiebungen im gesamten Nervensystem (Synthese von Transmittersubstanzen und Bildung von Rezeptorenproteinen) zur Folge haben können.

Proximal der Rezeptoren kann auch die *Nervenfaser* (Axon) Objekt von kausalen und sekundären Schädigungen sein. Hier handelt es sich um die große Gruppe der neuralgischen, radikulären u. ä. Schmerzen, über die in C 3.2.4 referiert wurde. Vor allem direkte Nervenverletzungen können zu erheblichen, dauerhaften Schmerzzuständen führen. Diese werden durch ektopische Entladungen aus den Nervenfasern ausgelöst und unterhalten. An der Schädigungsstelle ist das „Nervenkabel" ungeschützt, so daß mechanische, chemische u. a. Einwirkungen zu vermehrten afferenten Reizsalven führen. Ferner ist bei Nervenverletzungen daran zu denken, daß auch der axonale Transport im Neuron selbst gestört wird.

Diese *periphere Ebene* ist die Ebene, die den intensivsten diagnostischen und therapeutischen Einsatz des Behandlers erfordert. Ob Rücken-, Kopf- oder Extremitätenschmerzen: jede *Chronifizierung* von Schmerzen muß Skrupel und Skepsis gegenüber dem allgemeinen und v. a. dem eigenen Können und Wissen wachrufen.

Spinale Ebene

Wie oben dargestellt, führen nozizeptive Afferenzen im Hinterhornkomplex zur „spinalen Nozireaktion" (s. C 3.2.2). Wird dieser Mechanismus häufig oder gar dauerhaft in Gang gesetzt, so kommt es nicht nur zu einer Vergrößerung des „referred pain" und zu Änderungen in der motorischen Efferenz, sondern auch zu Bahnungen und Speicherungen, die die Verselbständigung des in Anspruch genommenen Mechanismus zur Folge haben können.

Schon auf dieser 2. Ebene wird, wie auf allen weiteren Ebenen, das nozizeptive Rohmaterial durch eine intakte *Antinozeption* modifiziert und gedämpft. Welche Wirkungen eine chronische Überforderung dieser Antinozeption schon auf dieser Ebene haben kann, ist vorerst noch Objekt neurophysiologischer Forschung (Mense 1988).

Die diagnostischen und therapeutischen Möglichkeiten, die sich gezielt auf diese Ebene richten, sind vorerst noch sehr begrenzt.

Hirnstammebene

Auf dieser Ebene macht sich neben der unmittelbaren nozizeptiven Wirkung auch die Folge des Schlafentzuges und damit die Störung von biologischen Rhythmen nachhaltig bemerkbar. Die Patienten fühlen sich nie ausgeruht und sind hinfällig. Sie sind tagsüber müde und nachts hellwach.

Des weiteren finden sich in variabler Konstellation
- Störungen der Thermoregulation (ständig kalte Hände und Füße), der Vasomotorik, des Elektrolythaushaltes (via Formatio reticularis)
- Gleichgewichtsstörungen, Brechreiz, Appetitlosigkeit u. a. (Vestibularis Kerne. N. Vagus)
- Antriebslosigkeit, rasche Ermüdbarkeit, Hinfälligkeit u. ä. (A. R. A. S).

Therapeutisch ist die Wiederherstellung eines normalen Tag-Nacht-Rhythmus ein schwer zu erreichendes Ziel. Die Gabe von Elektrolythen (Ca, Mg, K) kann dabei hilfreich sein. Die Möglichkeiten der physikalischen Medizin und Bewegungstherapie sollte man nicht vergessen. Der Dauergebrauch von pharmakologischen Hilfen ist kaum zu vermeiden. Er ist aber risikoreich.

Thalamische Ebene

Auf dieser wichtigen Schalt- und Verteilerebene werden wesentliche zentralmotorische Steuerungen (γ-System, Stützmotorik u. a.) aktiviert bzw. modifiziert. Von hier aus kann es zu dauerhaften, generellen Tonuserhöhungen der Muskulatur kommen.

Großhirnebene

Auf der Großhirnrindenebene finden die Prozesse statt, die in C 4.2 ausführlicher behandelt wurden. Wie bereits erwähnt, ist der chronische Schmerz häufig verbunden mit
- depressiven Zuständen in Form von Niedergeschlagenheit und Verzagtheit,
- Hilflosigkeit und Hoffnungslosigkeit, (limbisches System),
- Verlust an Außenkontakten im nahen und weiteren Umfeld (Großhirnrinde).

Hier greifen die Hilfen der Neuropsychologie ein.

C 6.4
Überforderung des antinozizeptiven Systems

Auf allen 3 Ebenen des Gehirns kann es also zu mehr oder weniger großen Defiziten in der Leistungsfähigkeit des antinozizeptiven Systems kommen. Es liegen Literaturhinweise dafür vor, daß der Endorphinspiegel bei chronisch Schmerzkranken oder bei allgemeiner Absenkung der Schmerzschwelle (z. B. Fibromyalgie) erniedrigt ist. Durch β-Endorphin i. v. konnte bei Depressionen eine Stimmungsaufhellung, Aktivitätssteigerung und Steigerung der Spontanität erreicht werden (Hasenbrink u. Arenz 1987; Hasenbrink 1990).

In der gleichen Richtung weist die Beobachtung, daß bei langdauernder, nozizeptiver Überflutung die Serotoninaktivität absinkt. Diese Ermüdung des antinozizeptiven Systems hätte eine Enthemmung der Nozizeption zur Folge. Es spricht einiges für die Hypothese, daß die aufgezeigten Mechanismen zu einer sich aufschaukelnden Dysbalance im nozifensiven System führen können.

C 6.5
Der „ideale" Schmerztherapeut

Im Idealfall müßte ein Arzt für diese Patienten die Diagnostik und Therapie auf allen 5 Ebenen beherrschen. Solch ein Behandler wäre vor allen anderen gegen Fachblindheiten gefeit.

Solange diese Kombination nur selten anzutreffen ist, bleibt eine kollegiale, gleichrangige Zusammenarbeit von Spezialisten die Lösung, die bereits Bonika als allein tauglich gefunden hat.

Ohne einen Vertreter der konservativen Medizin am Bewegungssystem, d. h. ohne einen Vertreter der manuellen Medizin, kann mindestens bei 50 % der chronischen bzw. chronifizierten Schmerz-Patienten dieser Expertenkreis nicht hinreichend kompetent besetzt sein.

C 6.6
Kritische Anmerkungen

Aus der Sicht dieser Veröffentlichung und aus langjähriger eigener Erfahrung sind einige kritische Anmerkungen zum theoretischen und praktischen Umgang mit „chronischen Schmerzen" am Bewegungssystem unerläßlich.

Alle Statistiken – mögen sie im Detail noch so global und undifferenziert sein – haben deutlich gemacht, daß vom Bewegungssystem ausgehende chronische Schmerzen mit weitem Abstand die häufigsten Behandlungsanlässe bei chronisch Schmerzkranken sind.

Das ist eine besondere Herausforderung v. a. für die Disziplinen, denen das Bewegungssystem anvertraut ist.

Bei genauerem Hinsehen stellt sich heraus, daß hier die Verbesserung der Standards der klinischen Diagnostik besonders dringend ist.

Selbst internationale Statistiken (Kohlmann u. Raspe 1992) zeigen durchweg einen zu groben Zuschnitt der abgefragten Diagnosen. Regionalbezeichnungen wie „Lumbalsyndrome", „Zervikalsyndrome", obere oder untere Extremitäten allein sind keine tragfähigen Differenzierungen, wenn brauchbare Erkenntnisse erwartet werden. Da zudem weder die Methodik der Untersuchung noch der Therapie erkennbar ist, muß den Ergebnissen dieser Untersuchungen mit Zurückhaltung begegnet werden.

Unerkennbar wird dadurch u. a.
- ob der Schmerz nicht wegen unzureichender Diagnostik und/oder Therapie chronisch geworden ist oder
- ob es sich (wie z. B. bei Patienten mit Erkrankungen aus dem rheumatischen Formenkreis u. ä.) um eine unausweichliche Karriere in die chronische Schmerzkrankheit handelt.

Eigene Erfahrung mit Patienten der ersten Gruppe zeigt, daß ca. 10-20 Prozent der Patienten bei exakter – und damit erfolgreicher – Diagnostik und Therapie füher od. später nicht mehr das Bild der autonomen Schmerzkrankheit bieten.

Mit dem Nachlassen der dauernden Schmerzüberflutung entfallen die Symptome, die für eine Erkrankung des nozifensiven Systems sui genesis sprechen.

Eine Folge von unzureichender Diagnostik ist, daß früher oder später die Anmerkung auftaucht, daß ein somatischer Schaden nicht mehr nachzuweisen sei, und daß die Persistenz der Schmerzen deshalb als „psychogen" zu interpretieren sei. Bei manchen dieser „chronisch schmerzkrank" gewordenen Patienten kann (oder muß) man die Frage stellen, ob der Grund der Chronifizierung nicht darin liegt, daß der *Behandler* die Hoffnung (die Geduld oder die Fähigkeit) verloren hat, noch helfen zu können.

Beim chronischen *Kopfschmerzpatienten* ist die Entknäulung der verschiedenen Pathologien oft noch schwieriger. Wenn z. B. unterstellt wird, daß ca. 90 % der unspezifischen primären Kopfschmerzen unter den Diagnosen „Migräne" und „Spannungskopfschmerzen" zu subsummieren seien (Basler 1990, zit. in Kohlmann u. Raspe 1992), dann belasten diese diagnostischen Unschärfen die Verwertbarkeit solcher Aussagen. Es gibt keine Zweifel daran, daß der „zervikogene Kopfschmerz" (im Gesamtkomplex der zervikoenzephalen Klinik) einen wesentlichen, wenn nicht gar einen dominierenden ätiologischen Faktor von Nakkenkopfschmerzen ausmacht.

Die Migräne entsteht durch eigene Pathomechanismen. Die Tatsache, daß sie in praxi mit den anderen Ätiologien korrespondieren kann, läßt keine Abstriche an ihrer Autonomie zu.

Teil D

Einige Beispiele von klinischen Bildern vorwiegend neurophysiologischer Pathogenese

D 1 Störungen des kraniozervikalen Übergangs (Kopfgelenkbereich)

D 1.1
Bisherige Erklärungsversuche der zervikoenzephalen Symptomatik

D 1.1.1
Historische Vorbemerkungen

Seit Jahrhunderten weiß man, daß von der oberen HWS Beschwerden ausgehen können, die nur schwer auf ein knöchernes System wie die HWS zu beziehen sind. Von keinem anderen Teil der WS, ja des Bewegungssystems, gehen Symptome wie Benommenheit, Taumeligkeit o. ä. aus. In allen Kulturen finden sich Heiler, die durch gezielte Manipulationen des Kopfgelenkbereiches solche Symptome nachhaltig beeinflussen können.

Die Redensart „jemandem den Kopf zurechtsetzen" verweist darauf, daß im Mittelalter die Anwendung von therapeutischen Handgriffen zum täglichen Leben gehörte und daß es Bader verstanden, durch eine Behandlung des Kopfgelenkbereichs den Patienten somatische und psychische Beschwerden zu nehmen.

Diese Symptomatik hat natürlich auch die klassische Medizin immer schon beschäftigt. Die entsprechende Literatur reicht bis ins frühe 20. Jahrhundert zurück (Nägeli 1899; Barré-Liéou 1927; Bärtchi-Rochaix 1949).

D 1.1.2
Symptomenkonstellation

Einheitlich wird folgende Symptomenkonstellation beschrieben:
- Bewegungsabhängige Nackenkopfschmerzen, die meistens halbseitig bis hinter die Augen ausstrahlen können. Ihr Ursprung wird in den Nackenbereich verlegt.
- Gleichgewichtsstörungen, die als Schwankschwindel selten als Drehschwindel geschildert werden.
- Übelkeit und Brechreiz. Es kommt aber – im Gegensatz zur klassischen Migräne – nicht zum Erbrechen.
- Tinnitus, gelegentlich Hörstörungen mit Schmerzen in der Umgebung des Ohrs (Otalgie).
- Zeitweiliges unscharfes Sehen, Überempfindlichkeit gegen zu grelles Licht und Grauschleiersehen.
- Kloß- oder Globusgefühl, Fremdkörpergefühl im Hals (Dysphagie).

- Rezidivierende Heiserkeit bis zu Stimmstörungen (Dysphonie).
- Vegetative Dysregulationen wie Störung der Thermoregulation (ständig kalte Hände und Füße), „Kreislaufschwäche", Schweißausbrüche u. a.).
- Störung des Tag-Nacht-Rhythmus und rasche Ermüdbarkeit.
- Konzentrationsstörungen mit Merkschwäche.
- Halten die Beschwerden über Monate oder gar Jahre an, dann kommt es zu Störungen der Affektivität bis hin zu Persönlichkeitsveränderungen mit depressiver Färbung, Vernachlässigung der Außenkontakte und allgemeiner Einbuße an Vitalität und Lebenszugewandtheit.

Da eine allgemein akzeptierte ätiologische Erklärung bisher fehlte, ist die Literatur durch die Diskussion verschiedenartiger Deutungsmodelle beherrscht.

Analysiert man die theoretische Entwürfe, dann ergibt sich, daß sie um 4 verschiedene Ansätze kreisen.
1. Die *vaskuläre Theorie,* in deren Mittelpunkt die A. vertebralis steht,
2. die *Sympathikustheorie,* in deren Mittelpunkt das sympathische Geflecht steht, das die A. vertebralis umspinnt (N. Frank),
3. die *kombinierte Theorie,* die von einer funktionellen Einheit von A. und N. vertebralis ausgeht und
4. die *neurophysiologische Theorie,* die den Kopfgelenkbereich mit seinen gelenkmechanischen, muskulären und neurophysiologischen Besonderheiten und seinen direkten und indirekten neuralen Verknüpfungen mit Hirnstrukturen und dem N. trigeminus in den Vordergrund stellt.

D 1.1.3
Die „vaskuläre Theorie" (A. vertebralis)

Die Tatsache, daß die A. vertebralis so eng mit dem Skelett verknüpft ist wie sonst kein größeres Gefäß und daß über das Vertebralis-Basilaris-Stromgebiet die hintere Schädelgrube vaskulär versorgt wird, mußte die Aufmerksamkeit frühzeitig auf sich ziehen.

Nylen (1926) führte erstmals einen transistorischen Schwindel auf eine Drosselung der A. vertebralis durch Reklination des Kopfes zurück. De Kleijn u. Nuivenhuis (De Kleijn 1927) wiederholten die Durchströmungsversuche der A. vertebralis von Gegenbauer an Leichen und fanden, daß bei maximaler Seitneigung, Rotation und Reklination die gegenseitige A. vertebralis bis zur völligen Drosselung komprimiert werden kann. Krogdahl u. Torgersen (1940) führten diese Kompression auf Exostosen der Processi uncinati zurück.

Gutmann (1962, 1963) und Unterharnscheid (1959, 1963) beschrieben das „synkopale, zervikale Vertebralissyndrom". Durch extreme Rückneigung und Drehung des Kopfes komme es zu anfallsartigem Zusammensacken („drop attacks") mit Bewußtseinsverlust und starkem Schwindel bzw. Nystagmus. In der Folge entstand eine eigene Literatur über die funktionellen Störungen der A. vertebralis.

In den letzten Jahren wird die Zahl der kritischen Stimmen, die auf Untersuchungen mit Farbdopplersonographie verweisen, zunehmend zahlreicher (z. B. Weingart u. Bischoff 1992).

Der aktuelle Stand dieser Argumentation kann dahingehend zusammengefaßt werden, daß es ein autonomes, gravierendes klinisches Bild der beeinträchtigten oder gar gestörten A. vertebralis gibt (funktionelles Wallenberg-Syndrom), daß dieses aber nicht mit dem klinischen Bild identisch ist, das generell als „zervikoenzephales Syndrom" bezeichnet wird.

Es wurde eindeutig belegt, daß der Pathomechanismus, der auf eine Einengung des Lumens einer A. vertebralis durch Kopfbewegungen zurückzuführen ist, selten vorkommt. Liegt dieser Sachverhalt aber vor, dann haben wir von einer bedrohlichen Situation auszugehen. Dies gilt v. a. für Manualtherapeuten. Die einzigen gravierenden oder gar letalen Zwischenfälle, die durch gezielte Handgrifftherapie an der Halswirbelsäule heraufbeschworen wurden, betreffen die Traumatisierungen von Vertebralarterien. Bei entsprechend gefährdeten Patienten sind gezielte Handgriffe an der HWS absolut kontraindiziert. Völlig unvorhersehbar ist die Situation, wenn eine pathologische Zerreißbarkeit der Intima der A. vertebralis, das *Nagashima-Syndrom* (Nagashima et al. 1970) vorliegt.

Die Tatsache, daß je ein reversibler Zwischenfall auf ca. 250 000 gezielte Handgriffe am Hals bzw. ein Zwischenfall mit tödlichem Ausgang auf ca. 1,5 Mio. gezielte Handgriffe im Jahr nachgewiesen sind (Dvorak 1983, 1992), zeigt die reale Dimension dieser Gefahr.

D 1.1.4
Die „Sympathikustheorie" (N. vertebralis)

Der französische Anatom Frank (1899) beschrieb ein sympathisches Nervengeflecht, das die A. vertebralis umspinnt und das mit ihr in die hintere Schädelgrube gelangt. Durch Anastomosen werden Verbindungen zu den Spinalnerven der HWS hergestellt.

Der N. vertebralis trifft sich mit seinem Partner der Gegenseite ziemlich hoch auf der A. basilaris. Dadurch ist auch intrakraniell eine Fortleitung efferenter sympathischer Aktionspotentiale (z. B. an Gefäßen) denkbar.

Barré u. Liéou (1927), die die Klinik des hohen Zervikalsyndroms erstmals beschrieben und als „syndrome sympathique cervicale posterieur" bezeichneten, führten die zervikale Hirnstammsymptomatik auf eine „arthritische Irritation" des hinteren zervikalen Sympathikus zurück. Diese Hypothese hat sich bis heute klinisch und experimentell nicht untermauern lassen. Sie findet in der aktuellen Diskussion kaum noch Befürworter.

D 1.1.5
Die „kombinierte Theorie" (A. und N. vertebralis)

Der schweizer Neurologe Bärtschi-Rochaix (1949), der mit seiner Monografie über die „Migraine cervicale" viel zur Verbreitung des Wissens und des Interesses an der zervikalen Problematik beigetragen hat, vertrat die These, daß die Irritation des N. vertebralis gemeinsam mit Kaliberänderungen der A. vertebralis für die zervikale Hirnstammsymptomatik anzuschuldigen sei. Nach seiner Vorstellung sollen es v. a. Exostosen der Processi uncinati sein, die zu einer Irritation von

Nerven und Arterienwänden führen. Auch diese Hypothese wird kaum noch diskutiert.

D 1.1.6
Die „neurophysiologische Theorie" (pathogene Afferenzmuster aus dem „Rezeptorenfeld im Nacken")

Seit Magnus (1924) und De Kleijn (1927) gehört es zum gesicherten Wissen der Neurophysiologie, daß Afferenzen aus den Rezeptoren des Nackens an der Steuerung der Stützmotorik beteiligt sind. Diese „tonischen Stell- und Haltereflexe" spielen besonders bei Neugeborenen und Säuglingen eine wichtige Rolle. Sie werden in der Pädiatrie bzw. in der Krankengymnastik seit langem mit Erfolg genutzt (Bobbath 1980; Voita 1976). Mit zunehmender Reifung des peripheren Vestibularisapparates, des Auges und der übrigen zentralen Steuerungen verliert diese spinovestibuläre Verbindung an Bedeutung. Sie bleibt aber weiterhin an der afferenten Informationsversorgung der zentralen Gleichgewichtssteuerung beteiligt. Neuere neuroanatomische und neurophysiologische Untersuchungsergebnisse können die Existenz dieser von der Empirie ständig postulierten Verknüpfung bestätigen (Fredrickson et al. 1965; Neuhuber u. Bankoul 1992, 1994; Pfaller u. Arvidsson 1988; Zenker 1988). Die holländische HNO-Schule um Jongkees (1969) hat zuerst auf die Bedeutung des „Rezeptorenfeldes im Nacken" für die Entstehung der zervikalen Gleichgewichtsstörungen hingewiesen. Von seiten der HNO-Medizin wird dieser theoretische Ansatz zunehmend akzeptiert. Diese Akzeptanz schlägt sich in einer großen Zahl von klinisch-empirischen Studien und Beobachtungen nieder (Fredrickson et al. 1965; Hülse 1983; Seifert 1995 u. v. a.). Sie wird durch experimentelle Arbeiten, die das theoretische Konzept stützen, gefördert. Demgegenüber steht eine Literatur, die der These von der klinischen Bedeutung der gestörten Afferenz aus dem Nacken skeptisch, wenn nicht gar ablehnend gegenübersteht (z. B. Hamann 1985 u. v. a.).

D 1.2
Anatomische Besonderheiten des Kopfgelenkbereichs

D 1.2.1
Vorbemerkungen

Unter der HWS versteht man i. allg. die 7 Wirbel, die oberhalb des Thorax den Kopf tragen und bewegen. Bemerkenswert ist, daß die Elemente C 3–C 7 in Struktur und Gelenkmechanik im wesentlichen gleichförmig sind, während sich die Wirbel I und II (Atlas und Axis) in fast jeder Hinsicht vom Grundtypus eines Halswirbels unterscheiden (Abb. D 1).

Diese Unterschiede sind so tiefgreifend und so aufeinander bezogen, daß sich selbst bei oberflächlicher Betrachtung die Feststellung aufdrängt, daß es sich hier um ein eigenständiges Gelenkaggregat handelt, dem offensichtlich spezielle Aufgaben anvertraut sind.

Anatomische Besonderheiten des Kopfgelenkbereichs

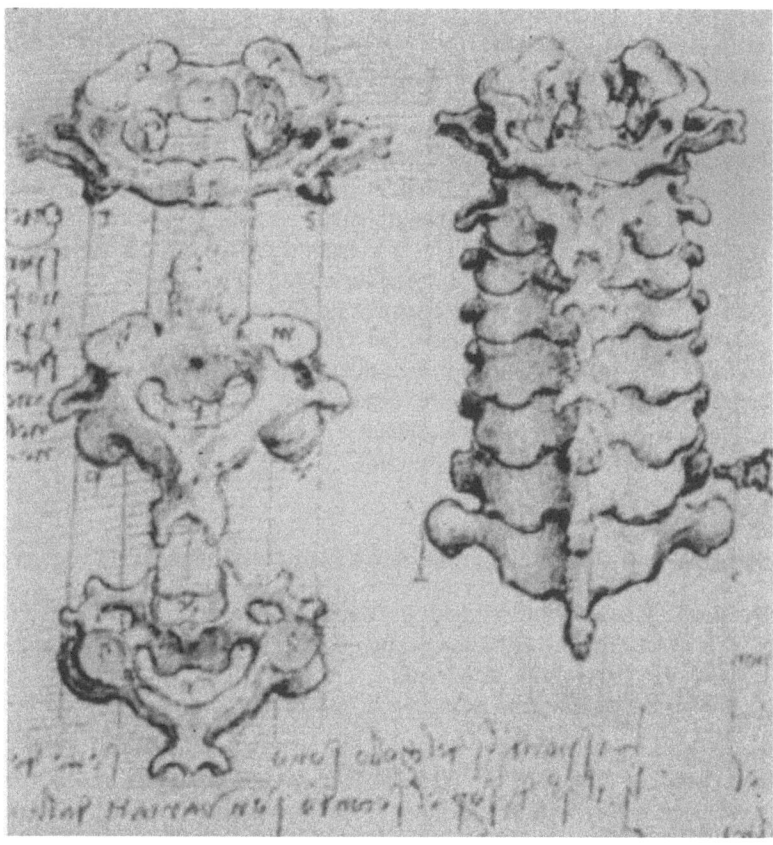

Abb. D 1. Die strukturellen Unterschiede zwischen den Partnern des Kopfgelenkbereiches und der klassischen HWS. (Zeichnung von Leonardo da Vinci entstanden zwischen 1480 und 1510)

Aus der Gelenkmechanik ergibt sich, daß auch der Schädel mit den Okziputkondylen und das Bewegungssegment C 2/3 dem Gelenkaggregat Kopfgelenkbereich zuzurechnen sind.

Phylogenetisch läßt sich belegen, daß der Kopf-Hals-Übergang bei Landvertebraten schon sehr früh eine Sonderentwicklung durchmachte. Diese wurde dadurch erzwungen, daß der bei Fischen fest mit der Wirbelsäule verwachsene Kopf beim Leben an Land mit einer erheblichen Eigenbeweglichkeit ausgestattet werden mußte. Dieser evolutionäre Prozeß führte anfangs bei den Amphibien zur Installation des Atlantookzipitalgelenks und in einem weiteren Schritt (bei Reptilien und Säugern) zur Entwicklung des Rotationsgelenkes zwischen Atlas und Axis (Starck 1979; Wolff 1988).

D 1.2.2
Skelettäre Unterschiede
zwischen der klassischen HWS und dem Kopfgelenkbereich

Die Wirbelkörper der klassischen HWS sind flache Rechteckkörper, die frontal ausgerichtet sind. Sie werden durch schmale Bandscheiben verbunden. Der Wirbelbogen trägt seitlich die Gelenkfortsätze der Wirbelgelenke. Die steilgestellten und frontal ausgerichteten Gelenkflächen der Gelenkpartner gleiten wie Glasplatten aufeinander. Die größten aktiven und passiven Ausschlagsmöglichkeiten bestehen bei der Ante- und Retroflektion (Abb. D 2).

Aufgrund der Gelenkflächeneinstellung lassen sich Seitneigung und Rotation gelenkmechanisch nicht voneinander trennen. Das Verhältnis von Seitneigung und Rotation wird bei dieser zwangskombinierten Beweglichkeit vom Grad der Schrägstellung der Gelenkfacetten bestimmt:
- je steiler, desto mehr Seitneigung,
- je horizontaler, desto mehr Rotation.

D 1.2.3
Struktur und Gelenkmechanik des Kopfgelenkbereichs

Die auffälligsten Veränderungen im Kopfgelenkbereich bestehen darin,
1. daß der 2. Wirbel (Axis) über einen Zapfen (= Dens) verfügt, der auf seinem Wirbelkörper verankert ist und
2. daß der Atlas ein Ring ist, der sich um diesen Zapfen dreht (Abb. D 3).

Entwicklungsgeschichtlich handelt es sich beim Dens um einen Teil (Pleurozentrum) der frühen Anlage des Wirbelkörpers vom Atlas. Dieses knöcherne Element steht nach wie vor an der gleichen Stelle wie vor der Teilung. Die funktionelle Änderung erfolgt lediglich dadurch, daß die Bandscheibe zwischen C 1 und C 2 einer knöchernen Verschmelzung weichen mußte und daß ein Gelenkspalt zwischen dem vorderen Bogen des Atlas (Hypozentrum I) und dem Dens entstand (Starck 1979; Wolff 1988).

Die Konzentration der Rotation auf die Etage zwischen Atlas und Axis erforderte weitere strukturelle Änderungen:
- die Wirbelgelenke zwischen C 1 und C 2 wurden von dorsal vom Wirbelbogen weit nach ventral neben den Dens auf die Wirbelkörper von C 2 verlagert.
- Die Gelenkflächen wurden gegenüber der klassischen HWS nach ventral um 30–50 gekippt und damit fast horizontal eingestellt. Sie fallen nach lateral etwas ab. Ventral und dorsal kippen sie an den Rändern ebenfalls ab, so daß ein für die Rotation äußerst leistungsfähiger Gelenkmechanismus entstand (Abb. D 4).
- Im Gegensatz dazu wurde das Altantookzipitalgelenk O/C 1 für Rotation ein Sperrgelenk. Auch für Seitneigung sind nur geringe aktive Exkursionsmöglichkeiten von 4–6° vorgesehen. Lediglich die Ante- und Retroflektion verfügt über einen aktiven Exkursionsraum von im ganzen ca. 15–20°.

Anatomische Besonderheiten des Kopfgelenkbereichs

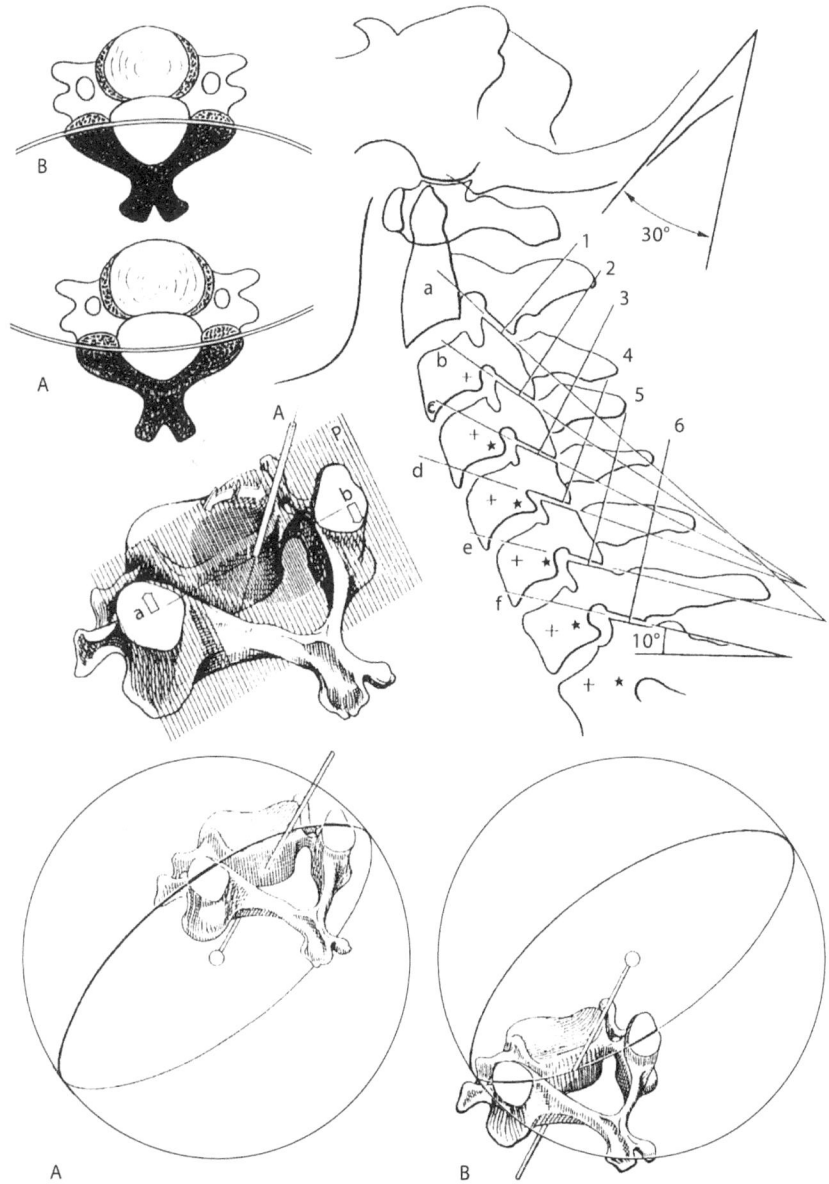

Abb. D 2. Wesentliche strukturelle und gelenkmechanische Aspekte der „klassischen" HWS (s. Text). (Aus Kapandji 1985). Beachte die ventral-frontale Einstellung der Gelenkflächen der übrigen „klassischen" HWS (A) und die mehr dorsal-frontal ausgerichteten Gelenkflächen von C 2/3 (B)

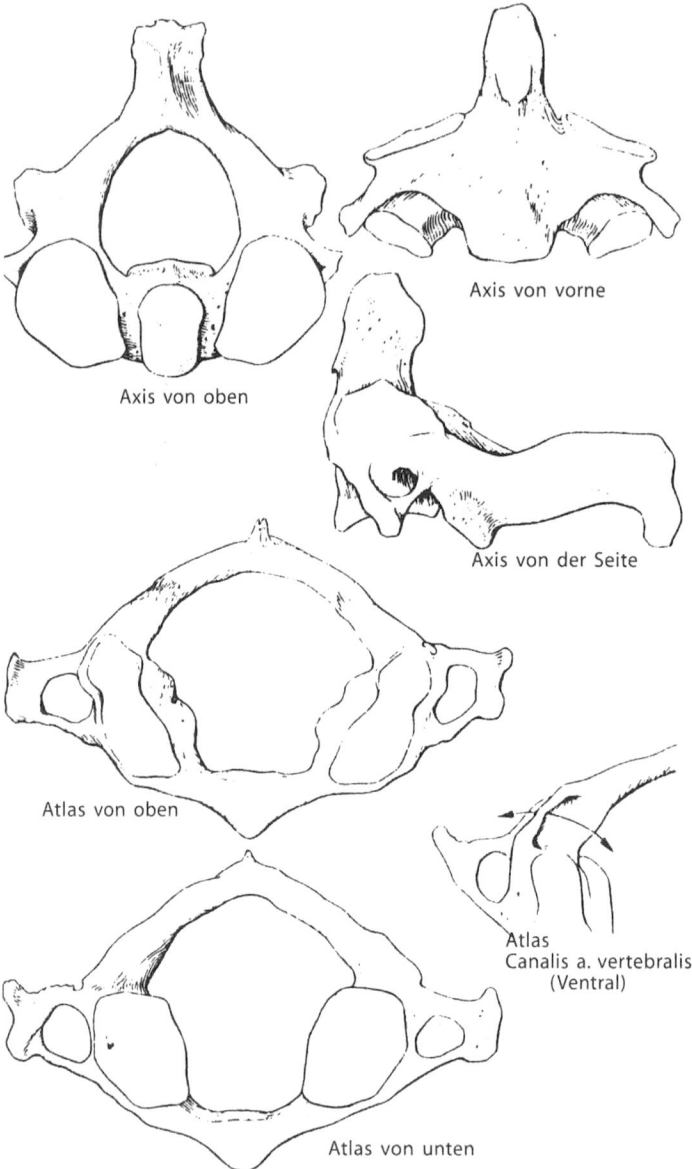

Abb. D 3. Die Morphologie von Axis und Atlas. (Aus Platzer 1975)

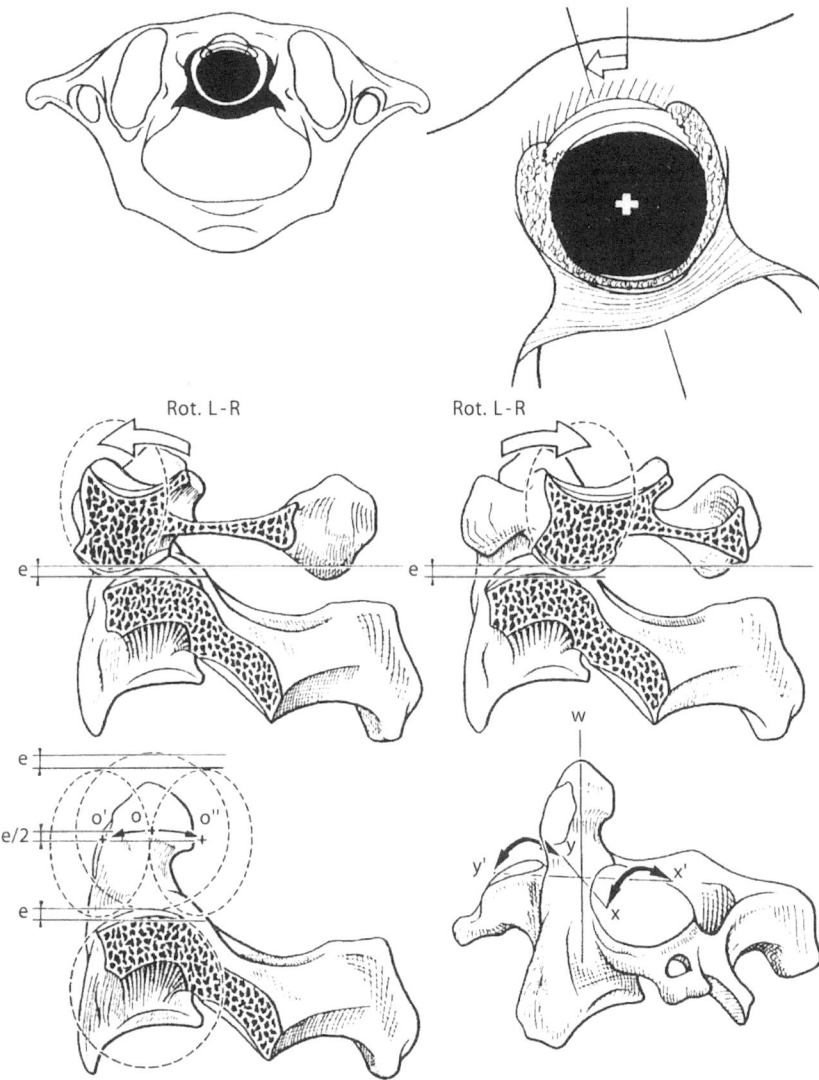

Abb. D 4. Strukturelle Voraussetzungen der Rotationsfunktion von Atlas auf Axis. (Aus Kapandji 1985)

Zur Absicherung des Rückenmarks gegen den Dens wurde das hintere Längsband durch das kräftige Ligamentum transversum atlantis verstärkt (Abb. D 4).

Zur Begrenzung der Rotationsausschläge entstanden zwischen dem Dens einerseits und dem Kopf mit Atlas die Ligamenta alaria (Dvořák 1983).

Die Wirbelgelenke C 2/3 haben hinsichtlich der Rotation eine stabilisierende Aufgabe für den Kopfgelenkbereich (Putz 1981). Obwohl es sich im Bewegungssegment C 2/3 schon um klassisch gebaute HWS-Wirbelgelenke mit „normalem" Intervertebralraum usw. handelt, muß auch diese Etage funktionell dem Kopfgelenkbereich zugeordnet werden. Sie ist eindeutig eine Übergangsregion, da sie im Schnittpunkt zwischen zwei gelenkmechanisch konträr ausgerichteten WS-Abschnitten liegt. Die Zugehörigkeit zum Kopfgelenkbereich zeigt sich u. a. darin, daß die Gelenkflächen nicht – wie die der übrigen HWS – frontal oder nach ventral konkav (mit Drehpunkt *vor* dem Wirbelkörper) eingestellt sind, sondern nach dorsal konkav sind, d. h. daß ihr Drehpunkt *hinter* dem Dornfortsatz liegt (Putz 1981) (s. Abb. D 2 B). Dieses dient der erwähnten Stabilisierung des Kopfgelenkbereichs.

Die relative Steilstellung der Gelenkflächen von C 2/3 ermöglicht eine gute Seitneigungsmöglichkeit mit der Folge, daß ein Großteil der Seitneigung der gesamten HWS in dieser Etage stattfindet. Auf eine knappe Formel gebracht:

- Die Hauptbewegung der klassischen HWS ist die *Ante-* und *Retroflektion*. An ihr nehmen auch die Atlantookzipitalgelenke und die Atlantoaxialgelenke teil.
- Die *Rotation* findet – v. a. in der Initialphase – im Gelenk zwischen Atlas und Axis mit ca. 45° beidseitig statt. Erst bei größeren Exkursionen beteiligt sich die klassische HWS.
  Das Atlantookzipitalgelenk ist für aktive Rotation ein Sperrgelenk. Nur eine passive endgradige Federung von wenigen Graden Gelenkspiel ist möglich.
- Die *Seitneigung* obliegt v. a. der klassischen Halswirbelsäule, wobei C 2/3 einen Hauptteil der Exkursionsmöglichkeiten abdeckt.

D 1.2.4
Muskulatur des Kopfgelenkbereichs

Die sehr speziell geformten, tiefen, autochtonen, monosegmentalen Nackenmuskeln steuern und registrieren die Mobilität im unmittelbaren Kopf-Hals-Übergang. Im Bewegungssegment 0/C 1 erstrecken sie sich logischerweise nur zwischen Atlas und Hinterhaupt (Abb. D 5).

Die vom Dornfortsatz von C 2 ausgehende autochthone Muskulatur greift nicht nur am Atlasquerfortsatz (C 1), sondern auch am lateralen Okziput an (Abb. D 5). Sie wirkt also gemeinsam auf den Atlasquerfortsatz und das laterale Okziput ein (Abb. D 5). Bemerkenswert ist ferner, daß die autochthonen Muskeln, die vom Dornfortsatz von C 2 nach kranialwärts ziehen, von dorsal-kaudal nach lateral-kranial gerichtet sind, so daß sie primär auf *Rotation* eingestellt sind.

Im Gegensatz dazu verlaufen die tiefen autochthonen Muskeln, die den hinteren Bogen des Atlas mit dem Hinterhaupt verbinden, von ventral-kaudal nach dorsal-kranial. Dadurch können sie sich vornehmlich am *Rücknicken* des Kopfes (frontale Achse) beteiligen (Abb. D 5). Konsequenterweise finden sich an der Vorderseite der obersten HWS entsprechende antagonistische Muskeln, die dem Vorwärtsnicken dienen (Mm. rectus mediales und laterales ventrales).

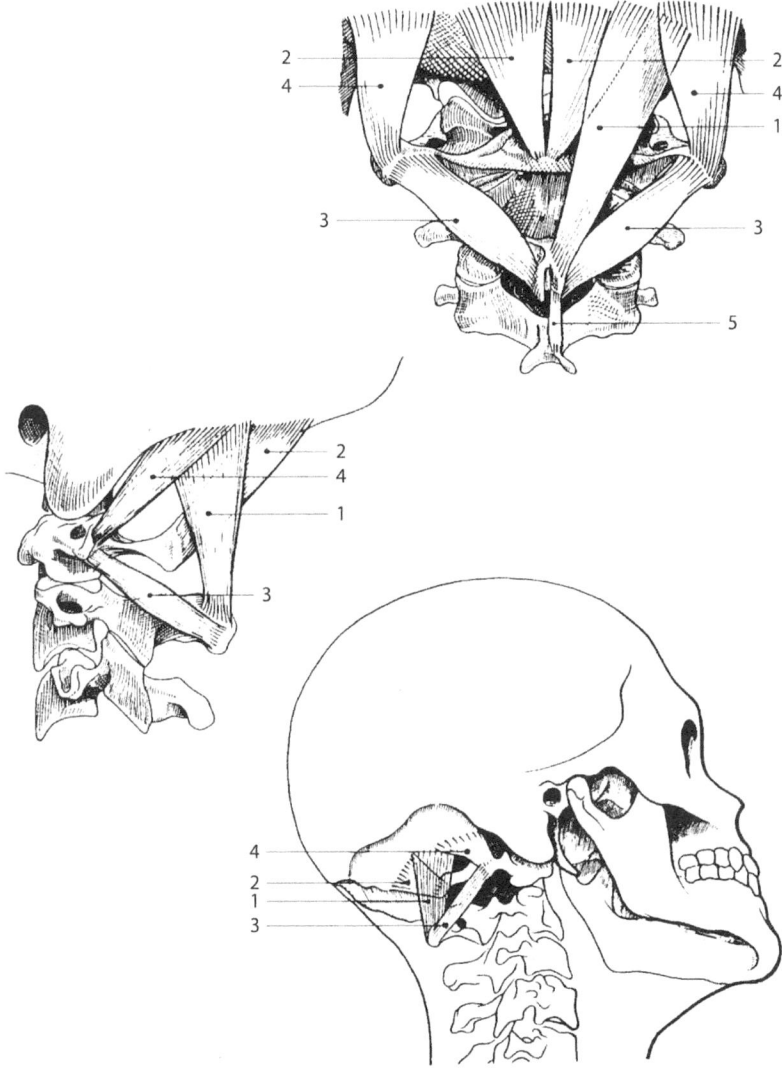

Abb. D 5. Struktur und Anordnung der tiefen autochthonen Muskelschicht des Kopfgelenkbereiches: *1* M. rectus capitis posterior major (Rotator capitis), *2* M. rectus capitis posterior minor (Rectus posterior medialis), *3* M. obliquus capitis inferior (Rotator atlantis), *4* M. obliquus capitis superior (Rectus posterior lateralis) (Segment O/C 1 und C 1/2. (Aus Kapandji 1985)

Die *Seitneigung* (sagittale Achse) wird jeweils durch die Kontraktion aller Muskeln der Neigungsseite und durch das Loslassen der Muskeln der Gegenseite bewerkstelligt.

Wie bereits ausführlich dargelegt, kann eine funktionelle und/oder strukturelle Störung eines Arthrons in der segmental zugeordneten Muskulatur eine generelle oder partielle *Tonuserhöhung* und eine Absenkung der Schmerzschwelle zur Folge haben. Daraus ergibt sich, daß die *Palpation* der tiefen autochthonen Nackenmuskeln im Kopfgelenkbereich eine besonders subtile – und relativ leicht handhabbare – Möglichkeit bietet, Hinweise auf die Etagenhöhe und Seite und auch auf die Qualität einer Funktionsstörung im Kopfgelenkbereich zu gewinnen. Auch für die *Therapie* mit Lokalanästhetika bieten sich hier sehr genaue und daher effiziente Einwirkmöglichkeiten.

D 1.2.5
Neuroanatomie und Neurophysiologie des kraniozervikalen Übergangs

D 1.2.5.1
Vorbemerkungen

Wenn schon die knöchernen und muskulären Umbauten der oberen HWS es rechtfertigen, von der „Sonderstellung" dieser Region zu sprechen, dann trifft das noch nachdrücklicher auf deren neuroanatomische und neurophysiologische Besonderheiten zu.

Auch hier liefert die Phylogenese die Erklärung.

Das Urmodell des Vertebraten entstand als Fisch im Wasser. Kopf und Körper waren fest miteinander verbunden. Zur Orientierung im Schwerefeld der Erde genügte der vestibuläre Apparat. Mit der Eroberung des Festlandes mußte der Kopf als Träger der weithin reichenden Sinnesorgane, als Ort der Nahrungs- und O_2-Aufnahme sowie als Kampf- und Verteidigungsorgan vom Körper abgekoppelt werden. Daraus ergab sich, daß die Meßdaten, die im Hinblick auf die Schwerkraft im vestibulären Apparat erstellt wurden, zwar dem Kopf, nicht aber in jedem Fall dem Körper im Ganzen entsprachen. Es wurde erforderlich, daß korrigierende Werte aus dem Körper in den steuernden Vestibulariskernbereich eingegeben werden. Die allgemeine Somatosensorik aus Körper und Extremitäten erfüllt generell diese Aufgabe.

Innerhalb dieser Aufgabe ist aber dem kraniozervikalen Übergang als dem unmittelbaren „Scharnier" die entscheidende Rolle zugefallen. Die extreme Verdichtung, v. a. der Muskelspindelpopulation im subokzipitalen Bereich, dient nicht nur der minutiösen motorischen Feineinstellung bei der Kopfbalance. Die von dort stammenden Afferenzen spielen auch eine maßgebliche Rolle bei der Information der Instanzen, die Haltung und Bewegung des Körpers im Schwerefeld der Erde steuern. Dieser Aspekt ist so dominierend, daß es gerechtfertigt erscheint, die tiefen autochthonen Nackenmuskeln nicht primär als motorisch notwendige Einheiten anzusehen, sondern sie als ein *Rezeptorensystem im Dienst der Gleichgewichtssteuerung* zu interpretieren (Thoden u. Doerr 1988). Aus steuerungstheoretischer Sicht ist zu postulieren, daß die Daten, die extrakranial – v. a. also im Nacken – erstellt werden, von den Daten, die intrakranial (peripheres Gleichgewichtsorgan, Augen und Kleinhirn) erstellt werden, *subtrahiert* werden (Hassenstein 1970, 1988).

D 1.2.5.2
Neuroanatomie und Neurophysiologie

Welche neuroanatomischen, neurophysiologischen und klinischen Fakten liegen inzwischen vor, die diese seit vielen Jahrzehnten postulierten Zusammenhänge untermauern bzw. wahrscheinlich machen?

Deskriptive Anatomie
(Neuhuber u. Zenker 1994)
- Das Spinalganglion C 1 und der Spinalnerv C 1 sind recht klein. Der Ramus dorsalis des 1. Spinalnervs ist hauptsächlich ein Muskelnerv, der die kurzen tiefen autochthonen Nackenmuskeln und den M. semispinalis capitis efferent versorgt. Die Rami dorsales C 1 und C 2 sind durch Anastomosen miteinander verknüpft.
- Das Spinalganglion von C 2 ist mit ca. 49 000 Nervenzellen eines der größten Spinalganglien der WS. Das Spinalganglion Th 4 enthält z. B. nur 24 000 Zellen (Davenport u. Pothe 1934).

Der *Ramus dorsalis* des 2. Spinalnervs ist vornehmlich sensibel angelegt. Er ist der stärkste aller Rami dorsales und auch – entgegen dem allgemeinen Größenverhältnis – dicker als der Ramus ventralis des gleichen Segments.

Es teilt sich auf in einen vorderen Ast, der sich an der Innervation des M. splenius und longissimus capitis beteiligt, und einen stärkeren, hinteren Ast, der die Mm. semispinalis capitis und trapezius durchbohrt und dann als N. occipitalis major einen großen Hautbereich des Hinterkopfes bis zur Scheitelhöhe versorgt.

An der Versorgung der Mm. splenius, longissimus capitis und semispinalis capitis beteiligt sich auch der Ramus dorsalis des 3. Spinalnervs. Selbstverständlich entsenden alle diese Nerven auch Äste an die Wirbelgelenkkapseln, ans Bindegewebe und an die lokale Gefäßprovinz, die hier ebenfalls sehr intensiv ausgebaut ist.

Auffällig ist ferner, daß die Innervationsdichte im rückwärtigen Halsbereich von kaudal nach kranial erheblich zunimmt, woraus sich eine Zunahme der sensorischen Informationen und ein höherer Grad der Abstufung muskulärer Leistungen ergibt.

Bei der Innervationsdichte fällt die große Anzahl von *Muskelspindeln*, v. a. in der tiefen autochtonen Nackenmuskulatur, auf. Entsprechende Untersuchungen an der Gelenkkapsel stammen von Bakker u. Richmond (1982) und am Muskel von Knese (1949). Es wurden 250–300, ja bis zu 500 Muskelspindeln/g Muskelgewebe gefunden. In der Extremitätenmuskulatur liegt das Verhältnis bei 15–30 Spindeln/g Muskelgewebe. Im Gegensatz zu dieser ungewöhnlich großen Zahl von Muskelspindeln scheint sich die Dichte der propriozeptiven und nozizeptiven Elemente nicht auffällig von den üblichen Verhältnissen zu unterscheiden.

Während Hautafferenzen aus dem Nacken nur zum spinalen Hinterhornkomplex ziehen, gelangt ein Teil der dickkalibrigen afferenten Fasern, die aus Muskel- und Sehnenspindeln stammen, im spinalen Querschnitt bis nach ventral zum motorischen Vorderhorn, wo sie sich an der Bildung von Reflexen beteiligen.

Der größere Anteil endet im *Nukleus cervicalis centralis* im medialsten Anteil des Hinterhornkomplexes. Dieser Kern existiert nur in den Spinalsegmenten C 1–C 4. Er sammelt die Afferenzen aus allen Halsmuskeln. Es verfügt über afferente Verbindungen zu den Vestibulariskernen und zum Kleinhirn. Zenker (Zenker 1988; Zenker u. Neuhuber 1994) geht davon aus, daß der Nucleus cervicalis centralis als wichtiges Zentrum für die tonischen Halsreflexe anzusehen ist. In neuen Veröffentlichungen ergänzen Neuhuber u. Bankoul (1994) diese Feststellungen durch den Hinweis auf dickkalibrige, monosynaptische Muskelafferenzen, die direkt zum Nucleus cuneatus externus und v. a. zum Vestibulariskernkomplex durchschalten. Diese Afferenzen stammen v. a. aus den Spinalwurzeln C 2 und C 3.

Auf diese Weise gewinnen propriozeptive Halsafferenzen direkten, *ungefilterten Kontakt* zu
- vestibulospinalen Neuronen,
- vestibulookulomotorischen Neuronen und zu
- Neuronen des vestibulären Kerngebietes,

die Afferenzen aus dem Labyrinth empfangen.

Diese Konvergenz von zervikalen-propriozeptiven Afferenzen mit Labyrinthefferenzen spricht dafür, daß sie eine wesentliche Rolle bei der Kontrolle von Balance und Motorik spielen. Eine Störung in diesem Funktionszusammenhang könnte für Beschwerden wie die zervikalen Gleichgewichtsstörungen verantwortlich sein.

Neurophysiologie
Diese neuroanatomischen Sachverhalte fügen sich widerspruchslos in die Summe der Ergebnisse *neurophysiologischer Forschung* und klinischer Beobachtungen ein, die im Zusammenhang mit den tonischen Stell- und Haltereflexen gewonnen wurden (Magnus 1924; De Kleijn 1927; De Jong et al. 1977; Fredrickson et al. 1965; Hülse 1983; Mense 1988 u. a.).

Einen Überblick über die an den Gleichgewichtssteuerungen beteiligten zentralen und peripheren Afferenzen und Efferenzen vermittelt die Abb. D 6 von Neuhuber (1992).

D 1.2.6
Klinische Aspekte

Aus der Synthese dieser Sachverhalte ergibt sich, daß jede klinisch relevante Störung dieses komplexen Systems eine Symptomatik aufweisen muß, die genauso komplex ist wie der Verbund des gesamten Systems. Es ist also zu erwarten, daß es nicht nur zu den lokalen und spinal geleiteten pathophysiologischen Zuständen kommt, die für das gesamte Bewegungssystem gültig sind, sondern daß auch die neurophysiologische Sonderstellung des Kopfgelenkbereiches adäquat präsentiert ist.

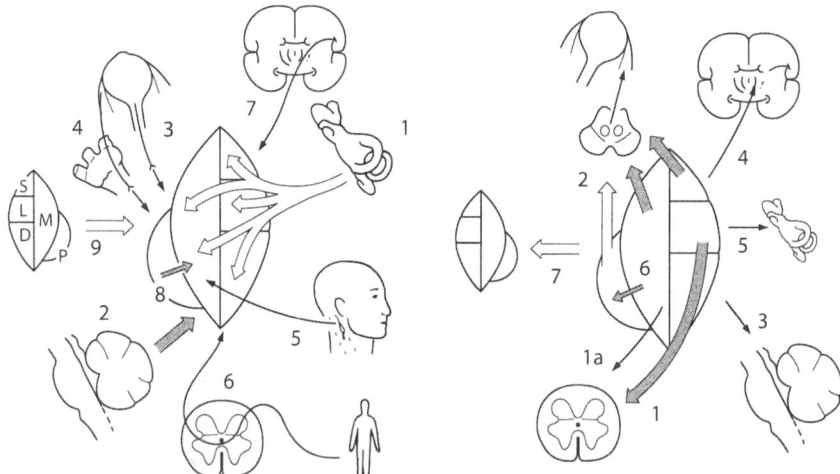

Abb. D 6. Zusammenfassung der wichtigsten afferenten (*links*) und efferenten (*rechts*) Verbindungen der Vestibulariskerne. Afferenzen: *1* vom Labyrinth, *2* vom Kleinhirn, *3* aus der Retina, *4* Spindelafferenzen aus Augenmuskeln (über N. ophtalmicus und sensorische Trigeminuskerne), *5* Halsmuskelafferenzen, *6* spinovestibuläre Bahnen (Afferenzen aus gesamten Körper), *7* direkte und indirekte Afferenzen aus dem Kortex, *8* aus perihypoglossären Kernen, *9* vom Vetibularkernkomplex der Gegenseite; Efferenzen: *1* zum Rückenmark: Tractus vestibulospinalis lateralis, *1 a* Tractus vestibulospinalis medialis, *2* zu Augenmuskelkernen, *3* zu Kleinhirn und Formatio reticularis, *4* vestibulothalamokortikale Bahn, *5* zum Labyrinth, *6* zu den perihypoglossären Kernen, *7* zum Vestibularkernkomplex der Gegenseite, *S* Nucleus vestibularis superior, *M* medialis, *L* lateralis, *D* descendens, *P* Nucleus praepositus hypoglossi. (Nach verschiedenen Quellen; mod. u. a. nach Brügger 1962, aus Neuhuber 1992)

D 1.2.6.1
Zervikoenzephale Symptomatik

Konsequenterweise ist zu postulieren, daß funktionelle oder somatische Störungen des Kopfgelenkbereichs, wenn sie pathogene Afferenzen auslösen, zumindest Störungen in der Gleichgewichtssteuerung zur Folge haben. Dieses Postulat wird durch die klinische Realität an den Patienten generell erfüllt. Zu einem hohen Prozentsatz klagen entsprechende Patienten über „Trunkenheit" und ein Gefühl der Unsicherheit, das die Schweizer mit „Tümmeligkeit" bezeichnen.

Eine Ursache für die Mißverständnisse und daraus resultierende Kontroversen bei der wissenschaftlichen Diskussion dieser Probleme mag sein, daß irrtümlicherweise für diese „Software-Störung" des Vestibulariskernbereichs der Begriff „Schwindel" benutzt wurde. Das hatte zur Folge, daß das anstehende Problem mit dem Instrumentarium der klassischen Schwindelforschung und Diagnostik angegangen wurde.

Die von Claussen, Hülse (1983), Moser (1973) u. v. a. entwickelte spezielle apparative Diagnostik ist soweit ausgereift, daß sie differentialdiagnostisch nicht außer acht gelassen werden darf.

D 1.2.6.2
Subokzipitale Proprio- und Nozizeption und die spinalen Trigeminuskerne

Die Tatsache, daß pathologische Afferenzen aus dem „Rezeptorenfeld im Nacken" auch mit dem Kernbereich des N. trigeminus verknüpft sind, ist durch klinische und experimentelle Arbeiten seit langem belegt (Jansen 1968, 1972; Thoden u. Doerr 1988; Vadokas u. Lotzmann 1995). Die „Übertragung" dieser Afferenzen erfolgt im Hinterhornkomplex des hohen zervikalen Rückenmarks. Dort reichen die spinalen Kernbereiche des N. trigeminus bis auf die Ebene der Einmündungen der nozizeptiven Afferenzen aus den Spinalwurzeln C1–C3 herab (Abb. D 7).

Erwähnt seien in diesem Zusammenhang Reizuntersuchungen von Schimek (1988), der bei beschwerdefreien Probanden hypertone Kochsalzlösung in je einen Muskeln der tiefen autochtonen subokzipitalen Nackenmuskulatur injizierte und die Angaben über die dadurch ausgelöste subjektive Schmerzausbreitung im Kopf protokollierte. Es ergaben sich für jeden Muskel charakteristische Schmerzbänder, die alle im sensiblen Innervationsbereich des N. trigeminus liegen.

Nur die Konvergenz mit dem N. trigeminus erklärt zwanglos die halbseitigen Nackenkopfschmerzen, die bis hinter die Augen, in die Schläfen, ins Gesicht und in die Ohren (Otalgie) ausstrahlen.

Um einer einseitigen Diagnostik vorzubeugen, sei vermerkt, daß auch vom N. trigeminus ausgehende „übertragene" Schmerzen im Nackenbereich möglich sind. Ein besonders häufiges Modell für diese Schmerzausbreitung ist die Klinik des myofaszialen Kiefergelenksyndroms. Bei ihm finden sich oft gleichseitige schmerzhafte Muskeltonuserhöhungen im Subokzipitalbereich, allerdings durchweg ohne Funktionsstörung der dortigen Gelenkmechanik.

D 1.2.6.3
Unklare Symptome

Nicht alle Symptome sind auf die o. g. Weise zu erklären. Die Patienten klagen über Hörstörungen, Tinnitus, vermehrte Empfindlichkeit gegen akustische und optische Reizüberflutung, Grauschleiersehen, verminderte Belastbarkeit, vegetative Störungen wie gestörten Tag-Nacht-Rhythmus, gestörte Konzentration und allgemeine Hinfälligkeit und Leistungsminderung. Bei diesen Symptomen ist es noch nicht klar, ob es sich um allfällige sekundäre Reaktionen auf eine übermäßige und/oder chronifizierte nozizeptive Reizüberflutung handelt, oder ob ihnen definierbare, spezifische pathophysiologische Verknüpfungsmuster zugrunde liegen.

D 1.2.6.4
Psychische Symptome

Zum letzten wird kontinuierlich und gleichförmig über eine Reihe von „psychischen Veränderungen" geklagt, die Komponenten einer reizbaren Schwäche, einer depressiven Verstimmung und einen allgemeinen Verlust an Lebensfreude und

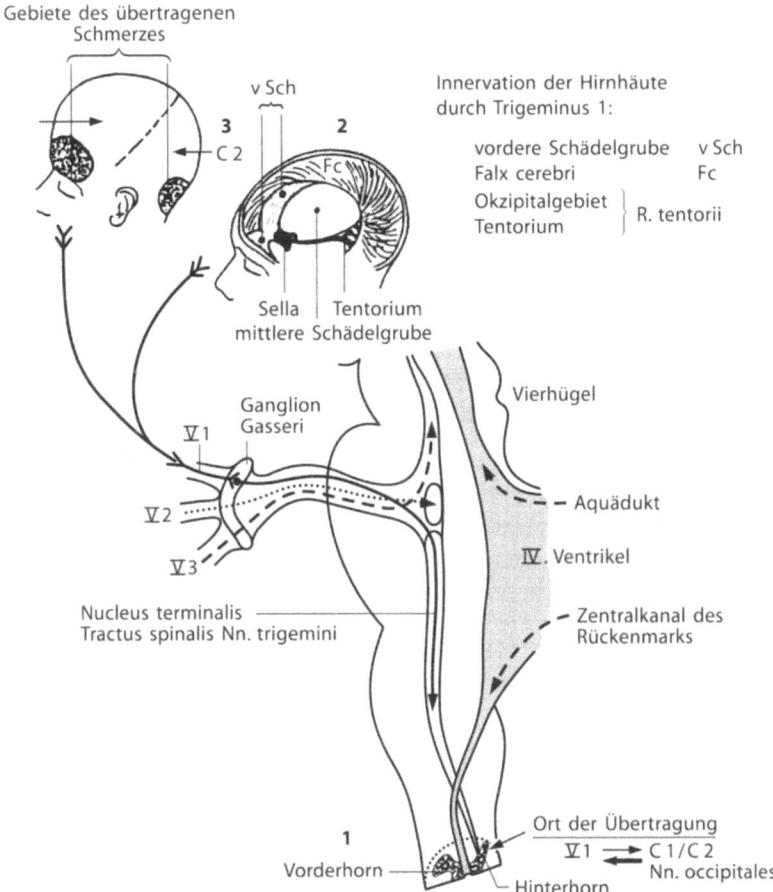

Abb. D 7. Schematische Darstellung zur Erklärung der wichtigen Schmerzübertragung in die Supraorbitalregion. 1) bei Irritation im Innervationsgebiet der obersten Halssegment, d. h. bei Projektion aus der zervikookzipitalen Übergangsregion: 2) bei Irritation der Meningen im Bereich des Tentoriums und der Okzipitalregion; 3) bei Irritationen im Gebiet der vorderen Schädelgrube und der Falx. Selten erfolgt eine Übertragung in den Nacken bei Irritationen in der vorderen Schädelgrube. (Nach Janzen 1968)

Lebenqualität beinhalten. Umweltkontakte werden reduziert. Die Leistungsfähigkeit und Leistungswilligkeit läßt nach. Aus all diesen Beschwerden resultiert das Gefühl einer deutlichen und tiefgreifenden Veränderung der gesamten Persönlichkeitsstruktur.

Auch hier wird zu klären sein, wieweit eine chronische Schmerzüberflutung, ggf. mit einer Erschöpfung des antinozizeptiven Systems, diese für den Patienten und seine Umgebung gravierenden Folgen verursacht hat. Der oft leichtfertigen Interpretation dieser Leidenskarriere als Folge einer *psychosomatischen* Kausalkette kann gar nicht energisch genug entgegengetreten werden. Bis zum *Beweis* des Gegenteils sollte man bei jedem Patienten mit entsprechender Symptomatik, bei dem eindeutig posttraumatische Funktionsstörungen im Kopfgelenkbereich vorliegen, von einem *somatopsychischen* Zusammenhang ausgehen.

D 1.2.7
Therapie

Da diagnostische und therapeutische Vorschläge bereits vorgelegt wurden, wird auf B. 10.1 zurückverwiesen.

D 1.3
Standortbestimmungen zur Begutachtung von „Weichteilverletzungen der HWS"

Es wird als bekannt vorausgesetzt, daß die Problematik der nichtknöchernen Unfallfolgen an der HWS seit Jahrzehnten zwischen zwei konträren Argumentations- und Erfahrungspositionen kontrovers diskutiert wird.

Auf keinen Fall kann davon ausgegangen werden, daß beim derzeitigen Stand des Wissens und der Empirie eine Seite hier über ein unangreifbares Monopol wissenschaftlicher Sicherheit verfügt.

Vor dem Hintergrund der dargestellten Sachverhalte seien einige Positionen umrissen, die bei der Begutachtung beachtet werden müssen.

1. Nomenklatur. Bereits die in diesem Zusammenhang gebrauchte Nomenklatur spiegelt die Uneinheitlichkeit der Standpunkte und der Argumentationen wider.

1.1. Am weitesten verbreitet ist der Begriff der „Schleuderverletzung der HWS". Vor allem Erdmann (1973) hat sich nachdrücklich dafür eingesetzt, daß dieser Terminus ausschließlich der Unfallsituation des *Heckaufpralls* vorbehalten bleibt. Die experimentelle und theoretische Untermauerung der mit diesem Unfallmechanismus verbundenen Einwirkungen geht praktisch ausschließlich von einer Kopfbeschleunigung in der Vorwärts-Rückwärtsneigung (sagittale Ebene) aus (Hinz 1970).

1.2. Eine weitere Unterscheidung versucht zwischen direkten und indirekten Gewalteinwirkungen auf Kopf und HWS zu differenzieren. Es wird zwischen *„Contact-Trauma"* und *„Non-contact-Trauma"* unterschieden.

1.3. Mit dem Non-contact-Traumabegriff ist der Begriff des *„Beschleunigungstraumas"* identisch. Sie besagen beide, daß schnelle bis ultraschnelle Beschleunigungen von Kopf und HWS die einzige Form der ursächlichen Gewalteinwirkung darstellen.

1.4. Da die Unfallopfer durchweg keine röntgenologisch darstellbaren, knöchernen Verletzungen aufweisen, entstand der Begriff der *„Weichteilverletzung der HWS"* (Wiesner u. Mumenthaler 1975, 1984). Dadurch wurde akzeptiert, daß auch

dann mit Beschwerden gerechnet werden muß, wenn die bildgebenden Verfahren keine diagnostischen Beweise liefen.
Die letztgenannten Ausdrücke sind nicht auf eine definierte Gewalteinwirkungsrichtung (wie beim Heckaufprall) festgelegt. Die Verletzungsursachen: Frontalaufprall, Seitaufprall, Überschlag oder Überrollung sind mit ihnen vereinbar.

2. Diese Ausdrücke beschreiben die traumatisierenden *Mechanismen,* nicht die dadurch ausgelösten Folgen am zervikalen Achsenorgan: Ähnlich wie bei der Distorsion können Muskeln-, Bänderzerrungen und -einrisse, Einblutungen in Gelenkkapseln, Hohlräume und Muskeln eingetreten sein (Emminger et al. 1968).

3. Die HWS kann nicht als ein einheitlicher Bestandteil der Wirbelsäule angesehen werden. Es sprechen anatomische, gelenkmechanische, muskuläre, neurale und neurophysiologische Gesichtspunkte dafür, daß die anatomische Differenzierung in:
– den *Kopfgelenkbereich (kraniozervikale Übergangsregion)* und in
– die *„klassische HWS"*
auch in der Begutachtungspraxis ihren Niederschlag finden muß (Wolff 1988).

3.1. Die *klassische HWS* besteht aus 5 relativ gleichförmigen knöchernen Elementen mit gleicher Gelenkmechanik und einheitlicher Muskulatur und Neurophysiologie.

3.2. Dem *Kopfgelenkbereich (kraniozervikale Übergangsregion)* sind zuzuordnen: die Okziputkondyle, die atlantookzipitalen Gelenke, die Wirbelkörper C 1 (Atlas) und C 2 (Axis) mit ihren 4 Gelenken und das Bewegungssegment C 2/3 mit seinen Wirbelgelenken.
Der Kopfgelenkbereich verfügt über ein eigenständiges Bandsystem (Ligamenta alaria, Ligamentum transversum atlantis und Ligamentum apicis dentis), eigenständige Muskulatur und neurophysiologische Ausstattung.

3.2.1. Der Kopfgelenkbereich weist nur selten und in geringem Umfang sog. „degenerative" Veränderungen auf (hier fehlen z. B. die Bandscheiben). Dagegen weist die untere HWS häufig und mit zunehmendem Alter reparative Veränderungen (fälschlich als „Altersverschleiß" oder „degenerative Vorschäden" interpretiert) auf (Wolff 1986).

3.2.2. Gelenkmechanisch ist dem Kopfgelenkbereich v. a. in der Etage C 1/2, die Kopfrotation und in der Etage C 2/3 die initiale Seitneigung anvertraut. Dagegen ist das Atlantookzipitalgelenk für Rotation ein Sperrgelenk. Daher ist der Kopfgelenkbereich durch Rotations- und Seitneigungsimpulse besonders verletzbar, während Überlastungen in der Sagittalrichtung (Vor- und Rückneigung) relativ gut toleriert werden (Kapandji 1985; Putz 1981; Zenner 1987).

3.2.3. Aus neuroanatomischen Gründen ergibt sich, daß Störungen der klassischen HWS von Schmerzen begleitet werden, die vornehmlich in den Nacken-Schulter-Arm-Bereich ausstrahlen. Demgegenüber stammen Nackenkopfschmerzen, zentralenzephale, „vegetative" Symptome, übertragene Schmerzen im N. trigeminus und Störungen im Stimm- und Schluckbereich überwiegend aus dem Kopfgelenkbereich (Hülse 1983, 1992; Seifert 1988; Zenker 1988).

3.3. Aufgrund der dichten neurophysiologischen Versorgung der tiefen autochthonen, subokzipitalen Nackenmuskulatur („*Rezeptorenfeld im Nacken*", Thoden 1987) und deren unmittelbaren Vermaschung mit wesentlichen Steuerungsinstanzen im Hirnstamm ist die Symptomatik hochzervikaler Läsionen vielseitig und komplex (Neuhuber u. Bankoul 1992, 1994; Zenker 1988).

Es findet sich – in wechselnder Konstellation – folgendes Symptomenspektrum (Wiesner u. Mummenthaler 1975, 1984; Radanov 1993; Zenner 1987 u. v. a.):
- Nackenkopfschmerzen, die bis hinter die Augen oder in die Augenbrauen ausstrahlen,
- Gleichgewichtsstörungen mit Übelkeit (ohne „systemischen" Schwindel und ohne Erbrechen),
- Hörstörungen und Tinnitus,
- Sehstörungen (Unscharfsehen und/oder Grauschleiersehen),
- Schmerzprojektionen in einzelne Trigeminusäste („Pseudotrigeminusneuralgien"),
- Konzentrationsstörungen mit Beeinträchtigung des Mittelzeitgedächtnisses, rascher Ermüdbarkeit u. ä.,
- Schlafstörungen mit der Folgesymptomatik der Schlafdeprivation,
- bei längerdauerndem Schmerz kommt es zu Persönlichkeitsveränderungen mit depressiven, autistischen Zügen und dem Syndrom der reizbaren Schwäche und des „chronisch Schmerzkranken".

Störungen der Wirbelgelenke C 2/3 können
- Dysphonie (Hülse 1991a, b),
- Dysphagie (Globusgefühl) (Seifert 1988) auslösen.

4. Die Frage nach der *Heilungsdauer* bzw. nach *Dauerschäden* wird kontrovers beantwortet. Eine von Erdmann (1973) vorgeschlagene Stadieneinteilung wird in praxi oft als Orientierungshilfe benutzt. Es werden aber zunehmend Argumente gegen eine kritiklose Anwendung dieser Stadieneinteilung laut (Schmidt G. 1989; Dvorák 1982, 1983, 1992; Delank 1988; Wiesner u. Mumenthaler 1975, 1984; Wolff 1981).

Bei ca. 10 % entsprechend Verunfallter kommt es zu einem Verlauf, der mit der o. a. Stadien-Einteilung nicht vereinbar ist (Dvorák 1982, 1983, 1992).

Es sind überwiegend Patienten mit Unfallfolgen an den Kopfgelenken, die diesen protrahierten Verlauf, ja sogar eine Tendenz zur Chronifizierung aufweisen.

Hier findet sich die Erklärung dafür, daß ein Teil der entsprechenden Verkehrsopfer beharrlich die Gutachten bzw. Entscheidungen anfechten, die sich auf die theoretischen Prämissen der Thesen Erdmanns berufen (z. B. Zenner 1987).

5. Häufig wird versucht, die Diskrepanz zwischen den subjektiven Klagen der Patienten und dem Ergebnis der an der Stadieneinteilung Erdmanns orientierten Begutachtung durch *psychogene Faktoren* zu erklären. Diese Praxis kann sich durchweg nicht auf eine exakte neuropsychologische Testuntersuchung stützen

(Keidel 1992, Radanov 1993). Diese Untersuchungen ergeben oft, daß spezielle Ausfälle im Bereich von Gedächtnis und Konzentration den Folgen von Weichteilverletzungen des Kopfgelenkbereichs zugeordnet werden können.

6. Auch sog. „degenerative Verschleißerscheinungen" oder „Vorschäden" an der HWS (Osteochondrosen, Spondylosen, Osteophyten u. ä.) wurden kausal für das Fortbestehen einer in sich kohärenten posttraumatischen Symptomatologie verantwortlich gemacht. Dieses dürfte nur zutreffen, wenn eindeutige lokalisatorische oder klinische Beweise für einen pathogenetischen Zusammenhang zwischen den röntgenologisch aufgezeigten Veränderungen und den übrigen Befunden vorliegen. Es ist allgemein akzeptiertes Wissensgut, daß es sich bei den oben genannten morphologischen Veränderungen um *physiologische Anpassungs- und Alterungsprozesse* handelt, die statistisch signifikant nur mit dem Lebensalter, nicht aber mit irgendeiner Klinik korrespondieren (Schön 1956; Tepe 1956; Wolff 1986).

D 2 Zervikogene Dysphonie und Dysphagie

Die klinischen Bilder der „idiopathischen Dysphonie" (Stimmveränderungen) und des „Globus" sind Bestandteil der HNO-Literatur. Während bei der „Dysphonie" ehrlicherweise von einer „idiopathischen", d. h. einer unbekannten Ursache ausgegangen wurde, verdeckte man beim „Globus" sein Nichtwissen hinter dem allfälligen Etikett der Psychogenie. Da beide Syndrome vornehmlich im Blickfeld der HNO-Ärzte auftauchen, stammen die theoretischen und klinischen Arbeiten, die auch diese Syndrome in das Spektrum der vertebragenen Dysfunktionen einordnen, von HNO-Ärzten. Vor allem Seifert (1988, 1995) und Hülse (1991a, b, 1992, 1994a, b) haben hier richtungsweisende Beiträge geliefert.

Auch hier liefert die Neurophysiologie das „missing link", durch das die Symptomatik erklärbar wird.

Schon Hansen u. Schliack (1962) haben die Innervation des vorderen Halses dem spinalen Segment C 3 zugeordnet. Die obere Zungenbeinmuskulatur wird z. T. direkt aus dem Zervikalsegment C 2 über den N. hypoglossus innerviert (Hülse 1991a, b). An der Innervation der unteren Zungenbeinmuskulatur beteiligen sich die Zervikalsegmente C 2 und C 3.

Der zervikale Faktor kann bei diesen Bildern klinisch nur dann in Betracht gezogen werden, wenn jede organische Ursache ausgeschlossen ist und wenn eine Wirbelgelenkdysfunktion im Kopfgelenkbereich, v. a. bei C 2/3, nachweisbar ist.

Das klinische Bild der „*Dysphagie*" (Globusgefühl, Schluckbeschwerden) wird von den Patienten als „Kloß- und Fremdkörpergefühl im Hals" beschrieben. Der Schluckvorgang ist subjektiv (und objektiv?) gestört.

Nach Seifert (1988) ist mit subtiler *Palpation* die Verspannung der oberen Zungenbeinmuskulatur, eine Hyoidtendopathie, unschwer zu fühlen. Beim Tasten werden intensive Druckschmerzen am Ansatz der Muskeln am Zungenbein angegeben. Praktisch ausnahmslos findet sich dann auch eine Dysfunktion im Bewegungssegment C 2/3 (oft kombiniert mit einer Dysfunktion O/C 1).

Die *Therapie* der Wahl ist eine gezielte manuelle Therapie und/oder eine dem HNO-Arzt vorbehaltene Anästhesie des Muskelansatzes am Zungenbein.

Offen bleibt nach wie vor die Frage, warum beim Gros der häufigen Funktionsstörungen der Wirbelgelenke C 2/3 lediglich der rückwärtige Abschnitt des Halses, d. h. der Innervationsbereich des Ramus dorsalis des Spinalnervs, klinische und subjektive Folgen hinterläßt, während die Funktionsstörungen im vorderen Halsbereich – dem Innervationsbereich des Ramus ventralis – wesentlich seltener zu beobachten sind.

Die *Klinik* der *zervikalen Dysphonie* (Hülse 1992, 1994a, b) geht mit einer z. T. erheblichen Veränderung der Stimmlage einher. Je nach Spannung der Stimmbänder kann es zu einem Abfall der Stimmlage bis zu einer Oktave oder zu einer hohen Fistelstimme kommen. Auch die Klangfarbe ist oft verändert. Die Stimme ist rauh und/oder heiser.

Zur *Pathophysiologie* verweist Hülse (1992) darauf, daß zwar der Kehlkopf als solcher durch die N. laryngici aus dem N. vagus versorgt wird, daß aber der Gesamtkomplex der Stimmbildung aus dem gesamten muskulären Umfeld des Kehlkopfes maßgeblich mitbestimmt wird. Das bedeutet, daß die ventralen Halsmuskeln vom Zungengrund bis zum Sternum die Länge und die Spannung der Stimmbänder beeinflussen.

Diese extralaryngeale Muskulatur erhält nicht unwesentliche Steuerungsimpulse aus den hohen zervikalen Segmenten. Da die zervikalen Funktionsstörungen u. a. durch ihre Halbseitigkeit charakterisiert sind, kann es nicht überraschen, daß die zervikale Dysphonie auch Zeichen der Halbseitigkeit erkennen läßt. Das zeigt sich u. a. bei stroboskopischen Untersuchungen, bei denen ein einseitiger Stimmbandstillstand („einseitige Stiffness") nachweisbar ist (Hülse 1991a, b). Diese Funktionsstörung der Stimmbandkoordination ließ sich über Videofilm dokumentieren.

Abgesichert wurden die ätiologischen Interpretationen durch die oft schlagartige therapeutische Wirkung einer gezielten manipulativen Beseitigung des vertebralen Störfaktors im Wirbelgelenk C 2/3. (Hülse 1991a, b, 1992).

Da der vertebrale Faktor nur eine Facette im Bündel vielfältiger anderer Ursachen von Dysphonie ist, ist die differentialdiagnostische Eingrenzung unabdingbar und durch den Begriff „zervikale Dysphonie" erkennbar zu machen.

Die kausale *Therapie* besteht – wie erwähnt – in einer gezielten manualmedizinischen Behandlung. Eine möglichst frühzeitige Behandlung ist Voraussetzung für eine oft schlagartige Besserung. Chronifizierte Fälle neigen zu Rezidiven und bedürfen neben physikalischer Medizin u. ä. einer umsichtigen logopädischen Führung.

Bei *posttraumatischen* Funktionsstörungen der oberen HWS ist auf diese oft übersehenen, weil unspektakulären Zusammenhänge gezielt zu achten.

Dementsprechend fällt dem HNO-Arzt bei der Begutachtung z. B. der hochzervikalen-enzephalen Symptomatik nicht nur die Aufgabe zu, durch die Überprüfung der Steuerung der Gleichgewichtsregulation objektive Beweise zu liefern, sondern auch die Diagnostik auf den „vorderen" Hals zu richten. Dadurch können z. T. objektive Befunde erstellt werden, die gelegentlich gutachterlich ausschlaggebende Bedeutung erlangen.

D 3 Syndrom des lumbothorakalen Übergangs (Maigne)

Von großer praktischer Bedeutung ist das Syndrom des lumbothorakalen Überganges, auf das Maigne mehrfach hingewiesen hat (Maigne 1979, 1986, 1989).

Allein aus gelenkmechanischer Sicht ist diese Übergangsregion – wie alle Übergangsregionen – besonderen dynamischen Belastungen ausgesetzt. Im Bewegungssegment D 12/L 1 stoßen 2 gelenkmechanisch völlig unterschiedlich ausgerichtete WS-Abschnitte aufeinander. Die vielzahlige, in den Thorax eingebundene BWS trifft auf die nur aus 5 Wirbeln bestehende freie, hochmobile LWS!

Der 12. BWK ist am gelenkmechanischen Umschlag als Zwitter gebaut: kranial als Brustwirbel und kaudal als Lendenwirbel. Das hat zur Folge, daß der kraniale Anteil an der Mobilität der unteren BWS mit Bevorzugung der Seitneigung und Rotation teilnimmt, und der kaudale Anteil wie die LWS vornehmlich auf Ante- und Retroflektion eingestellt ist. Diese auf engem Raum angesiedelte semikardanische Bewegungsmöglichkeit stellt besondere Anforderung an die hier einwirkende Muskulatur. Excessive Belastungen dieser Region treten z. B. beim Tennisspielen (Aufschlag) oder beim Fußballspielen auf. Dementsprechend kommt es bei diesen Sportarten gelegentlich zu akuten Funktionsstörungen dieser Region.

Während die akuten Bilder diagnostisch keine allzu großen Schwierigkeiten machen, geben die chronischen Bilder oft diagnostische Rätsel auf, da die weit in die Peripherie projizierte Symptomatik primär keinerlei Hinweise auf den lumbothorakalen Übergang gibt.

Diese Patienten klagen über:
- Leistenschmerz, der bis in den Genitalbereich ausstrahlt,
- Schmerzen am Schambein (Pubalgie),
- Schmerzen im lateralen Hüft- und Oberschenkelbereich.

Die Parästhesieuntersuchung ergibt eine Hyperalgesie und Hyperästhesie v. a. im Dermatom L 1 in der Leistenbeuge. Das Dermatom verläuft ventral parallel zum Leistenband in einem ca. handbreiten Streifen von der Spina iliaca ventralis zur Symphyse. Es handelt sich dabei um die Ausbreitungsbereiche der Rami ventrales des Spinalnervs L 1. Diese entsprechen den *Nn. genitofemoralis* und *ilioinguinales*, die gemeinsam auf Höhe des Querfortsatzes von L 1 den *M. erector trunci* durchqueren. Als 3. Ast dieses früheren Interkostalnerven verläuft der *N. iliohypogastricus* nicht in die Leiste, sondern nach Überschreiten der Crista iliaca in Richtung Trochanter major. Dort versorgt er ein ca. handbreitgroßes Areal am lateralen Oberschenkel. Vorher zweigen kürzere Äste ab, die die sensiblen Afferenzen aus den Mm. glutaeus medius und tensor fasciae latae aufnehmen (Abb. D 8).

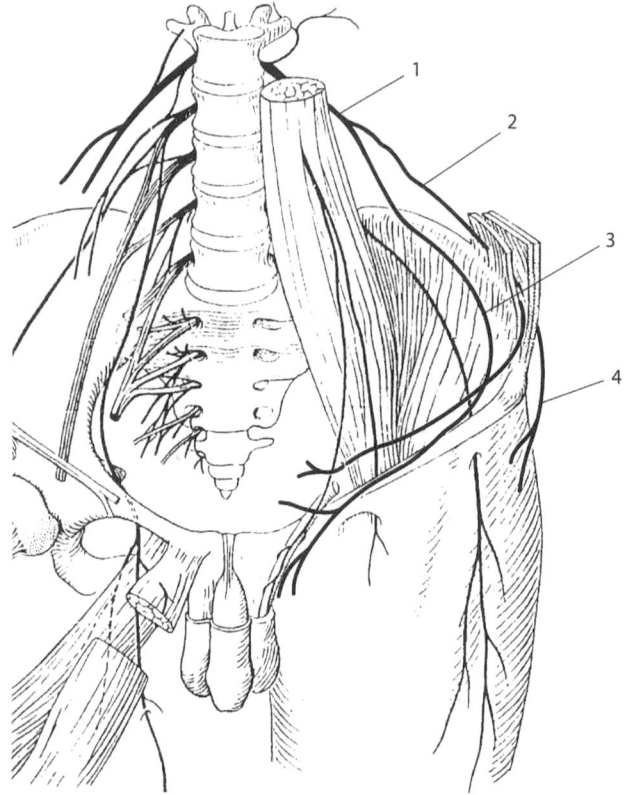

Abb. D 8. Topographie des 1. lumbalen Spinalnervs und seine Aufzweigung (*1* Spinalnerv L 1, *2* N. genitofemoralis, *3* N. ilioinguinalis, *4* N. iliohypogastricus)

Der Ramus dorsalis dieser Spinalwurzel erreicht sein Hautareal über dem lumbosakralen Übergang in einem handbreiten Feld zwischen der Höhe des Beckenkamms und einer Linie zwischen beiden Spinae ilicae dorsales.

Der weit ausgreifende Verlauf der 3 Nerven hat zur Folge, daß eine Symptomatik entsteht, die ihre Herkunft aus dem lumbothorakalen Übergang kaum zu erkennen gibt. Die Folge ist, daß entsprechende Patienten unter der Diagnose einer „Pseudopubalgie", einer „Pseudocoxalgie" oder „Pseudomeralgie" – meistens erfolglos – behandelt werden.

Kennt man erst einmal diese Diagnose, so ist man erstaunt, wie häufig sie anzutreffen ist. Da weder die Anamnese noch die Beschwerden des Patienten den Verdacht auf diese Diagnose nahelegen, ist das „Daran-Denken" oft die Rettung vor der Fehldiagnose. Nur das systematische Absuchen des ganzes Beins vom Fuß bis zur Leiste mit der Parästhesienadel hat mich oft erst auf die richtige Fährte gebracht.

Dem neurosegmentalen „Screening" folgt die manualmedizinische Untersuchung des lumbothorakalen Übergangs und die Palpation des M. erector trunci auf Höhe des Querfortsatzes von L 1. Dort findet sich ein eng umschriebener heftiger Druckschmerz, der wesentlich eindrucksvoller ist als die Federungsempfindlichkeit der Dornfortsätze und Wirbelgelenke von D 12 und L 1. Weder die passive Mobilitätsüberprüfung dieses Bewegungssegments noch der Röntgenbefund trägt Sicheres zu Diagnostik bei.

Es muß allerdings einschränkend gesagt werden, daß Hyperästhesien und Hyperalgesien in der Leiste auch bei Patienten ohne aktuelle Beschwerden relativ häufig anzutreffen sind. Auch die dorsalen Dermatome D 12 und/oder L 1 sind häufig hyperästhetisch. Eine verläßliche Diagnose ist nur dann gewährleistet,
- wenn im Einklang mit Anamnese und klinischem Bild der laterale Rand des M. erector trunci neben dem Querfortsatz von L 1 deutlich druckdolenter ist als seine Nachbarschaft und wenn
- deutliche Hyperästhesien in den ventralen und dorsalen Dermatomen von D 12 und L 1 und im peripheren Ausbreitungsbereich des N. iliohypogastricus vorliegen.

Auffälligerweise liegen gelenkmechanische Defizite nur selten vor.

Generell trägt das klinische Bild die Zeichen eines Rezeptorenschmerzes. In einzelnen Fällen finden sich aber auch im Hautareal des N. iliohypogastricus am lateralen Oberschenkel auch Parästhesien mit brennendem Charakter, die eher durch eine neuralgische Schmerzentstehungskomponente erklärt werden können. Der Ort der Beeinträchtigung kann dort vermutet werden, wo die Ursprünge der 3 Nerven die Fascia lumbodorsalis passieren. Beim N. iliohypogastricus besteht noch zusätzlich eine Kompressionsgefahr dort, wo er über den Beckenkamm verläuft und der Nerv unmittelbar unter der Haut durch eine bindegewebige Brücke fixiert ist. Dort liegt er so oberflächlich, daß er z. B. durch einen zu engen Hosenbund gequetscht werden kann.

Endgültige *diagnostische* Klarheit bringt oft eine probatorische Ausschaltung des Nervenstammes am Rand des M. erector trunci in Höhe des Querfortsatzes von L 1.

Therapeutisch empfiehlt sich zu Beginn der Behandlung v. a. eine intrakutane Quaddeltherapie in den aufgezeigten irritierten Dermatomen mit Lokalanästhetika. Diese „Neuraltherapie" wird ergänzt durch physikalische Medizin, postisometrische Relaxationen und Massagen im lumbothorakalen Übergang. Bei hartnäckigen oder hoch schmerzhaften Zuständen hat sich die wiederholte Anästhesie des Nervenstammes auf Höhe des Querfortsatzes von L 1 ca. 2 Querfinger kaudal der 12. Rippe direkt am Rand des M. erector trunci bewährt (Lewit 1986).

D 4 Neurophysiologische Aspekte der lumbalen Bandscheibenläsion (Bogduk)

Die Arbeiten des australischen Pathologen Bogduk (1990, 1994) und seines Kreises haben u. a. auch an der LWS eine Differenzierung der dortigen Schmerzsyndrome ermöglicht

Auch heute noch wird durchweg davon ausgegangen, daß die Bandscheiben, d.h. der Nucleus pulposus und der Anulus fibrosus *nicht* innerviert seien und damit nicht an der Schmerzentstehung beteiligt sein könnten.

Traditionell wird davon ausgegangen, daß prolabiertes Bandscheibenmaterial und dessen Kontakt mit spinalen Strukturen für lumbale Schmerzsyndrome verantwortlich seien. Im praktischen Alltag liefert dieses Modell in Diagnostik und Therapie die „Handlungsanweisungen". Die Empirie spricht aber dafür, daß nur 20–30 % der lumbalen Schmerzbilder mit diesem Modell erklärbar sind.

Bogduk (1990, 1992) konnte die wenigen Autoren bestätigen, die Beweise dafür vorgelegt haben, daß doch ein Teil des Anulus fibrosus – nämlich das äußere Drittel – mit Nozizeptoren versorgt ist.

Invivo-Untersuchungen mit Diskographien ergaben, daß erst dann lokale lumbale Schmerzen angegeben wurden, wenn das Kontrastmittel von der Bandscheibenmitte durch radiale Risse bis zum äußeren Drittel des Anulusrings gedrungen war (Abb. D 9).

Gestützt auf weitere Forschungsergebnisse betrachtet Bogduk (1990, 1992) jetzt den äußeren Bandscheibenring „wie ein Band eines Extremitätengelenkes". Wie dieses kann der Anulus durch spezifische Traumatisierungen einreißen oder gar zerreißen. Durch die Nozizeptoren verursacht diese Pathologie Schmerzen.

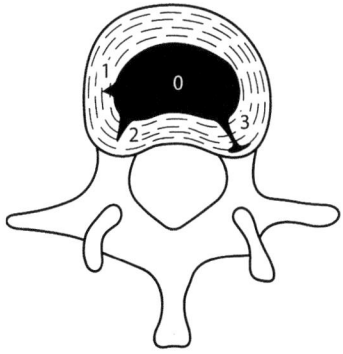

Abb. D 9. Die Schmerzpathologie der lumbalen Bandscheibe (*1* Einriß der inneren Anulusschicht, *2* Einriß der mittleren Anulusschicht, *3* Einriß der äußeren Anulusschicht: innerviert (Aus Bogduk 1992)

Im Falle der LWS sind es vor allem energiereiche Rotationen mit Seitneigung und Anteflektion, die den Anulus traumatisieren. Daraus ergibt sich, daß die Risse radial verlaufen.

Das *klinische Bild* ist in der vertebrologischen Praxis hinreichend als „akute Lumbago" (o. ä.) bekannt: plötzlich einschießender lokaler Schmerz, der anfangs zu reflektorischer Immobilisierung der LWS führen kann und der später durch spezielle Einstellungen Schmerz provoziert.

Die *klinische Untersuchung* ergibt neben der oft erheblichen Funktionseinschränkung in der Anteflektion keine neurologischen, geschweige denn radikulären Zeichen. Nur die lokale Federungsprovokation mit Hilfe der Dornfortsätze der LWK, die das betroffene Bewegungssegment begrenzen, ergibt topographisch verwertbare Auskünfte. Der Patient gibt nur dann tiefen lokalen Schmerz an, wenn gezielt auf die Dornfortsätze der beiden Wirbelkörper, die das gestörte Bewegungssegment begrenzen, ein endgradiger Druck- und Federungsimpuls ausgeübt wird. Die zugehörigen Wirbelgelenke sind auf Federung unempfindlich. Auch ihre Gelenkmechanik ist selten eingeschränkt. Segmentneurologisch baut sich erst im Lauf von einigen Tagen im zugehörigen Dermatom eine Hyperästhesie auf.

D 4.1
Therapie

- In Analogie zum „eingerissenen Band" ist für die ersten Tage strikte Ruhe bis hin zur Immobilisierung (auf dem Stufenbett) anzuordnen.
- Lokalanästhetika an und in den Weichteilmantel des betroffenen Bewegungssegments,
- bei Hyperästhesien intrakutane Quaddeln mit Lokalanästhetika ins gereizte Dermatom
- physikalische Medizin,
- möglichst keine Analgetika, damit der verbliebene Schmerz den Patient zur Ruhe mahnt,
- lokale Wärme,
- Münzmassage.
- Nach ca. 1–2 Wochen langsam zunehmende aufrechte Belastung ohne Rotation und Flexion,
- Ab der 4.–5. Woche normale Alltagsbelastung.
- Für einige Zeit „Bewegungshygiene". Kein Arbeiten in gebückter und rotierter Haltung.

Manualmedizinisch ist dieser pathomorphologische Zustand (zerstörte Struktur!) als *Kontraindikation* für gezielte Manipulationen und Mobilisationen anzusehen. Das gilt v. a., wenn die Handgriffe Rotationsmomente enthalten. Hier ist aktionsfreudigen Therapeuten Disziplin und Zurückhaltung anzuraten.

Erst nach Ablauf der ca. 4wöchigen Ausheilungsfrist kann eine Kontrolle und ggf. manipulative Behandlung der regionalen Wirbelgelenkfunktion sinnvoll sein (Bogduk 1990, 1992).

Literatur

Alkon DL (1989) Gedächtnisspuren in Nervensystemen und künstliche neurale Netze. Spektrum der Wissenschaft 9:66-75
Bakker DA, Richmond FJR (1982) Muscle spindle complexes in muscle around upper cervical vertebrae in the cat. J Neurophysiol 48:62-74
Barré JA, Lieou LC (1927) Le syndrome sympathique cervicale postérieur. Schuler & Kind. Straßburg
Bärtchi-Rochaix W (1949) Migraine cervicale (Das encephale Syndrom nach HWS-Trauma). Huber, Bern
Basler HD, Rehfisch HP (1990) Schmerz und Schmerzbehandlung. In: Schwarzer R (Hrsg) Gesundheitspsychologie. Hogrefe, Göttingen
Becker-Hartmann S (1990) Hautsensibilitätsmessungen bei Funktionsstörungen von Wirbel- und Castotransversalgelenken. Manuelle Med 28:101-104
Biedermann F (1954) Grundsätzliches zur Chiropraktik vom ärztlichen Standpunkt aus. Haug, Heidelberg
Biemond U, De Jong J (1969) On cervical nystagmus and related disorders. Brain 92:437-458
Bischoff HP (1994) Chirodiagnostische und chirotherapeutische Technik. 2. Aufl. Perimed-Spittel Verl. Erlangen
Blumberg H (1988) Zur Entstehung und Therapie des Schmerz-Syndroms bei der sympathischen Reflex-Dystrophie. Schmerz 2:125-143
Bobbath K (1980) A neurophysiological basis for the treatment of cerebral palsy, 2nd edn. Lippincott, Philadelphia
Bogduk N (1990) Die Schmerzpathologie der lumbalen Bandscheibe. J Man Med 5:72-79
Bogduk N (1992) Die Schmerzpathologie der lumbalen Bandscheibe. Man Med 30:8-16
Bonica JJ (1953) The management of pain. Lea & Gebriger, Philadelphia
Bonica JJ, Black RG (1974) The management of pain clinics. In: Swerdlow M (ed) Relief of intractable pain. Excepta Medica, Amsterdam London New York pp 116-129
Bonica JJ, Lindblom U (1983) Advances in pain, researched therapy. Raven Press, New York
Brodal A (1981) Neurological anatomy in relation to clinical medicine, 3nd edn. Oxford University Press, London
Brodal A (1987) Anatomical organisation of cerebello-vestibulo-spinal pathways. CIBA-Foundation, London
Brügger A (1962) Pseudoradikuläre Syndrome. Acta Rheumatol 18/19
Claussen, CF (1992) Der Schwindelkranke, Medicin u. Pharmacie Dr. W. Rudat u. Co. Hamburg, edition, m. u. p.
Davenporth HA (1934) Cells and fibers in spinalnerves, II, A study of C 2, C 6, Th4 , Th 9, L 3, S 2, S 5 in man. Z Comp Neurol 59:167-174
Delank HW (1988) Das Schleudertrauma der HWS, eine neurologische Standortsuche. Unfallchirurg 91:381-387
Dicke LE, Teirich-Leube H (1942) Die Bindegewebsmassage. Hippokrates, Stuttgart
Doenicke A, Reiche H (1993) Epidemiologie des chronischen Schmerzes. In: Zenz M, Jurna I (Hrsg) Lehrbuch der Schmerztherapie. Wissenschaftliche Verlagsgesellschaft mbH, Stuttgart, S 115-180
Duus P (1980) Neurologisch-topische Diagnostik. Thieme, Stuttgart
Dvorák J (1982) Neurologie der Wirbelbogengelenke. Man Med 20:77-84
Dvorák J (1983) Manuelle Medizin, Diagnostik. Thieme, Stuttgart New York
Dvorák J (1992) Manuelle Medizin, Therapie. Thieme, Stuttgart New York
Eder M, Tilscher H (1978) Schmerzsyndrome der Wirbelsäule in: Die Wirbelsäule in Forschung u. Forschung u. Praxis, Bd. 81, Hippokrates Verl. Stuttgart

Eder M, Tilscher H (1988) Chirotherapie. Vom Befund zur Behandlung. Hippokrates, Stuttgart
Emminger E (1968) Pathologisch-anatomische Befunde bei frischen HWS-Verletzungen. Z Orthop 104:282-293
Engel JM (1982) Quantitative Thermographie in der Diagnostik und Therapiekontrolle der manuellen Medizin. Man Med 2:36-43
Erbslöh F (1967) Der Kreuzschmerz aus der Sicht des Neurologen. In: Breitenfelder H (Hrsg) Der Kreuzschmerz, Bd 37. Hippokrates, Stuttgart, S 23-32
Erbslöh F (1972) Neurologische Ursachen und Folgen des Weichteilrheumatismus. Z Rheumatol [Suppl 2]: 13-191
Erdmann H (1973) Die Schleuderverletzung der HWS. Hippokrates, Stuttgart
Erlangen M, Gasser (1985) zit in: Thews G: Physiologie des Schmerzes, 1. Teil. Ärtzebl Rheinland-Pfalz 6:303-308
Feinstein B (1977) Referred pain from paravertebral structures. In: Buerger AA, Tobis JS (eds) Approaches to the validation of manipulation therapy. Thomas, Springfeld/ILL
Fordyce WE (1976) Behavioral methods for chronic pain and illness. Mosby, St. Louis
Francois-Franck CA (1899) Recherches sur la sensibilite directe de l'appareil sympathique cervicothoracique J Physiol (Paris) I:724
Fredrickson JM, Schwarz D, Kronhuber HH (1965) Convergence and interaction of vestibular and deep somatic afferents upon neurons in the vestibular nuclei of the cat. Acta Otolaryngol (Stockholm) 61:168
Freemann MAR, Wyke B (1967) The innervation of the knee joint. An anatomical and histological study in the cat. J Anat 101:505
Gardner E (1942) Nerv terminals associated with the knee joint of the mouse. Anat Rec 83:401-419
Gardner E (1944) The distribution and termination of nerves in the kneefound of the cat. J. Comp Neurol 80 (Philadelphia)
Geissner E, (1988) Schmerzerleben, Schmerzbewältigung und psychische Beeinträchtigung. S. Roderer Verl. Regensburg
Geissner E, Würtele U (1990) Themen und Trends einer Psychologie des Schmerzes. Man Med 28:42-47
Geissner U, Jungnitsch G (1992) Hrsg. Psychologie des Schmerzes. Psychologie Verlagsunion, Weinheim
Gutmann G (1962) Halswirbelsäule und Durchblutungsstörungen in der Vertebralis-Basilaris-Strombahn. In: Junghanns H (Hrsg) Chirotherapie-Manuelle Therapie. Hippokrates, Stuttgart, S 310-343
Gutmann G (1963) Das cervico-diencephale Syndrom mit synkopaler Tendenz und seine Behandlung. In: Junghanns H (Hrsg) Wirbelsäule in Forschung u. Praxis, Bd 26, Hippokrates, Stuttgart, S 112-132
Gutzeit K (1951) Wirbelsäule als Krankheitsfaktor. Dtsch. Med. Wochenschr 76:1-2
Gutzeit K (1956) Der vertebrale Faktor im Krankheitsgeschehen. Die Wirbelsäule in Forschung und Praxis, Bd 1. Hippokrates, Stuttgart, S 12
Hamann KF (1985) Kritische Anmerkungen zum sog. zervikogenen Schwindel. Laryngorhinootologie 150-157
Handwerker HO (1991) Neurophysiologie des akuten Schmerzes beim Menschen. In: Seidel R (HRSG) Neuraltherapie 4, Hippokrates, Stuttgart, S 30-34
Hansen K, Schliack H (1962) Segmentale Innervation, Thieme, Stuttgart
Hansen K, Staa H von (1938) Reflektorische und algetische Krankheitszeichen der innere Organe. Thieme, Leipzig.
Hasenbrink M (1990) Chronifizierende Faktoren bei Patienten mit Schmerzen durch einen lumbalen Bandscheibenvorfall. Der Schmerz 3:138-140
Hasenbrink M (1992) Chronifizierung bandscheibenbedingter Schmerzen. Risikofaktoren und gesundheitsförderndes Verhalten. Schattauer, Stuttgart
Hasenbrink M, Arenz S (1987) Depressivität, Schmerzwahrnehmnung und Schmerzverbreitung bei Patienten mit lumbalen Bandscheibenvorfall. Psychotherap Psychosom Med Psychol 37:149
Hassenstein B (1970) Biologische Kybernetik. Quelle & Meyer, Heidelberg
Hassenstein B (1988) Der Kopfgelenkbereich im Funktionsgefüge der Raumorientierung: systemtheoretische bzw. biokybernetische Gesichtspunkte in: Wolff HD (Hrsg.) Die Sonderstellung des Kopfgelenkbereiches. Springer Verl., Berlin Heidelberg New York London Paris Tokyo
Head H (1889) Die Sensibilitätsstörungen der Haut. Hirschwald, Berlin

Head H (1920) Studies in neurology. Oxford University Press, London
Hikosaka O, Meada M (1973) Cervical affects on abducens motoneurons and their interaction with vestibuloocular reflex. Exp. Brain Res 18:512-530
Hinz F (1970) Die Verletzung der HWS durch Schleudern und Abknickung. In: WS in Forschung und Praxis. Hippokrates, Stuttgart
Holst E von (1948) Zur Verhaltenspsychologie bei Tieren und Menschen. Gesammelte Abhandlungen. Piper, München (Nachdruck, Original 1948)
Hülse M (1983) Die zervikalen Gleichgewichtsstörungen. Springer Berlin Heidelberg New York Tokyo
Hülse M (1991a) Zervikale Dysphonie. Folia Phoniatr Logop 43:181-196
Hülse M (1991b) Die zervikale Dysphonie nach HWS-Trauma. Laryngorhinootologie 70:599-603
Hülse M (1992) Die zervikale Dysphonie. Man Med 30:66-73
Hülse M (1994a) Die zervikogene Hörstörung. HNO 42:604-613
Hülse M (1994b) Der zervikale Schwindel. In: Stoll (Hrsg) Schwindel und schwindel-begleitende Symptome. Springer, Wien New York, S 55-68
Igarashi M (1972) Nystagmus after experimental cervical lesions. Laryngoscope 82:1602
Iversen LL (1980) Die Chemie der Signalübertragung im Gehirn. In: Gehirn und Nervensystem. Spektrum der Wissenschaft, Weinheim, S 21-31
Janda V (1970) Muskelfunktion in Beziehung zur Entwicklung vertebragener Störungen. In: Wolff HD (Hrsg) Manuelle Medizin und ihre wissenschaftlichen Grundlagen. Verlag für physikalische Medizin, Heidelberg S 127-130
Jänig W (1993a) Sympathikus und Schmerz. Ideen, Hypothesen und Modelle. Schmerz 7:220-240
Jänig W (1993b) Biologie und Patho-Biologie der Schmerz-Mechanismen. In: Zenz M, Jurna B (Hrsg) Lehrbuch der Schmerztherapie. Wissenschaftliche Verlagsgesellschaft mbH, Stuttgart
Janzen R (1968) Schmerzanalyse, Thieme, Stuttgart
Janzen R, Keidel WD, Herz A, Steichele (Hrsg) (1972) Schmerz-Grundlagen, Pharmakologie, Therapie. Thieme, Stuttgart
Jong De PTVM, Vianney JMB, Cocken B, Jongkess LBW (1977) Ataxia and nystagmus induced by injection of local anaesthetics in the neck. Ann Neurol 1:240
Jongkess LBW (1969a) Physiologie und Pathophysiologie des Vestibular-Apparates. Arch. Otolaryngol 194:1, 195:9
Jongkess LBW (1969b) Cervikal Vertigo. Laryngoscope 79:1473
Junghanns H (1953) Das Bewegungssegment in: Schorl G u. Junghanns H, Die gesunde und kranke Wirbelsäule in Rö.-Bild u. Klinik
Junghanns H (1957) Leistungsmöglichkeiten und Grenzen chiropraktischer Maßnahmen. Dtsch Med J 8/4
Jurna I (1993) Der Schmerz 7:79-84
Kandel ER (1980) Kleine Verbände von Nervenzellen. In: Gehirn und Nervensystem. Spektrum der Wissenschaft, Weinheim, S 76-85
Kapandji IA (1985) Funktionelle Anatomie der Gelenke. Bd 3: Rumpf und WS. Enke, Stuttgart
Keidel M et al. (1992) Prospektiver Verlauf neurophysiologischer Defizite nach zervikocephalem Akzellerationstrauma. Nervenarzt 63:731-740
Kellgreen JH (1938) Observation on referred pain arising from muscle. Clin Sci 3:175
Kibler M (1950) Segmenttherapie. Hippokrates, Stuttgart
Kibler M (1958) Das Störungsfeld bei Gelenkerkrankungen und inneren Krankheiten. Hippokrates, Stuttgart
Klaus G (1972) Kybernetik und Erkenntnistheorie. VEB Deutscher Verlag der Wissenschaft, Berlin
Kleijn A de (1927) Schwindelanfälle u. Nystagmus bei bestimmten Stellungen des Kopfes. Acta otorhinolaryngol Belg 11:1555
Knecht S et al. (1992) Sensibilität und Tastsinn. Dtsch Med Wochenschr 117/8:1450-1457
Knese KH (1949) Kopfgelenk, Kopfhaltung und Kopfbewegung des Menschen. Z Anat Entwicklgs-Gesch 114:67-107
Kohlhammer T, Nudig B, Raspe HH (1992) Deskriptive Epidemiologie chronischer Schmerzen. In: Geissner E, Jungnitsch G (Hrsg) Psychologie des Schmerzes. Psychologie Verlags Union, Weinheim, S 107-122
Korff M von, Dworkin AF, Reschel **, Krüger A (1988) An epidemiologic comparison of pain complaints. Brain 32:173
Korr IM (1975) Proprioceptors and somatic dysfunction. JAOA 74:638-650
Krajewski C (1990) Psychodiagnostische Untersuchung von HWS-Schleudertrauma-Patienten. Man Med 28:35-39

Krogdahl T, Torgersen O (1940) Uncovertebralgelenke und die Arthrosis uncovertebralis. Acta Radiol 21:231
Kuhlendahl H (1953) in: Lindemann K, Kuhlendahl H (Hrsg) Die Erkankungen der WS, Enke, V, Stuttgart, S 210-216
Kunert W (1975) Wirbelsäule, vegetatives Nervensystem und innere Erkrankungen, 2. Aufl. Enke, Stuttgart
Lang J (1983) Funktionelle Anatomie der Halswirbelsäule und des benachbarten Nervensystems. In. Hohmann D, Kügelgen B, Liebig K, Schirmer M (Hrsg) Neuroorthopädie 1. Springer, Berlin Heidelberg New York Tokyo, S 1-118
Lewit K (1986) Muskuläre Störmuster bei thorakolumbaler Dysfunktion. Manuelle Med 24:120-122
Lewit K (1987) Manuelle Medizin, 5. Aufl. Barth, Leipzig; Urban & Schwarzenberg, München
Lewit K (1988) Kopfgelenke und Gleichgewichtsstörung. In: Wolff HD (Hrsg) Die Sonderstellung des Kopfgelenkbereiches. Springer Berlin Heidelberg New York Tokyo, S 149-154
MacKenzie J (1893) Some points bearing on the association of sensory disorders and visceral disease. Brain 16:321
MacKenzie J (1917) Krankheitszeichen und ihre Auslegung, 3. Aufl. Kabitzsch, Würzburg
MacKenzie J (1921a) The theory of disturbed reflexes in the production of symptoms of disease. BMJ 1:147
MacKenzie J (1921b) The interpretation of symptoms. Rev BMJ 1:605
Magnus R (1924) Körperstellung. Springer, Berlin
Maigne R (1979) Pseudoviscerale Beschwerden lumbothorakaler Ursache In: Neumann HD, Wolff HD (Hrsg) Theoretische Fortschritte und praktische Erfahrungen der manuellen Medizin. Vortragsband der FIMM, Baden Baden
Maigne R (1986) Pubisschmerzen und Tendinitiden der Abduktoren vertebralen Ursprungs. Man Med 24:109-113
Maigne R (1989) Eine unbekannte Ursache von Hüftschmerzen. Man Med 27:116-119
Melzack R (1978) Das Rätsel des Schmerzes. Hippokrates, Stuttgart
Melzack R, Wall PD (1965) Pain mechanism. A new Theory. Science 150:971
Mense S (1988) Nozizeptive Mechanismen im Bewegungsapparat. In: Wolff HD (Hrsg) Die Sonderstellung des Kopfgelenkbereiches. Springer, Berlin Heidelberg New York Tokyo, S 71-82
Metz EG (1986) Rücken- und Kreuzschmerzen, Bewegungssystem oder Nieren. Springer, Berlin Heidelberg New York London Tokyo
Molina F, Ramcharan JE, Wyke BD (1976) Structure and function of articular receptor system in the cervical spine. J Bone Joint Surg [Br] 58:255
Molsberger A, Wehling P, Müller U, Schulitz KP (1989) Der chronische Schmerzpatient in der Orthopädie. Der Schmerz 3:67-72
Monnier M (1963) Vegetatives Nervensystem. Hippokrates, Stuttgart
Moser M (1974) Zervikalnystagmus und seine diagnostische Bedeutung. HNO 22:350
Moser M, Conraux C, Greiner GF (1972) Der Nystagmus zervikalen Ursprungs und seine statistische Bedeutung. Monatschr Ohrenheilkunde 106:259
Nagashima C (1970) Effectes of temporary occlusion of a vertebral artery on the human vestibular system. J Neurosurg 33:388
Nägeli O (1899) Nervenleiden und Nervenschmerzen. Ihre Behandlung und Heilung durch Handgriffe. Haug, Ulm (Nachdruck 1954)
Neuhuber WL, Bankoul S (1992) Das „Halsteil" des Gleichgewichtsapparates. Verbindungen zervikaler Rezeptoren zu Vestibularis-Kernen. Man Med 30:53-57
Neuhuber WL, Bankoul S (1994) Besonderheiten der Innervation des Kopf-Hals-Übergangs. Orthopäde 23:256-261
Nieuwenhuys R, Voogd J, Huijzen C von (1991) (übersetzt von Lange W) Das Zentralnervensystem des Menschen, 2. Aufl. Springer, Berlin Heidelberg New York, Tokyo
Nylen CO (1926) Experimenteller Kopflagennystagmus. Acto Otolaryngol 9:179
Palm G (1988) Assosioatives Gedächtnis und Gehirntheorie. Spektrum der Wissenschaft, S 54-64
Pap (1962, 1963) in: Wolff HD (1981) Bemerkungen zum Begriff „Das Arthron". Man Med 19:74-77
Pfaller K, Arvidsson J (1988) Central distrubation of trigeminal and upper cervical primary afferents in the rat studied by anterogate transport of horseradish peroxidase conjugated to wheat germ. agglutinus. J Comp Neurol 288:91-108
Platzer W (1975) Bewegungsapparat. dtv Atlas der Anatomie, Bd 1. Thieme, Stuttgart

Polacek P (1966) Receptors of the joints (their structure, variability and classification). Lekarska fakulta, Uni. J.E. Purkinii, Brünn
Putz R (1981) Funktionelle Anatomie der Wirbelgelenke. Thieme, Stuttgart New York
Radanov BP (1993) Psychosozialer Streß, cognitive Performance and disability after commom whiplash. H Psychosom Res 37:1-10
Ranke OF (1960) Physiologie des ZNS vom Standpunkt der Regelungslehre. Urban u. Schwarzenberg, München-Berlin
Reischauer F (1955) Die zervikalen Vertebralsyndrome. Thieme, Stuttgart
Rexed B (1954) A cytoarchitectomic atlas of the spinal cord in the cat. J Comp Neurol 100:297-351
Rohen JW (1975) Funktionelle Anatomie des Nervensystems, 2. Aufl. Schattauer, Stuttgart New York
Sachse J (1976) Manuelle Untersuchung und Mobilisationsbehandlung d. Extremitätengelenke, 2. Aufl. VEB Volk und Gesundheit, Berlin
Sachse J, Schildt K (1989) Manuelle Untersuchung und Mobilisationsbehandlung der Wirbelsäule, 2. Aufl. Ullstein Mosby, Berlin
Schade JP (1969) Die Funktion des Nervensystems. Fischer, Stuttgart
Schäfer H (1940, 1942, 1951) Elektro-Physiologie (2 Bd). Deuticke, Wien
Schildt-Rudloff K (1994) Thoraxschmerz, Ullstein-Mosby, Berlin
Schimek JJ (1988) Untersuchungen zum Spannungs-Kopfschmerz. Man Med 26:107-112
Schmidt RF (1972a) Die Gate-control-theorie des Schmerzes, eine unwahrscheinliche Hypothese. In: Janzen R (Hrsg) Schmerz. Thieme, Stuttgart, S 133-135
Schmidt RF (1972b) Grundriß der Neurophysiologie, Springer, Berlin Heidelberg New York
Schmidt RF (1991) Physiologie und Pathophysiologie der Schmerzentstehung und Schmerzverarbeitung im Bewegungssystem. Der Schmerz [Suppl 1]:13-28 (dort großes Literaturverzeichnis)
Schmidt RF, Thews G (Hrsg) (1987) Physiologie des Menschen, 23. Aufl. Springer, Berlin Heidelberg New York Tokyo
Schmidt G (1989) Zur Biomechanik des Schleudertraumas der HWS. versicherungsmed. 41:121-125
Schön D (1956) Röntgenologische Untersuchungen über die Morbidität der HWS und deren klinische Wertigkeit. Klin Wochenschr 34:897-900
Schwarz E (1977) Innere Medizin und Wirbelsäule Man Med 15:90-97
Schwarz JH (1980) Stofftransport in Nervenzellen. In: Gehirn und Nervensystem. Spektrum der Wissenschaft, Weinheim, S 33
Schweizerische Ärzte-Gesellschaft für Man Medizin (1989) Dreißig Jahre SAMM. Springer, Berlin Heidelberg New York Tokyo (Publikation nicht im Handel)
Seifert K (1988) HNO-Krankheiten bei HWS-Störungen-Diagnostik und Therapie. Vortrag 22, Fortbildungsverantstaltung, Dt. BV. HNO-Ärzte, Essen, 27.-29.10.1988
Seifert K (1995) Funktionelle Störungen der Halswirbelsäule. In: Herberhold C (Hrsg) Otorhino-Laryngologie in Klinik und Praxis, Bd 3. Thieme, Stuttgart New York (dort ausführliche Literaturübersicht)
Simons DG (1991) Muscle pain syndromes. J Manual Med 6:3-23
Shannon C, Weaver W (1949) The mathematical theory of communication. Urbana/ILL
Stark P (1979) Vergleichende Anatomie der Wirbeltiere, Bd II. Springer, Berlin Heidelberg New York
Steinbuch K (1965) Automat und Mensch, 3. Aufl. Springer, Berlin Heidelberg New York Tokyo
Struppler A, Meier-Ewert K (1980) Zur Neurophysiologie des Schmerzes. Therapiewoche 30:8049-8056
Sutter M (1974) Versuch einer Wesensbestimmung pseudoradikulärer Syndrome. Schweiz Rundsch Med Praxis 63:842
Sutter M (1983) Diagnostische Weichteilpalpation des Bewegungsapparates. Man Med 21:120-122
Tepe HJ (1956) Die Häufigkeit osteochondrotischer Rö.-Befunde der HWS bei 400 symptomfreien Erwachsenen. Röfo Fortschr Geb Röntgenstr Neuen Bildgeb Verfahr 85:659-663
Thews G (1985) Physiologie des Schmerzes, 1. Teil. Ärztbl Rheinland-Pfalz 6:303-308
Thoden V (1987) Neurogene Schmerzsyndrome. Differential-Diagnostik und Therapie. Hippokrates, Stuttgart
Thoden V, Doerr M (1988) Zervikal ausgelöste Augenbewegungen. In: Wolff HD (Hrsg) Die Sonderstellung des Kopfgelenkbereichs. Springer, Berlin Heidelberg New York Tokyo, S 83-92
Tilscher H (1988) Chirotherapie. Vom Befund zur Behandlung. Hippokrates, Stuttgart
Tönnis D (1963) Rückenmarkstrauma und Mangeldurchblutung. Beiträge zur Neurochirurgie, Heft 5. Barth, Leipzig

Travell J (1981) Identification of myofascial trigger point syndromes. A case of atypical facial neuralgia. Arch Phys Med Rehabil 62:100-106
Travell J, Rinzler SH (1952) The myofascial genesis of pain. Postgrad Med 2:425-434
Trettner F (1989) Systemtheorie in der Medizin, Wege zum ganzheitlichen Verständnis von Krankheit und Gesundheit. Dtsch Ärztbl 86:3198-3209 (dort großes Literaturverzeichnis)
Unterharnscheidt F (1959) Über Syndrome mit synkopalen Anfällen bei Affektionen der occipitocervikalen Region. Z Orthop 91:395
Unterharnscheidt F (1963) Syndrome mit synkopalen Anfällen bei Affektionen der Okzipitalregion und ihre differentialdiagnostischen Abgrenzungen. In: Junghanns H (Hrsg) WS in Forschung und Praxis, Bd. 26. Hippokrates, Stuttgart, S 101-111
Vadokas V, Lotzmann KU (1995) Funktionelle Störungen des kraniomandibulären Systems in der HWS als differentialdiagnostisches Problem der idiopathischen Trigeminusneuralgie. Der Schmerz 9:29-33
Vester F (1991) Neuland des Denkens, 7. Aufl. dtv-Sachbuch, Deutsche Verlagsanstalt GmbH, Stuttgart
Voita V (1976) Die zerebralen Bewegungsstörungen im Säuglingsalter, Frühdiagnose und Frühtherapie, 2. Aufl. Enke, Stuttgart
Wackenheim A (1985) Kopfgelenkbereich, Einführung zum Thema „Röntgenologie des Kopfgelenkbereiches" Man Med 23:2-6
Wagner R (1925) Probleme und Beispiele biologischer Regelung. Z Biol 83:59, 120
Weingart JR, Bischoff HP (1992) Doppler-sonografische Untersuchung der Arteria vertebralis unter Berücksichtigung chirotherapeutischer Kopfpositionen. Man Med 30:62-65
Wiener N (1948) Cybernetics or control and communication in the animal and the machine. Wiley, New York; Hermann, Paris
Wiener N (1963) Kybernetik, Regelung und Nachrichten-Übertragung im Lebewesen und in der Maschine. Econ, Düsseldorf
Wiesner H, Mumenthaler M (1975) Schleuderverletzung der HWS. Eine katamnestische Studie. Arch Orthop Unfallchir 81:13-36
Wiesner H, Mumenthaler M (1984) Schleuderverletzung der HWS. Diagnostik, Therapie und Begutachtung. Schmerzkonferenz. Fischer, Stuttgart
Wolff HD (1967) Bemerkungen zur Theorie der manuellen Medizin. Man Med 5:13-25
Wolff HD (1974) Wandlungen theoretischer Vorstellungen manueller Medizin. Man Med 12:121-129
Wolff HD (1981) Bemerkungen zum Begriff „Das Arthron". Man Med 19:74-77
Wolff HD (1981) Die Sonderstellung des Kopfgelenkbereiches aus gelenkmechanischer, muskulärer und neuro-physiologischer Sicht. Z. Orthop 119/6:549-842
Wolff HD (1982) Die Sonderstellung des Kopfgelenkbereiches. Die Voraussetzungen für die Klinik des „hohen Zervikalsyndroms". Allgemein med 58:503-508
Wolff HD (1986) Anmerkungen zum Begriff „degenerativ" und „funktionell". Z. Orthop 124:385-388
Wolff HD (Hrsg) (1988) Die Sonderstellung des Kopfgelenkbereiches. Springer, Berlin Heidelberg New York Tokyo
Wolff HD (1988) Phylogenetische Anmerkungen zur Sonderstellung des Kopfgelenkbereiches in: Wolff HD (Hrsg) Die Sonderstellung des Kopfgelenkbereiches. Springer, Berlin Heidelberg New York London Paris Tokyo
Wolff HD (1988) Bewertungskriterien bei der Begutachtung der HWS. BG Unfallmed Tagung in Mainz, S 289-304
Wolff HD (1994) Zervikalkopfschmerz und Schwindel. Die Rolle der HWS bei Kopfschmerzen und Gleichgewichtsstörungen. Allgemeinarzt 11:1-8
Wyke B (1967) The neurology of joints. Ann B Surg Engl 41:25
Wyke B (1975) Morphology and funcional features of the innervation of the costovertebral joints. (Praha) Folia Morphol 23:296
Wyke B (1979a) Cervical articular contribution to posture and gait: their relation to sensile disequlibrium. Age Ageing 8:251-258
Wyke B (1979b) Neurology of the cervical spinal joint. Physiotherapy 65:72-76
Zenker W (1988) Anatomische Überlegungen zum Thema Nackenschmerz. Schweiz, Rundsch Med Prax 77:333-339
Zenker W, Neuhuber WL (1994) Feinbau von Rückenmark und Spinalganglien. In: Benninghoff (Hrsg) Anatomie, 15. Aufl., Bd. 2, Lehmann, München, S. 866 ff.
Zenner HP (1987) Die Schleuderverletzung der Halswirbelsäule und ihre Begutachtung. Springer, Berlin Heidelberg New York Tokyo

Zieglgänzberger W (1980) Spinale Kontrolle des Schmerzes. MMW 122:1681-1982
Zieglgänzberger W (1986) Central control of nociception. In: Mountcastle VB, Bloom FE, Geiger SR (eds) Handbook of Physiology – The nervous system. Williams & Wilkins, Baltimore, pp 581-645
Zimmermann M (1977) Physiologische Grundlagen von Nociception, Schmerz und Schmerz-Behandlung. In: Frey R, Gerbershagen RV (Hrsg) Schmerz und Schmerzbehandlung heute. G. Fischer, Stuttgart, S 11-26
Zimmermann M (1981) Schmerz- und Schmerztherapie – neurophysiologisch betrachtet. Schweiz Med Wochenschr 111:1927-1936
Zimmermann M (1986a) Der Schmerz. Ein vernachlässigtes Gebiet der Medizin? Springer, Berlin Heidelberg New York Tokyo
Zimmermann M (1986a) Schmerz-physiologische und pathophysiologische Grundlagen. In: Kossmann B et al. (Hrsg). Schmerztherapie. Kohlhammer, Stuttgart Berlin Köln Mainz, S 17-30
Zimmermann M (1987) Grundlagen der Regelprozesse. In: Schmidt RF, Thews G (Hrsg) Physiologie d. Menschen, 23. Aufl. Springer, Berlin Heidelberg New York Tokyo, S 340-348
Zimmermann M (1993) Physiologische Grundlagen des Schmerzes und der Schmerztherapie. In: Zenz M, Jurna I (Hrsg) Lehrbuch der Schmerztherapie. Wissenschaftliche Verlagsgesellschaft, Stuttgart, S 8-14
Zukschwerdt L, Biedermann F, Emminger E, Zettel H (1960) Wirbelgelenk und Bandscheibe, 2. Aufl. Hippokrates, Stuttgart

Sachverzeichnis

A
Ablenkungstherapien (Ablenkungsmethoden) 64, 150
Abschwächung von Muskeln 126
absolute Raumnot 5
absteigende Hemmsysteme 155
Abwehrbewegungen 149
Abwehrreaktion 145
Abwehrverhalten 149
Acetylcholin 97
Acetylsalicylsäure 62, 106, 155
Achsenorgan 86
Adrenalin 98
affektive(r)
– Bereich 134
– Störungen 159
Affektivität 168
Afferenzen 129
– dickkalibrige monosynaptische Muskelafferenzen 180
– Eingeweide 120
– Gelenke 120
– Haut 120
– Labyrinthafferenzen 180
– Muskeln 120
– propriozeptive 141
– viszerale 111
– zervikale propriozeptive 180
Aktionspotential 97, 100
aktivierte Arthrose 46
Akupunktur 62
akustische Reizüberflutung, Empfindlichkeit 182
Algesie 118
algetische Krankheitszeichen 114, 117, 119
Allgemeinbefinden 59
allgemeiner körperlicher Zustand 149
Altersverschleiß 185
Alt-Fische 132
γ-Aminobuttersäure *siehe* GABA
Amphibien 132
– zur Installation des Atlantikookzipitalgelenks 171
Analgesie 156
analytische Betrachtung 85
Anamnese 59, 192
Anästhesie(n) 44, 122, 123
– des Nervenstammes 193
– spinale 44
– Wurzelanästhesien 44
Angst 149, 160
Anomalien 61
antagonistische Hemmungs- und Bahnungsmuster 100
Anteflektion 172, 176
anterolaterales System 141, 145
Antidepressiva 62
Antinozizeption 51, 154, 156
– deszendierende Bahnen 111
antinozizeptives System 70, 100, 153, 183
– Überforderung 70
antinozizeptive Hemmsysteme 112
Antriebsverlust 160
anulospiraler Rezeptor 127, 131, 133
Anulus fibrosus 70, 195
Anulusring, äußeres Drittel 195
apparative Diagnostik 181
ARAS (aufsteigendes retikuläres Aktivierungssystem) 34, 134, 142, 145
Arbeit, mechanische 20
Arbeitsfeld, interdisziplinäres 159
arterielle Strombahn 136
– Versorgung des Rückenmarks 109, 142
Arteria; Arteriae (A.;Aa.)
– cerebelli inferior posterior 143
– iliaca interna 143
– intercostales 143
– radiculares 142
– sacralis media 143
– spinales posteriores 143
– spinalis
– – anterior 142
– – dorsales 142
– vertebralis 142, 168, 169
Arteriolen 136
Arthron 25, 26, 86, 177
Arthrose(n) 71
– aktivierte 46
articular neurology 103
Ärzte, palpatorisch ungeübte 58
Assoziationszellen 110
Ästhesie 118
Atemübungen 150
Atlantookzipitalgelenk 172, 176, 185
Atlas 171, 185
– hinterer Bogen 176

Atlasquerfortsatz C_1 176
Aufmerksamkeit 145
aufrechte
- Bewegung 132
- Haltung 132
aufsteigendes retikuläres Aktivierungssystem
 siehe ARAS
Augen 178
Ausfälle
- Gedächtnis 187
- Konzentration 187
Ausgangsgrößen 78
Austreibungsphase 119
autochtone monosegmentale Nackenmuskeln 176
autogenes Training 150
Axis 171, 185
Axon(e) 80, 92, 161
axonaler Transport 27
Axonzylinder 30

B
Bader 167
Bahnung 28, 87, 161
Bahnungsmuster, antagonistische 100
Balance 180
Bandagen 62
Bandscheiben 185, 195
Bandscheibenmaterial, prolabiertes 4
Bandscheibenvorfall 125
Basisreflexe der Motorik 108
bedingte konditionierte Verknüpfung 87
Befunde, objektive 190
Begrenzung 175
Begutachtung 68, 147, 190
Begutachtungspraxis 185
Beherrschungstraining 149
Belastungen
- dynamische 191
- körperliche 150
- psychische 59
- schmerzbedingte 148
Benommenheit 167
Berührung 56
Berührungsempfindlichkeit 115
Beschleunigungstrauma 184
Bewegung 70
Bewegungsfunktion 126
- phasische Leistung 126
Bewegungssegment 86
- $C_{2/3}$ 185
Bewußtseinsverlust 168
Beziehungen
- partnerschaftliche 160
- soziale 160
- Wirbelsäule - innere Organe 138
bildgebende Verfahren 61, 68, 185
binary digit 77
Bindegewebsmassage 42, 119
Bindegewebszonen 39
Binnenzellen 110, 111, 134

biologische Rhythmen 161
Bit 21, 77
Blockierung 3, 4
Blutgerinnungssystem 158
Bradykinin 106, 155, 160
Brechreiz 66, 167
brennender Charakter 124
Brustwirbel 191

C
C-Fasern siehe Fasern
Chiropraktoren 4
Chordotomien 141
Chromosomen 91
Chronifizierung 68
chronisch(e)
- Schmerzkranke 48, 70, 147, 186
- Schmerzkrankheit 70
- Schmerzüberflutung 183
Chronizität 149
CO_2-Überschuß 136
Codes, genetische 21
Colliculus superior 142
Computertomogramm 61
Contact-Trauma 184
control -Begriff 78
Costotransversalgelenke 120, 141

D
Dämpfung 62
Dauerschäden 186
Defätismus 71
degenerativ(e) 25, 185
- Veränderungen 5, 68
- Verschleißerscheinungen 187
- Vorschäden 185
- Zeichen 5
Dekodierung 77
Dendriten 27
Denkansatz, neuer 17
Denken 85
- mechanistisches analytisch orientiertes 85
- synthetisches 85, 86
Dens 172
Dendriten 92, 93
Depolarisierung 97, 100
Depression 160, 186
depressive
- Färbung 66, 168
- Verstimmung 182
Dermatom 118
- hyperästhetisches 41
Dermatomfragmente 123
Dermatomgrenzen 39
Desoxyribonukleinsäuren (DNS) 91
Detonisierung der Muskelfibrillen 128
Diagnostik (Diagnose) 58, 121
- apparative 181
- Schmerzdiagnostik 149
- Segmentdiagnostik 121
differenzierte Weichteilpalpation 58

Sachverzeichnis

Dimension 82
- zeitliche 82
DIN 19226 78
Diskographien 195
diskriminierende Leistungen 145
Disproportionalität zwischen Ursache und Wirkung 18, 20
Divergenz 50
DNS 91
Dokumentation 61
Dokumentationsschema 62
Dopamin 99
Dornfortsatz von C_2 176
Drehschwindel 167
drop attacks 168
Drüsen, exokrine 136, 137
Druckschmerz, heftiger 193
Dualismus 148
Durchblutung 137
Durchstehvermögen 150
Durchstromversuche 168
Dynamik 85
dynamische Belastungen 191
Dysästhesien 44
Dysfunktion im Bewegungssegment $C_{2/3}$ 189
Dysphagie 167, 186, 189
Dysphonie 168, 186, 189

E
Ebenen der Nozifension 160
efferent 179
Efferenz
- Ausfall der 44
- parasympathische 137
- sympathische 138
Eigenerfahrungen 150
Einfühlungsvermögen 147
Eingangsgrößen 78
eingeklemmter Nerv 4
Eingeweiden, Afferenzen aus 120
Einzeller 84
Eiweißsynthese 91
elektrisches Potential 97
Elektrotherapie 41, 62
Elementarkategorien 78
Empfänger 77
Empfindlichkeit gegen akustische und optische Reizüberflutung 182
Endkolben 93, 94
- präsynaptischer 97
endogene Opioide 155
endoplasmatisches Retikulum 91
Endorphine 153
Energie 125, 134
Engramme 148
Enkephalin 99
Entängstigung 64
Entspannung 150
Entspannungstechniken 150
Entspannungstherapien 64
Enzym Proteinkinase C 101

Erbrechen 66
Erbsubstanz 91
Erfahrung 149
- palpatorische 58
Erkennen 101
Erkennung des nozizeptiven Codes 145
Erkrankung(en)
- imitieren einer inneren 140
- immunologische 71
- psychiatrische 151
- psychopathologische 151
- reflektorische Zeichen bei inneren Erkrankungen 117
Ermüdbarkeit 186
erregende Synapsen 99
Erschütterungsschmerz 45, 61
erworbene Verknüpfungsmuster 88
Erziehung 149
evaluative Komponente 148
Exkursionsmöglichkeiten 172
exokrine Drüsen 136, 137
Exostosen 168, 169
Extensorenmuskulatur 134
extrapyramidal 131
exzitatorisch 128

F
fachübergreifende Theorien 75
Fakire 153
Farbdopplersonographie 168
Faserafferenzen
- Aδ 141
- C 141
Faseranteile 96
Fasern (Nervenfasern)
- C-Fasern 106, 141
- dicke, myelinisierte 123
- Fasertypen 105, 106
- myelinisierte 141
- Nervenfaser 161
- postganglionäre 138
- Typen 106
feedback control 78
Fettstift 121
fibrolytisches System 158
Fistelstimme 190
Folgeregler (Servoprinzip) 82, 83, 126
Foramen intervertebrale 5
Formatio gelatinosa (Lamina II) 101
Formatio reticularis 34, 133, 134, 141, 142, 145, 156
- medullärer Teil 133
- pontiner Teil 133
Forschungsergebnisse 147
Frequenzänderung 94
Friktionsmassagen 62
Frontalaufprall 185
frühevolutionäre metamere Ordnung 111
Führungsgröße 80, 81
Funktion 84
funktionelle Symptome 116

Funktionsaufnahmen nach *Arlen* 61
Funktionsgleichgewicht, vegetatives 3
Funktionsstörung
- Muskelfunktionsstörung 31, 35
- reversible Funktionsstörung eines Gelenks 3
- hypomobile 3
- posttraumatische 184
- vertebrale 137
Funktionsverschiebungen 161
Fusimotoren 82

G
GABA (γ-Aminobuttersäure) 99, 155
Ganglion
- cervikale 138
- - medium 138
- - superius 138
- stellatum 137, 138
Gebärende 119
Geborgenheit, mangelnde 149
Gedächtnis 87, 187
- Kurzzeitgedächtnis 102
- Langzeitgedächtins 102
- mittelfristiges Gedächtnis 102
- Mittelzeitgedächtnis 186
- Schmerzgedächtnis 148
Gefäßprovinz 179
Gefühl(e) 56, 146
- angenehme 56
- unangenehme 56
gegensteuernde Aktivitäten 150
Geist 146
Gelenk(e)
- Afferenzen aus Gelenken 120
- Atlantookzipitalgelenk 176, 185
- - für Rotation ein Sperrgelenk 172
- Costotransversalgelenke 120
- eingenommene Gelenkstellung 105
- reversible Funktionsstörung 3
- Rotationsgelenk 171
- Schnupfen des Gelenks 46
- Sperrgelenk 176, 185
- Weichteilmantel 103
- Wirbelgelenke 172
- - C2/3 175
Gelenkfacetten 172
Gelenkfortsätze 172
Gelenkkapsel 103, 124
Gelenkmechanik 22
gelenkmechanische Sicht 191
Gelenkpartner 30
Gelenkrezeptoren 103
Gelenkspiel (joint play) 3, 176
Gelenkstellung, eingenommene 105
Genablesung 161
Genitalbereich 191
Gerinnungssystem 158
Gestik 149
gesunder Menschenverstand 147
Gewalteinwirkungen 65

Gewebe, subkutane 118
glatte Muskulatur 136, 137
Glaubensinhalte 149
Glaubensstabilität 149
Gleichgewichtsorgan, peripheres 178
Gleichgewichtssteuerung(en) 134, 180, 181
Gleichgewichtssteuerungskerne 134
Gleichgewichtsstörungen 66, 167, 186
Glied eines Regelkreises 79
Globusgefühl 167, 189
Glukosebedarf 91
Glutamat 99
Glycin 99, 155
Gogli-Apparat 91
Golgi-Körperchen 127
Grauschleiersehen 66, 167, 182
Großhirn 34, 134
Grunddruck 56
Gutachten 186
gutachterlich 190
Gyrus
- postzentralis 142
- praecentralis 134

H
halbseitig(e) 167
- Beschwerden 59
Halbseitigkeit 190
Halswirbelsäule (HWS)
- klassische 68, 185
- Weichteilverletzungen 65, 184
Haltearbeit 126
Haltefunktion 126
- tonische Leistung 126
Halteregler 81, 126
Handeln 101
Handgriff(e) 5, 169
- gezielte 4
Handgrifftechniken
- Gefahren 4
- therapeutische 4
Handlungsorgan 157
Handgriffmanöver, gezieltes 4
Hardware 43
Haut 137
- Afferenzen 120
Hautfalte 118
Hautsegmente 3
Hauttemperatur 137
Head-Zonen 118, 137
Heckaufprall 68, 184, 185
Heilplan 147
Heilungsdauer 186
Heilungsvorgänge 96
Heiserkeit 167
hemmende Synapsen 99
Hemmsystem(e) 147
- absteigende 155
- antinozizeptive 112
- emotionale Ebene 147
- kognitive Ebene 147

Sachverzeichnis

– Schmerzhemmsystem 158
Hemmung 153
– lokale 155
– präsynaptische 100, 155
Hemmungsmuster, antagonistische 100
Herpes Zoster 108
Herzfunktion 137
Herzmuskelleistung 137
Herzschlagfolge 137
Hilflosigkeit 160
Hinterhorn 109
Hinterhornkomplex 32 – 34, 87, 88, 101, 161
Hinterhornneuronenzellen 87
Hinterhornzellen 32, 119, 120, 145
Hirnstamm 112, 156
Histamine 155
HNO-Ärzte 189
hochzervikale Symptomatik 102, 190
Hoffnung 159, 164
Hoffnungslosigkeit 149, 160
Horizontverengung 160
hormonell informationsverarbeitende Systeme 21
Hörstörungen 167, 186
Hüftbereich, lateraler 191
humoral informationsverarbeitende Systeme 21
HWS *siehe* Halswirbelsäule
Hyoidtendopathie 189
Hypästhesien 44
Hyperalgesie 115, 118, 123, 140
hyperalgetisch(e) 140
– Störungsfelder 118
– Zonen (HAZ) 114, 118
Hyperästhesie(n) 44, 115, 119, 123, 140, 196
– Head-Zone 40
hyperästhetische(s)
– Dermatom 41
– Zone(n) 41, 114
Hyperhidrosis 137
Hypermobilität 46
hyperpolarisierend 98
hypertone Kochsalzlösung 117
hypomobile Funktionsstörung 3
Hypophyse 145
Hypothalamus 145, 156
Hypozentrum I 172

I

Imitation einer inneren Erkrankung 140
immunologische Erkrankungen 71
Impulsfolgen, elektrische 77
Infiltration 68
Informationseinheit, kleinste 77
Informationsfluß 19
Informationsflut 112
Informationsfunktion der Zelle 94
Informationsquelle 76, 77
Informationstheorie 75, 78
Informationstranport(e) 94, 107
Informationsübertragungen 78

Informationsverbraucher 77
Inhibition, laterale 100
inhibitorisch(e) 128
– Transmittersubstanz 155
initiale Seitneigung 185
Initiator 140
innere
– Erkrankung(en)
– – imitieren 140
– – reflektorische Zeichen 117
– Organe 137
Innervation, segmentale 117
Innervationsdichte 179
Insuffizienz des antinozizeptiven Systems 156
interdisziplinäres Arbeitsfeld 159
Intervertebralraum 176
intrafusale Muskelfasern 129
intrakutane Quaddelserie 124
Istwert 80

J

Ja-/Nein-Auskunft 21
joint play *siehe* Gelenkspiel
Jontophorese 42

K

Kälte 62
Kalium-Ionen 136
Kaltenbach-Nadel 40
Kaudaldrift 39
Kernkettenfasern 131
Kernsackfasern 131
Kfz-Unfälle (*siehe auch* Heckaufprall) 68
Kibler-Hautfalte 118
Kinetik 85
K-Ionen *siehe* Kalium-Ionen
klassische HWS 68, 185
Kleinhirn 178, 180
klinische Psychologie 147
Kloßgefühl 167
– und Fremdkörpergefühl im Hals 189
Kniemenisken *siehe* Menisken
Kochsalzlösung, hypertone 117
kodiert 77, 80
Kodierung(en) 21, 77
kognitive(r)
– Bereich 134
– Komponente 148
– Leistung(en) 34, 145
kollegiale gleichrangige Zusammenarbeit 163
kombinierte Verfahren 64
Kommissuren-Neurone 135
Kommissurenzellen 110
Komponente
– affektive 34
– emotionale 34
Kompressen, feucht-warme 68
konditionierbare(s)
– Geschehen 35
– Prozesse 140
Konsistenz 56

– teigige 118
Kontraindikation 196
– absolute 169
Kontrastverstärkung 100
Konvergenz 50
– Informationsströme 112
Konvergenzneurone 120
Konzentration 182, 187
Konzentrationsstörungen 102, 168, 186
Kopfgelenkbereich 65, 167, 168, 176, 185, 189
– Behandlung 167
Kopfrotation 185
Kopfschmerzpatienten 164
α-γ-Kopplung 133
koronare Gefäßweite 137
körperliche
– Aktivität 155
– Belastungen 150
Körpersprache 76
Körpertemperatur 81
kortikale Zentren 134
Kortikosteroide 106
Kostotransversalgelenke 120, 141
kraniozervikaler Übergang 65, 178
– Sonderstellung 69
Krankengymnastik 62, 170
krankengymnastische Übungsbehandlung 62
krankhafter Verschleiß 26
Krankheitszeichen
– algetische 117, 119
– reflektorische 117, 118
Kreis, geschlossener 79
Kugelgestalt 87
Kurzzeitgedächtnis 102
kutiviszerale Reflexe 140
Kybernetik 75, 78
kypernetische Aspekte 127

L
Labyrinthafferenzen 180
Laienbehandler 4
Laktat 136
Lamina 109
– I 120, 141
– II 111
– III 111, 141
– IV 111, 141
– V 111, 120, 141
Landvertebraten 171
Längendetektoren 127
langfristig 148
langsamer Transport 94, 96
Langzeitgedächtins 102
Läsion, osteopathische 3
Latenz (Totzeit) 82
laterale(r)
– Hüftbereich 191
– Inhibition 100
– Oberschenkelbereich 191
– Okziput 176

– Vestibulariskern 133
Lebendbeobachtungen 89
– Nervenzellen 96
Lebensalter 187
Lebensqualität 183
Lebenszugewandtheit 168
Leidenscharakter 34
Leidenskomponente 148
Leistenband 191
Leistenschmerz 191
Leistungen
– diskriminierende 145
– kognitive 145
– Lernleistungen 87
– Reaktionsleistungen 87
– Muskelleistung *siehe dort*
Leistungsfähigkeit 84, 183
Leistungswilligkeit 183
Leitgeschwindigkeit 30, 94, 107
lemniskales System 141
Lendenwirbel 191
Lernleistungen 87
Ligamenta alaria 175, 185
Ligamentum
– apicis dentis 185
– transversum atlantis 185
Liganden 97
limbisches System 34, 134, 145
Lissauer-Randzone 109
Lokalanästhesie 41
Lokalanästhetika (Lokalästhetikum) 41, 62, 68, 178, 196
lokale
– Hemmung 155
– Wärme 196
Lokalisator 140
Lokalisierung 34
Lumbalsyndrome 163
lumbothorakaler Übergang 69, 193

M
Magnetresonanztomogramm 61
Manipulation(en) 167
– gezielte 196
– manualmedizinische 139
Manualmediziner 48
manualmedizinisch(e) 196
– Manipulation 139
– Mobilisation 139
manuelle Medizin 35, 46, 163
manuelle Therapie, gezielte 189
Markscheide, Dicke 107
Massagen 193
– keine 68
Materialtransport 94
Mechanik 85
mechanische Arbeit 20
Mechanorezeptoren 104
Medizin, konservative 163
Meeresschnecke 87
Meerrettich-Peroxydase-Reaktion 107

Membran, postsynaptische 101
Menisken 5
meniskoide Strukturen 5
Meniskuseinklemmung(en) 4, 5
Meniskustheorie 4
Mensch 79
mentale Einstellung 150
Merkschwäche 168
Mesenzephalon 141
metamere Ordnung 37
Migräne 164
mikrobiologische Veränderungen 161
Mikrotubuli 96
Mimik 149
missing link 189
Mitochondrien 91
Mittelalter 167
mittelfristig(es) 148
- Gedächtnis 102
Mittelhirn 142
Mittelzeitgedächtnis 186
Mobilisationen 196
Modelle
- operante lerntheoretische 148
- transaktionale, prozessurale 148
monosegmental(er) 40
- Charakter 35, 40
- referred pain 116
Moral 150
Morphinabkömmlinge 156
Morphinderivate 148
Morphine 156
Motoneurone 106
- α 32, 128, 131, 133, 134
- γ 129, 133, 134
- kleine γ 32
Motorik 180
motorische
- Endplatten 93, 98
- Reaktionen 149
- Reflexe 116
Multiplikator 140
multirezeptiv 120
Münzmassage(n) 41, 62, 68, 196
Musculus; Musculi
- erector trunci 192
- logissimus capitis 179
- semispinalis capitis 179
- splenius 179
- trapezius 179
Muskel(n) *(siehe auch* Muskulatur) 137
- Abschwächung 126
- Afferenzen 120
- Länge 79, 126
- Spannung 81, 126
- Nackenmuskeln
- - monosegmentale 176
- - tiefe autochthone 66, 178, 179
- ventrale Halsmuskeln 190
- Verkürzung 126
Muskeldehnungsreflex 128

Muskelfaser(n)
- blasse 126
- intrafusale 129
- rote 126
Muskelfibrillen, Detonisierung 128
Muskelfunktion 35, 125
Muskelfunktionskreis 81
Muskelfunktionssteuerung 127
Muskelfunktionsstörung(en) 31, 35
Muskelleistung
- phasische 131
- tonische 131
Muskelspindel 35, 66, 79, 82, 127, 128, 131, 133, 179
Muskelspindelrezeptoren 128
Muskeltonuserhöhungen 182
muskuläre Stereotypien 100
Muskulatur *(siehe auch* Muskeln) 162
- Extensorenmuskulatur 134
- glatte 136, 137
- Nackenmuskulatur 68
- - tiefe autochtone 66, 178, 179
- segmental zugeordnete, tiefe autochthone Muskulatur 139
- Zungenbeinmuskulatur
- - obere 189
- - untere 189
Myalgien 26, 39
myelinisierte Fasern 141
Myelinscheide 94
myofasziales Kiefergelenksyndrom 182
Myogelosen 26
Myotendinosen 62
Myotom 116

N
Nachrichtentechniker 76
nächtlicher Wattekragen 68
Nackenkopfschmerzen 185, 186
- bewegungsabhängige 167
Nackenmuskulatur 66, 68, 176, 178, 179, 186
Nacken-Schulter-Arm-Bereich 185
Nagashima-Syndrom 169
Natrium-Kalium-Pumpen 94
Neokortex 34
Nerv, eingeklemmter 4
Nervenfaser *(siehe auch* Fasern) 161
Nervenverletzungen 161
Nervenwachstumsfaktor 96
Nervenzellen 91
Nervus; Nervi
- genitofemoralis 191
- hypoglossus 189
- iliohypogastricus 191
- ilioinguinales 191
- laryngici 190
- occipitalis major 179
- trigeminus 168, 182
- vagus 190
- vertebralis 169
neuer Denkansatz 17

Neugeborene 170
neurale Struktur 108
Neuralgie 80, 125
- des Spinalnervs 122
neuralgische(r,s)
- Schmerz 122, 125
- Syndrom 122
Neuraltherapie 117
Neuroanatomie 178
neurogene Entzündung 160
Neuroleptika 62
Neuromodulatoren 113
neuromuskuläre Endplatte 96
Neuron(e)
- Assoziations-Neurone 135
- biologische Erhaltung 108
- Kommissuren-Neurone 135
- Konvergenzneurone 120
- parasympathische 135
- postganglionäres 36
- präganglionäres 36
- Schaltneurone 134
- schlafende 160
- Zwischenneurone 128
Neuronenzelle(n) 97
- γ 130
Neuropeptide 160
Neurophilamente 96
Neurophysiologie 178
neurophysiologische
- Prozesse 140
- Testuntersuchung, exakte 186
- Versorgung der tiefen autochtonen subokzipitalen Nackenmuskulatur 186
neuropsychologische
- Hilfsmöglichkeiten 48
- Schmerzbewältigungsstrategien 71
neurotische Ätiologie 59
Neurotransmitter 97, 113
Neurotransmitterpakete 101
nicht steroidale Antirheumatika (NSAR) 62
Nichtwillkürmotorik 131
Niere 139
Nissel-Schollen 91
Nomenklatur 21, 184
Non-contact-Tauma 184
nonverbal 76
Noradrenalin 98, 99, 155
noxische Reize 120, 161
Nozifension 154, 160
- Ebene 160
nozifensives System 49, 51, 70, 106, 154, 159, 164
Nozireaktion(en) 35, 36, 51, 109, 117, 134
- monosegmentale 40
Nozizeption (siehe auch Schmerz) 70
- Enthemmung der Nozizeption 163
nozizeptive
- Elemente 179
- Reizschwellen 3
Nozizeptoren 28, 30, 103, 195

- polymodale 106
- unimodale 106
Nozizeptorenreizung 124
NSAR siehe nicht steroidale Antirheumatika
Nucleus
- cervicalis centralis 180
- dentatus 134
- pulposus 195
- raphe magnus 156
- ruber 133
Nystagmus 168

O
objektive(r)
- Befunde 190
- Palpation 55, 58
- Palptionsbefund 58
Okziput, lateraler 176
Okziputkondyle 185
O_2-Mangel 136
operantes lerntheoretisches Modell 148
Opiate 156
Opiathemmungen 155
Opioide, endogene 155
optische Reizüberflutung, Empfindlichkeit 182
Ordnung
- metamere 37, 43
- segmentale 43
Organreflexe 116, 139
Orientierungshilfe 158
Orthesen 62
Ortung 145
Osteochondrosen 187
osteochondrotische Veränderungen 26
osteopathische Läsion 3
Osteophyten 187
Otalgie 167, 182

P
pain clinic 159
Palpation 55, 56, 58, 178, 189
- objektive 55, 58
- subjektive 55, 57, 58
- Untersuchung durch den Hautsinn 55
- Weichteilpalpation, differenzierte 58
- zwischenmenschlicher Vorgang 55, 56
Palpationsbefund, objektiver 58
Palpationsdruck 55
Palpationstechnik 55
palpatorisch ungeübte Ärzte 58
Parästhesie(n) 44, 122, 123
Parästhesienadel 40, 41, 192
Parästhesieuntersuchung 191
Parasympathikus 36
parasympathische
- Efferenz 137
- Neurone 135
partnerschaftliche Beziehungen 160
passive Strukturen 22
Patienten

- chronisch schmerzkranke Patienten 147
- Kopfschmerzpatienten 164
Peptide 99
- Modulierung durch klassische Transmitter 99
- synaptische Vorgänge 99
periphere(r,s)
- Gleichgewichtsorgan 178
- Vestibularisapparat 170
Persönlichkeit 146
Persönlichkeitsdefekte 151
Persönlichkeitsstruktur 183
Persönlichkeitsveränderungen 168, 186
phasisch(e) 126, 131
- Muskelleistung 131
Phylogenese 87
phylogenetisch(e) 88, 132, 157, 171
- Kaudaldrift 69
- Verschiebungs- und Wandlungsprozesse bei Vertebraten 39
plastische(s)
- Prozesse 140
- vernetztes System 89
- Wirklichkeit 89
Plastizität 96, 112
Pleurozentrum 172
Polyarthritis 71
polymodale Nozizeptoren 106
Polymyalgie rheumatika 71
postganglionäre(s)
- Fasern 138
- Neuron 36
postischialgische(s)
- Dysbasie 59
- Syndrom 96
postisometrische Relaxationen 193
postoperatives Syndrom 96
postsynaptisch(e) 97
- Membran 101
- Rezeptoren 101
posttraumatische Funktionsstörungen 184
Potential, elektrisches 97
präganglionäres Neuron 36
präkapilläre Sphinkteren 136
Präkapillaren 136, 137
präsynaptische
- Endkolben 97
- Hemmung 100, 155
Processi uncinati 168, 169
Prognostik 68
Projektionszellen 110, 111
projizierte Schmerzen 44, 123
prolabierendes Nucleus-pulposus-Material 70
prolabiertes Bandscheibenmaterial 4
propriozeptive
- Afferenzen 141
- Elemente 179
Proprizeptoren 28, 103
Prostaglandine 106, 154
- E 155, 160

Prostaglandinsynthese 62
Prostaglandinsynthesehemmer 106
Proteine 96
Proteinkinase C 101
Prozesse, raumfordernde 44
Pseudo-Angina-pectoris 140
Pseudocoxalgie 192
Pseudodyspnoe 140
Pseudomastopathie 140
Pseudomeralgie 192
Pseudopubalgie 192
pseudoradikulärer Schmerz 43
Pseudo-*Roemheld*-Krankheit 140
Pseudotrigeminusneuralgien 186
Psyche 146, 147
psychiatrisch(e) 151
- Erkrankungen 151
psychische(r)
- Belastung 59
- Faktor 151
- Resistenz 66
- Überlagerung 47
- Veränderungen 182
- Verstärkung 149
psychogen(e) 164
- Faktoren 186
Psychogenie 189
Psychologie des Schmerzes 147
psychologische Schmerztherapie 150
Psychopathologie 151
psychopathologische Erkrankungen 151
psychophysische Beziehungen 134
psychosomatische
- Ätiologie 59
- Kausalkette 183
Pubalgie 191
Pyelonephritis 139
pyramidal 131

Q

Quaddelserie, intrakutane 124
Quastenflosser 132
Querfortsatz von L_1 193

R

radikuläre(r)
- Charakter 70
- Irritation *siehe* Wurzelirritation
- Schmerzkomponente 44
Randzacken, spondylotische 25
räumliche
- Distanz 80
- Verknüpfung 87
Raumnot, absolute 5
Rauschen 36
Reagieren 101
Reaktionsleistungen 87
referred pain (*siehe auch* übertragener Schmerz) 39, 115, 124, 161
- monosegmentaler 116
reflektorische Krankheitszeichen 117, 118

Reflexe
- Halsreflexe, tonische 180
- konditionierbare Prozesse 140
- kutiviszerale 140
- motorische 116
- Muskeldehnungsreflex 128
- neurophysiologische Prozesse 140
- Organreflexe 116, 139
- plastische Prozesse 140
- sensorische 116
- Stell- und Haltereflexe 180
- - tonische 170
- vertebroviszerale 139
Reflexsyndrome 35
Regelabweichung 81
Regelgröße 79
Regelkreis 19, 31, 87
Regelmechanismen 83
Regeln 79
Regelstrecke 81
Regelzentrum 103
Regeneration des Nervs 123
regionale Hemmung 155
Regler 103
- instabiler 82
- leistungsfähiger 82
- überlasteter 82
Reglerkatastrophe 26, 83
reizbare Schwäche 182, 186
Reize, noxische 120, 161
Reizschwellen, nozizeptive 3
Reiztherapie 71
Reizüberflutung
- Empfindlichkeit gegen akustische und optische 182
- nozizeptive 70
Reizung, selektive (Vibration) 131
reparative Veränderungen 185
Reptilien 132, 171
Resistenz 56
Retroflektion 172, 176
reversible Funktionsstörung eines Gelenks 3
Rezeptor(en) 28, 97, 103
- anulospirale 82, 127–131, 133
- - Empfindlichkeit 128
- Aδ-Faserrezeptoren 105
- C-Faserrezeptor 106
- Gelenkrezeptoren 103
- Mechanorezeptoren 104
- Muskelspindelrezeptoren 128
- postsynaptische 101
- Schmerzrezeptoren 106
- Typ-I 104
Rezeptorenfeld im Nacken 66, 170, 182, 186
Rezeptorenschmerz(en) 44–46, 70, 122, 124
Rezeptorensystem im Dienst der Gleichgewichtssteuerung 178
rheumatischer Formenkreis 164
Rhythmen 36
Ribonukleinsäuren (RNS) 91
Rotation 172, 176

Rotationsausschläge 175
Rotationsgelenk 171
Rotationsimpulse 185
rote Muskelfasern 126
rotierende Impulse 65
Rückenmark 109
- Störung, vaskuläre 142
- verlängertes 34
- Versorgung
- - arterielle 109, 142
- - vaskuläre 109
- - venöse 142
Rückenmarksgrau 88, 109
Rückenmarksweiß 109
rückgekoppelte kreisförmige Schaltung 19
Rückkopplung 81, 83
Ruhepotential 99
Ruhigstellung 62
Rüttelschmerz 45, 61

S
Säuger 171
Säuglinge 170
Schadensmelder 30
Schadensmeldung 149
Schädelgrube, hintere 168
Schaltmodule 88
Schaltneurone 134
Schaltpläne 75
Schaltstellen 110
Schaltung, rückgekoppelte kreisförmige 19
Schambein 191
Schlafdeprivation 160, 186
schlafende
- Neurone 160
- Nozisensoren 106
Schlafentzug 161
Schlafentzugssymptomatik 66
Schlafstörungen 186
γ-Schleife 129, 131, 134
Schleuderverletzungen 46
- der HWS 68, 184
Schluckbereich 186
Schluckbeschwerden 189
Schluckvorgang 189
Schmerz(en)
- Art der Schmerzen 124
- brennender Charakter 124
- chronische 70
- Erlebnis Schmerz 113
- Erschütterungsschmerz 45, 61
- heftiger Druckschmerz 193
- Nackenkopfschmerzen 185, 186
- - bewegungsabhängige 167
- neuralgische 43, 45, 46, 122, 125
- Persistenz 164
- projizierte(r) 44, 46, 123
- pseudoradikulärer 43
- Pyschologie des Schmerzes 147
- radikulärer 45, 46
- Rezeptorenschmerz 122, 124

Sachverzeichnis

- Rüttelschmerz 45, 61
- Spannungskopfschmerzen 164
- sympathischer 124
- übertragener 39, 114, 115, 125, 140

Schmerzanamnese 150
Schmerzätiolgie 150
schmerzbedingte Belastung 148
Schmerzbekämpfung 150
Schmerzbewältigung 147149
Schmerzbewältigungsstrategie(n) 150, 151
Schmerzbewältigungstherapie 64, 150
Schmerzbewertung 148
Schmerzcharakter 148, 149
Schmerzdauer 148
Schmerzdiagnostik 149
Schmerzentstehungskomponente 193
Schmerzerleben 147, 148, 153
- auf kortikaler Ebene 148
Schmerzgedächtnis 148
Schmerzhemmsystem 158
Schmerzintensität 148, 149
Schmerzkliniken 46
Schmerzkomponente, radikuläre 44
schmerzlose Traktionen 68
Schmerzmediatoren 160
Schmerzmittel, nicht sterroidale Schmerzmittel 155
Schmerzprojektionen 186
Schmerzreaktionen 148, 153
Schmerzreize, leichte 115
Schmerzrezeptoren 106
Schmerzsyndrome
- radikuläre 44
- spinale 44
Schmerztherapie, psychologische 150
Schmerzüberflutung 164
- chronische 183
- langdauernde 147
Schmerzüberflutungssystem 158
Schmerzverhalten 147, 153
schneller Transport 94, 96
Schnupfen des Gelenks 46
Schrägstellung 172
Schreien 149
Schwankschwindel 167
Schweißausbrüche 168
Schweißdrüsen 137
Schweizer Fakultätsgutachten 1936 4
Schwellen 23
Schwellenerniedrigung 37
- dauerhafte 160
Schwerefeld der Erde 178
Schwerkraft 132
Schwindel 168, 181
- Drehschwindel 167
- Schwankschwindel 167
- systemischer 186
- transitorischer 168
Schwingungen
- Aufschaukelung im Reglerkreis 82
- pathologisch ungedämpfte 23

- physiologisch gedämpfte 23

Schwingungsabläufe 23
Schwingungsbreite(n) 23
Screening 192
Sedierung 68
Seele 146
segmentale
- Innervation 117
- Ordnung 43
Segmentdiagnostik 121
Segmentmassage(n) 42, 62
Segmentnadel nach *Kaltenbach* 121
segmenttherapeutisch 44
Segmenttherapie 121
Sehnenorgane 127
Sehnenspindeln 179
Sehstörungen 186
Seitenaufprall 185
Seitenhorn 34, 109, 138
Seitenvergleich 56
seitneigende Impulse 65
Seitneigung 172, 176
- initiale 185
Seitneigungsimpulse 185
Seitneigungsmöglichkeit 176
sekundäre Blockierung 139
selektive Reizung (Vibration) 131
semikardanische Bewegungsmöglichkeit 191
sensorische Reflexe 116
Serotonin 99, 106, 155
Serotoninaktivität 163
- Absinken 163
Serotoninmangel 156
Serotoninspiegel 156
Servoprinzip 83
sexuelle Kontakte 160
Signalfülle 112
Simulanten 58
Sinnesorgan 157
Skelettanteil Wirbelsäule 86
Sollwert(e) 80, 126
Sollwertstellung 126, 127
Soma 147
somatische Schmerztopographie 150
Somatisierung 160
somatopsychisch 184
Sonderstellung 178
- des kraniozervikalen Übergangs 69
soziale Beziehungen 160
soziales Umfeld 149
soziologische Gruppierungen 21
Spannung 56
Spannungskopfschmerzen 164
Speicherung(en) 28, 87, 111, 161
Sperrgelenk 172, 176, 185
Spina iliaca ventralis 191
Spinalarterie 142
spinale(s)
- Anästhesien 44
- Enge 4
- Koordinationsebene 87

- Schmerzsyndrome 44
- Segment C_3 189
Spinalganglion
- C_1 179
- C_2 179
Spinalnerv 5
- C_1 179
spinovestibuläre Verbindung 170
spondolytische Randzacken 25
Spondylosen 187
Stadieneinteilung 186
statisches
- Bild des Körpers 89
- System 84
Stell- und Haltereflexe 180
Stellglied 81
Stereotypien, muskuläre 100
Sternum 190
Steuerkette 78
Steuersystem der Muskulatur 134
Steuerung 78
- Gleichgewichtsregulation 190
- vasomotorische 137
Steuerungsvorgänge 83
Steuerungszentren, zentrale 131
Stiffness, einseitige 190
Stimmbandstillstand, einseitiger 190
Stimmbereich 186
Stimmstörungen 168
Stimmveränderungen 189
stochastische Verhaltensweisen 23
störende Einflüsse 79
Störgröße 80
Störungen
- affektive 159
- Gleichgewichtsstörungen 66, 167, 186
- - zervikale 170, 180
- Hörstörungen 167
- Konzentrationsstörungen 168
- Stimmstörungen 168
- vegetative 182
Störungsfelder, hyperalgetische 118
Strangzellen 110
Stressoren 156
stroboskopische Untersuchungen 190
strukturelle Symptome 116
Strukturen, passive 22
Stufenbett 196
Stützmotorik 132-134, 162, 170
subjektive Palpation 55, 57, 58
subkutane Gewebe 118
Subluxation 3
Subokzipitalbereich 182
Substanz P 27, 94, 98, 155, 160
Subsysteme 25
supraspinale Kontrolle 133
Sympathikus 36
Sympathikustheorie 168
sympathische(r)
- Efferenz 62, 138
- Schmerz 124

- Versorgung des Herzens 137
Symphyse 191
Symptomatik
- hochzervikale 102
- hochzervikale-enzephale 190
- Schlafentzugssymptomatik 66
- zervikoenzephale 167
Symptome
- funktionelle 116
- strukturelle 116
- zentralenzephale, vegetative 185
Symptomenkonstellation 167
Synapsen 28
- erregende 99
- hemmende 99
synaptischer Spalt 28, 97
Syndrom(e)
- Lumbalsyndrome 163
- des lumbothorakalen Überganges 191
- myofasziales Kiefergelenksyndrom 182
- *Nagashima*-Syndrom 169
- neuralgische 122
- postischialgisches 96
- postoperatives 96
- radikuläre Schmerzsyndrome 44
- Reflexsyndrome 35
- spinale Schmerzsyndrome 44
- syndrome sympathique cervicale posterieur 169
- synkopales zervikales Vertebralissyndrom 168
- Tunnelsyndrome 94
- *Wallenberg*-Syndrom 169
- Zervikalsyndrome 163
synthetische(s)
- Begriffe 85
- Potenz 85
- Wirkgefüge 86
System(e)
- γ 35, 106, 134, 162
- anterolaterales 141, 145
- antinozizeptive 70, 100, 153, 183
- - Insuffizienz 156
- - Überforderung 70
- Blutgerinnungssystem 158
- fibrolytisches 158
- hormonell informationsverarbeitende 21
- humoral informationsverarbeitende 21
- nozifensives 49, 51, 70, 106, 154, 159, 164
- - Dekompensation 70
- plastische, vernetzte 89
- Schmerzüberflutungssystem 158
- statisches 84
- thalamisches 134
- technische 21
- vernetzte 88
- Vorreiterfunktion des γ-Systems 134
systemischer Schwindel 186
Systemtheorie 75
Szintigramm 61

Sachverzeichnis

T
Tag-Nacht-Rhythmus 168, 182
Taumeligkeit 167
Täuschungen 131
teigige Konsistenz 118
Testuntersuchung, exakte neurophysiologische 186
thalamisches
- System 134
- Zentrum 156
Thalamus 34, 141, 148
Thalamusgebiete 145
Theorien
- fachübergreifende 75
- Informationstheorie 75, 78
- Meniskustheorie 4
- Sympathikustheorie 168
- Systemtheorie 75
- vaskuläre 168
therapeutische Handgrifftechniken 4
- Gefahren 4
Therapie 156, 178
- gezielte manuelle 189
Therapiekreis 64
Therapieplan 150
Therapieresistenz und Persönlichkeitsveränderung
- psychosomatische Weise 46
- somatopsychische Weise 46
Thermographie 137
Thermoregulation 168
Thermostat 81
tiefe Nackenmuskulatur 66, 178, 179
Tinnitus 167, 182, 186
tonisch(e) 126, 131
- Halsreflexe 180
- Muskelleistung 131
- Stell- und Haltereflexe 170
Tonus 136
Tonusänderung 66
Tonuserhöhung 178
totale Vernetzung 87
Totzeit siehe Latenz
Tracer-Methoden 107
Tractus
- reticulospinalis 133
- spinomesencephalicus 141
- spinoreticularis 141, 142
- spinothalamicus 120, 141, 142
- vestibulospinalis 133, 134
Tranquilizer 62
transaktionales prozessuales Modell 148
transitorischer Schwindel 168
Transkription 161
Transmitter 98, 155
Transmittersubstanz(en) 28, 97, 98, 155
- inhibitorische 155
Transport
- von Informationen 77
- langsamer 94, 96
- schneller 94, 96

Trauma
- Beschleunigungstrauma 184
- Contact-Trauma 184
- Non-contact-Tauma 184
Traumafolgen 61
traumatisierende Mechanismen 185
Trigeminusäste 186
Triggerpunkte (trigger points) 26, 41, 42, 62, 117
Trunkenheit 181
Tümmeligkeit 181
Tunnelsyndrome 94

U
Übelkeit 66, 167, 186
Überempfindlichkeit 167
Übergangsregion 176, 191
Überrollung 185
Überschlag 185
übertragener Schmerz (referred pain) 39, 114, 115, 125, 140
- im N. trigeminus 185
Überträgerstoff 97
Übertragungsglied 78
Übertragungskanal 77
Übertragungsmechanismus 124
Ultraschall 41
Umweltkontakte 183
unimodale Nozizeptoren 106
unmyelinisiert 106
Unscharfsehen 66, 167
untere Zungenbeinmuskulatur 189
Unterhautzellgewebe 118
Untersuchungen, stroboskopische 190
Untersuchungstechnik 59
Untersuchungsverlauf 59
Urfische 132
Ursache und Wirkung 18
- Disproportionalität zwischen 18, 20
Ursachenanalysen 149
Ursachenbeseitigung 149
Ursprungszellen 119
Uterustätigkeit 119

V
vaskuläre
- Störungen des Rückenmarks 142
- Theorie 168
- Versorgung des Rückenmarks 109
- vasomotorische Reaktionen 160
vasomtorische Steuerung 137
vegetative Störungen (vegetative Dysregulation) 168, 182
Vena; Venae
- spinalis anterior 144
- spinales posterioris 144
venöse Versorgung des Rückenmarks 142
ventrale Halsmuskeln 190
Ventrobasalkern 156
Veränderung(en)
- degenerative 5, 68

- mikrobiologische 161
- osteochondrotische 26
- Persönlichkeitsveränderungen 168, 186
- psychische 182
- - psychsomatische Weise 46
- - somatopsychische Weise 46
- psychosoziale 70
- reparative 185
- somatische 70
- somatopsychische 70
- Stimmlage 190
- Stimmveränderungen 189
Verdrängungstherapien 64
Verfahren
- bildgebende 61, 68, 185
- kombinierte 64
Verhaltensänderungen 151
Verhaltensstörungen 151
Verkehrsopfer (siehe auch Kfz-Unfälle) 186
Verknüpfungen
- bedingte, konditionierte 87
- räumliche 87
- zeitliche 87
Verknüpfungsmuster, erworbene 88
Verkürzung 126
verlängertes Rückenmark 34
Verlust an Lebensfreude 182
Vermaschung
- nichtlineare 87
- vermaschte neuronale Verbände 108
- vertebroviszerale 138
Vernachlässigung der Außenkontakte 168
vernetzte Systeme 88
Vernetzung, totale 87
Verriegelung 46
Verschieblichkeit der überliegenden Schichten 56
Verschleiß
- Altersverschleiß 185
- krankhafter 26
Verstehen 101
Verstimmungen
- affektive 66
- emotionale 66
vertebragene Dysfunktionen 189
vertebrale(r)
- Dysfunktion(en) 137, 139
- Faktor 190
- Funktionsstörungen 137
Vertebralis-Basilaris-Stromgebiet 168
Vertebraten 88, 111, 157, 178
- frühevolutionäre, metamere Ordnung 111
Vertebron 86
vertebroviszerale
- Reflexe 139
- Vermaschung 138
Vertreter der konservativen Medizin 163
Verzweiflung 149
Vestibularisapparat 178
- peripherer 170
Vestibulariskernbereich 178

Vestibulariskern(e) 134, 180
- laterale 133
virale Infekte 46
viszerale Afferenzen 111
viszerovertebrale Reflexe 139
Vitalität, Einbuße 168
Vogler-Periostmassage 42
Vogler-Periostschmerzpunkte 39
Vorderhorn 34, 109, 128
Vorreiterfunktion des γ-Systems 134
Vorschäden 187
Vorstellungsmethoden 150

W
Wachheit 145
Wahrnehmung 34
Wallenberg-Syndrom 169
Wärme 62
- lokale 196
Wechseldruck 56
Wehcharakter 148
Weichteilmantel 196
- des Gelenks 103
Weichteilverletzungen
- der HWS 65, 184
- des Kopfgelenkbereichs 187
Weissmann-Bündel 129, 130
Werkzeug Hand 54
Werten 101
Werteskalen 149
Wertung 34
Widerstandsgefäße 136
Wiederaufarbeitungsvorgänge 96
Willen 150
Willensstärke 149
Willkürmotorik 131
Winkeländerungen 105
Wirbelbogen 172
Wirbelgelenkdysfunktion 189
Wirbelgelenke 172
- $C_{2/3}$ 175
Wirbelkörper 172
- C_2 172
Wirbelsäule 140
Wirbelsäule und innere Organe 138
Wirbeltiere, frühe 132
Wissen 150
Witterung 59
Wurzelanästhesien 44
Wurzelirritation 122

Z
Zeichen 76
Zeitfaktor 82
zeitliche
- Verknüpfung 87
- Verzögerung 80
Zeitvorgaben 159
Zellen des Hinterhorns 119
Zellkern(e) 91, 161
Zellkörper 91, 94, 108

Zellulalgie 119
zentrale
- Hemmung 155
- Steuerungszentren 131
zentralenzephale vegetative Symptome 185
zentrales Höhlengrau 156
Zentren
- motorische 34
- sensorische 34
- viszeromotorische 34
zentripetal(e) 134
- Bahnen 113
Zerstörung von neuraler Struktur 108
zervikale(s)
- Achsenorgan 185
- Dysphonie 190
- Gleichgewichtsstörungen 170, 180
Zervikalsegmente
- C_2 189
- C_3 189
Zervikalstütze 68

Zervikalsyndrome 163
zervikoenzephale
- Symptomatik 167
- Syndrom 65
Zielmotorik 132–134
Zone(n)
- hyperästhetisch 41, 114
- Head-Zonen 118, 137
- hyperalgetische Zonen (HAZ) 114, 118
Zosterforschung 117
Zungenbein 189
Zungenbeinmuskulatur
- obere 189
- untere 189
Zungengrund 190
Zuwendung 147
Zwischenfälle 169
Zwischenhirn 112
zwischenmenschlicher Vorgang 55, 56
Zwischenneurone 128
Zytoplasma 101

MIX
Papier aus verantwortungsvollen Quellen
Paper from responsible sources
FSC® C105338

If you have any concerns about our products,
you can contact us on
ProductSafety@springernature.com

In case Publisher is established outside the EU,
the EU authorized representative is:
**Springer Nature Customer Service Center GmbH
Europaplatz 3, 69115 Heidelberg, Germany**

Printed by Libri Plureos GmbH
in Hamburg, Germany